KB262932

BAKINGPAPA

베이킹파파의
세상의 모든 빵

빛날
;희

PROLOGUE

대체 '빵'은 무엇일까요?
무엇을 '빵'이라고 하는 것일까요?

내가 아는 빵
남이 아는 빵
우리 모두가
만들어가야 할 '빵'

노트를 가득 메운 빵에 관한 지식과 그때그때 중요하다고 정리한 메모들을 보며 우리는 빵에 대해 '배웠다'라고 하고 '안다'고 말합니다. 하지만 이게 정말 아는 건지 헷갈릴 때도 많지요. 공부를 할수록, 경험이 쌓일수록 알 듯하면서도 잘 모르는 것이 '빵'이고 '베이킹'입니다. 반죽을 분할할 때 단 한 번에 분할 양을 맞춘다거나 반죽의 온도를 이론대로 정확히 하는 것은 그다지 중요하지 않습니다. 문제는 계량, 온도, 습도, 시간… 필요한 모든 조건을 레시피대로 잘 준수해도 그때그때 결과물이 달라진다는 것이지요. 그래서 베이킹을 하다 보면 엉망이 된 결과물을 바라보며 실패의 원인조차 찾지 못한 자신을 탓한 경험이 누구에게나 다 있습니다.

이럴 때 '안다고 생각하게 만든 지식'이 실체에 다가서는 것을 가로막는 장애물이 되기도 합니다. 철학자 최진석의 〈생각하는 힘, 노자 인문학〉을 보면 〈이아〉라는 고대한자사전에서는 지식의 '지'를 단혈지인(丹穴之人), 즉 구멍이 있는 사람이라고 풀이했다고 쓰여 있습니다. 자신이 가지고 있으면서 철저하게 믿고 있는 작은 대롱 구멍으로 세상을 본다는 뜻입니다. 어느 한 부분을 집중적으로 들여다보니 전문가라고 할 수도 있지만, 이때의 앎은 제한적인 앎이고 구분해서 아는 앎이므로 각별한 주의가 필요하다는 의미로 들렸습니다.

무언가를 잘 알고 있다는 확신만큼 그렇지 않을 수 있다는 반대의 생각도 함께 가져야 오류를 범하지 않습니다. 이는 빵에 대해 충분히 잘 안다는 확신이 독단이 되어선 안 된다는 얘기로 바꾸어 말할 수 있습니다. 작은 말꼬투리 하나가 큰 분란으로 이어진 경우를 여러 커뮤니티에서 종종 보아 왔습니다. 베이킹에 대한 새로운 정보가 자신이 알고 있는 지식과 조금 다르다고 하여 함부로 폄하해서도 안 되고, 편 가르기를 해서도 안 됩니다.

이 책을 대함에 있어서도 그런 부분에 각별한 주의를 당부합니다. 지금까지 습득한 지식이 있다면 잠시 내려놓고 제가 전하는 빵 이야기에 집중해 보세요.

이 책은 베이킹을 너무 높은 곳에 모시지 말고, 이론의 틀에 끼워 맞추지 말고, 우리가 밥을 대수롭지 않게 받아들이듯 빵도 그 구수한 향처럼 먹음직스럽게, 자연스럽게 스며들 수 있도록 접근했으면 하는 바람으로 정리한 제 오랜 노력의 결과물입니다. 그러니 베이킹파파 고유의 경험과 노하우라 생각하고, 우선은 그대로 맘껏 취해 보기를 권합니다. 그런 다음 여러 이론에 실을 꿰어 각자 취향에 맞는 베이킹으로 완성시켜 나갈 수 있기를 바랍니다.

그래서 '빵이 무엇이냐고요?' 빵은 그저 빵일뿐입니다.

베이킹을 하면서 안다는 것에 구태여 정의 내릴 필요 없고, 세상에 '꼭 그래야 하는 것'은 없다는 것을 알게 되었습니다. 그저 '이렇게 하면 좀 낫더라'라고 생각할 수 있을 때 점점 더 '빵'에 가까이 다가가고 있음을 실감할 뿐입니다.

자, 그럼 저와 함께하는 오븐 놀이 시작해 볼까요?

CONTENTS

도구 이야기

오븐(가정용)

크기가 작은 오븐은 내부가 좁고 열전도가 빠릅니다. 이런 이유로 빵이 쉽게 타기도 하지요. 그래서 가정용 오븐으로 빵을 굽겠다 하면 최소 30리터 이상의 오븐을 권합니다. 마침 새 오븐을 구입할 계획이라면 40리터 이상의 오븐이면 더욱 좋겠습니다.

반죽기(가정용)

책 속의 레시피는 모두 가정용 반죽기를 기준으로 정리하였습니다. 그래서 글루텐을 꼼꼼히 잡아야 하거나 된 반죽일 경우에는 분량이 적고, 글루텐을 대충 잡아도 되거나 질은 반죽은 분량이 많습니다. 가정용 반죽기를 구입할 때 선택 포인트는 첫째도 둘째도 '힘(power)'입니다. 구입 시 예산은 50만 원 이하로 잡고, 사용 후기가 좋은 제품을 선택하세요. 사실 제품보다 더 중요한 것이 반죽기를 돌리는 '적절한 시간'입니다. 반죽기가 다 알아서 해줄 거라는 생각은 금물입니다. 반죽기가 멈춰야 할 때를 잘 맞출 수 있을 때 질 좋은 빵이 완성됩니다. 더불어 반죽기가 없는 사람을 위한 손 반죽 방법도 있으니 활용하세요.

스크래퍼

반죽을 분할할 때 사용합니다. 손으로 분할하면 반죽의 결과면이 망가져 제대로 된 빵이 완성되지 않습니다. 간혹 반죽의 분할을 주방 칼로 한다는 사람도 있는데, 위험할 뿐만 아니라 권하지 않습니다. 베이킹을 한다면 누구나 안전한 스크래퍼 하나 정도는 구비해 두어야 합니다.

밀대

성형 시 두루 사용하는 도구입니다. 반죽 표면이 상하지 않으면서 반죽을 균일하게 밀 수 있어 좋은 결과물을 이끕니다.

오븐팬과 식빵팬

성형한 반죽을 오븐에 넣을 때 필요합니다. 들어가는 반죽의 양과 만드는 빵의 종류에 따라 사용하는 팬도 다르니, 그 종류가 무척 다양합니다. 만드는 즐거움을 돋우기 위해 책에서는 사용하는 팬의 수를 최소화했습니다. 베이킹 실력이 향상될 때마다 하나씩 장만하세요. 반죽이 들러붙지 않도록 코팅 처리된 제품을 구입하는 것이 좋습니다.

재료 이야기

밀가루

빵을 만드는 데 있어 제일 중요한 재료입니다. 글루텐 함량에 따라 강력분 중력분 박력분으로 구분되며 주로 강력분을 사용합니다. 경우에 따라 중력분과 박력분을 섞어 사용하기도 하지요. 바게트나 치아바타를 만들 때 풍미를 살리기 위해 일부러 프랑스에서 생산된 t65 같은 밀가루를 사용하기도 합니다. 책에서는 마트에서 쉽게 구할 수 있는 일반 강력분을 사용했습니다. 제시한 밀가루 외에 다른 제품을 사용할 경우 수분과 글루텐 함량에 차이가 있을 수 있으니 들어가는 물 양을 적절히 조절해야 합니다.

인스턴트 드라이이스트

이스트는 생 이스트, 드라이이스트, 인스턴트 드라이이스트가 있습니다. 생 이스트는 블록 형태로 되어 있습니다. 풍미가 좋으나 유통 기한이 짧은 단점이 있습니다. 드라이이스트는 알갱이 형태로 되어 있습니다. 따뜻한 물에 불려 보글보글 활성화시킨 후 사용하지요. 드라이이스트의 사용량은 생 이스트의 절반입니다. 인스턴트 드라이이스트는 분말 형태로 팽창력이 좋고 유통 기한이 깁니다. 사용량은 생 이스트의 2/3입니다. 이 책에서는 베이킹 전문가보다 취미 독자가 더 많을 것을 고려해 보존성과 편의성을 갖춘 인스턴트 드라이이스트를 사용했습니다. 사용 후 남은 이스트는 반드시 공기가 통하지 않도록 밀봉 보관해야 합니다. 밀봉 후에는 직사광선이 통하지 않는 실온·냉장·냉동 어디에서든 보관이 가능합니다.

소금

제빵에서 이스트만큼 중요한 재료입니다. 적당한 빵 맛을 이끌고 글루텐의 점탄성을 강화시켜 반죽에 힘을 주는 역할을 합니다. 주로 꽃소금을 사용하는데, 천일염을 사용해도 무방합니다. 사용 시 소금 입자가 굵다면 반죽이 끝나도 덩어리로 남을 수 있으니 분쇄하여 사용하세요.

물

물은 밀가루와 결합해 글루텐 조직을 강화시키는 매개체입니다. 밀가루, 이스트, 소금을 넣은 후 아무리 반죽기를 돌려도 물 없이 반죽이 되진 않습니다. 이스트의 활동도 물과 함께 시작됩니다. 그만큼 중요하되, 사용법도 특수해 책에 제시한 레시피 중 유동적으로 조절해야 하는 것이 바로 '물'입니다. '분명히 겨울철 빵을 만들 때에는 반죽의 질기가 적당했는데, 똑같은 방법으로 여름에 반죽을 하니 너무 질다'는 이야기를 종종 듣습니다. 밀가루의 수분 흡수력 때문으로 습기가 많은 장마철 밀가루와 건조한 겨울 밀가루의 수분 함량이 달라서 생기는 일입니다. 레시피를 기준으로 그때그때 조절이 필요합니다.

설탕·버터·우유·달걀

밀가루, 물, 이스트, 소금만 있으면 빵 만들기는 충분히 가능합니다. 여기에 덧붙여 들어가는 재료가 설탕, 버터, 우유, 달걀입니다. 부드럽고 맛있는 빵으로 이끄는 조력자들입니다. 설탕은 빵의 결을 부드럽게 합니다. 열과 반응해 먹음직스러운 색을 만듭니다. 버터는 반죽에 힘을 주고 화려한 오븐스프링을 만듭니다. 버터의 오븐스프링을 극대화한 빵이 '크루아상'입니다. 우유는 지방구가 골고루 반죽에 스며들어 빵의 식감을 부드럽게 하고 우유가 가지고 있는 유당이 구움 색을 진하게 합니다. 달걀 역시 우유와 비슷한 역할을 합니다. 식감을 부드럽게 하고 구움 색을 좋게 하지요. 구입 시 설탕은 백설탕을, 달걀은 반죽의 질기 조절을 위해 특란 사이즈로 선택하는 것이 좋습니다. 또한 버터는 어떤 제품이라도 상관없고, 우유 역시 저지방 우유, 칼슘 우유 등 종류에 상관없이 구입해 사용하면 됩니다.

A 계량하기

이스트와 소금은 정량 고수!
나머지는 그때그때 적절하게

제과제빵에서 제일 중요한 것이 '계량'이라고 말하는 사람도 있습니다. 레시피대로 한 치의 오차 없이 실행하면 누가 만들어도 다 똑같은 결과물이 만들어진다고요. 그런데 제 생각은 다릅니다. 저는 계량은 대충 해도 된다고 생각하거든요. 빵이 주식인 서양에서도 저울 계량보다 컵이나 스푼 계량을 더 많이 선호합니다. '레시피'는 여러 세대를 걸쳐 많은 경험이 어우러져 입에서 입으로, 손에서 손으로, SNS에서 SNS로 다양한 소통 채널을 통해 변천합니다. 절대로 답이 하나일 수 없습니다. 레시피를 기준으로 하되 이스트와 소금 양만 정확히 하면 나머지는 그때그때 여건에 따라 가감할 수 있습니다. 다만, 고체 재료와 액체 재료는 반드시 따로 계량해야 합니다.

B 반죽하기

1~3단까지 있는 반죽기의 중속은 <u>2단</u>
1~7단까지 있는 반죽기의 중속은 <u>4~5단</u>
1~10단까지 있는 반죽기의 중속은 <u>5~7단</u>

글루텐 정도에 따라 만들 수 있는 빵이 다릅니다

STEP 1 저속으로 반죽기 돌리기

두 개의 믹싱 볼에 담아놓은 가루 재료와 액체 재료를 한데 섞어 저속으로 반죽을 시작합니다. 재료가 골고루 섞여 날가루가 보이지 않으면 반죽기를 멈춥니다. 이때는 반죽에 살짝만 손을 대도 들러붙습니다. 과연 빵이 만들어질 수 있을까 싶을 정도의 질기입니다.

STEP 2 중속으로 반죽기 돌리기

이제부터는 반죽기의 속도를 중속으로 올려야 합니다. 처음부터 중속으로 돌리지 않는 이유는 액체 재료가 튀는 것을 방지하기 위해서죠. 이렇게 중속으로 반죽기를 돌리다 보면 호박범벅 같던 반죽이 차츰 되직한 상태로 변합니다. 밀가루 속에는 '글리아딘'과 '글루테닌'이라는 단백질이 있는데요. 물을 넣고 마찰과 압력을 가하면 이 두 단백질이 서로 결합해 단단하고 탱탱한 탄력이 생깁니다. 이것이 바로 '글루텐'입니다. 글루텐을 60%, 70%, 80%, 90%, 100% 어느 정도로 잡느냐에 따라 빵의 식감과 형태가 달라집니다. 그리고 모든 빵에는 각각 어울리는 글루텐의 정도가 있고요.

A to Z

글루텐 60% 반죽입니다

보다시피 반죽의 표면이 거칩니다. 반죽을 조금 떼어냈을 때 거칠게 찢어지고, 늘어뜨리면 '뚝!' 하고 금세 끊어질 정도로 탄성이 없습니다. 이 정도의 글루텐 반죽으로 만들 수 있는 빵은 '크루아상'입니다.

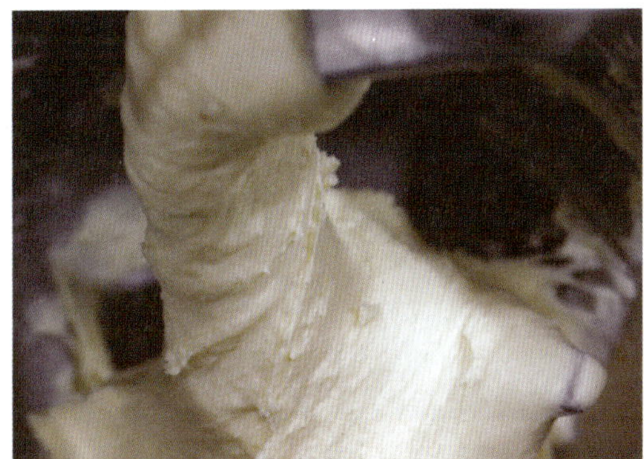

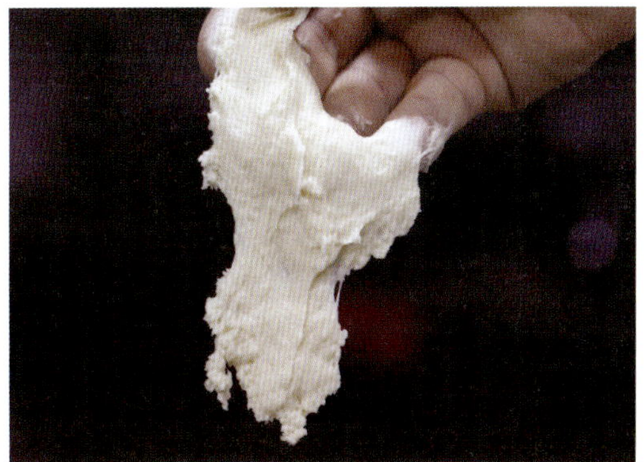

글루텐 70% 반죽입니다

글루텐 60% 상태에서 중속으로 반죽기를 계속 돌리면 반죽의 거친 표면이 군데군데 매끈해집니다. 여기저기 따로 떨어져 움직이던 반죽이 한 덩이로 뭉쳐지기 시작하고요.

반죽을 조금 떼어냈을 때 거칠기만 했던 글루텐 60% 때와는 달리 거친 면과 매끄러운 면이 공존합니다. 축 늘어뜨려도 끊어지지 않고 지지할 정도의 탄력도 생깁니다. 빵의 형태를 어느 정도 살려 만들 수 있는 최소한의 상태가 바로 이 글루텐 70% 반죽입니다. 글루텐 70% 반죽으로 만들 수 있는 빵은 소시지 빵 곰보빵처럼 '부드러운 단과자류'와 '바게트'입니다.

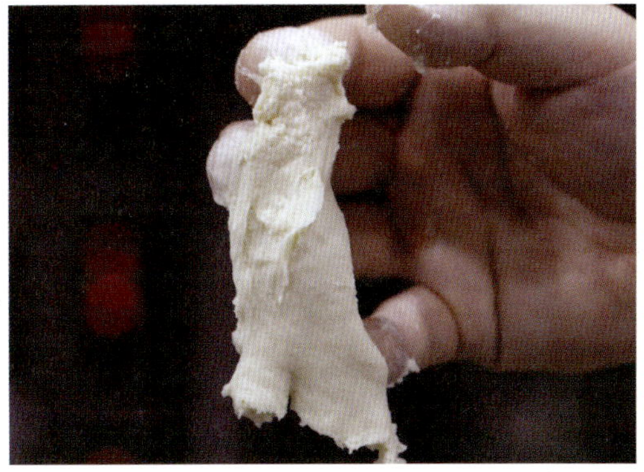

글루텐 80% 반죽입니다

글루텐 70%를 지나면 이때부터는 반죽기가 시끄러워집니다. 찰지게 잡힌 글루텐이 반죽을 한 덩이로 만들어 훅의 회전에 따라 반죽기 내벽을 강하게 치면서 돌기 때문이죠. 전체적으로 표면이 매끈합니다.

반죽을 조금 떼어냈을 때 매끈한 표면과 적당한 탄력을 눈으로 확인할 수 있습니다. 모든 빵은 글루텐 80%만 잡으면 어느 정도의 식감과 모양을 다 살릴 수 있습니다. 식빵을 좀 더 부드럽게 먹고 싶을 때 사용할 수 있는 반죽이고, 단팥빵, 하드롤 등으로도 적당합니다.

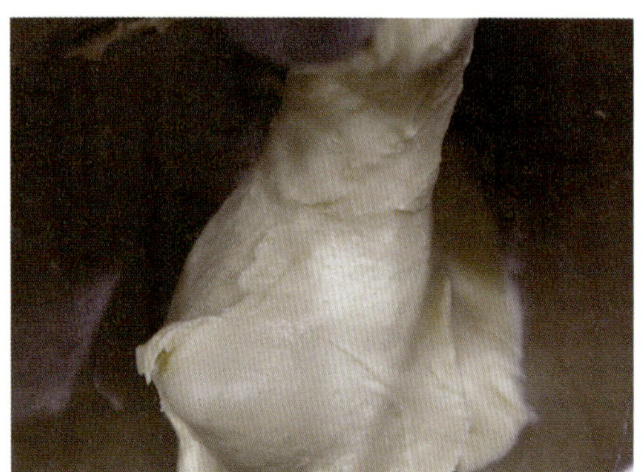

글루텐 90% 반죽입니다

이때부터는 반죽이 반죽기 바닥으로부터 떨어져 나오고 반죽에 윤기가 나기 시작합니다. 반죽을 조금 떼어내 보면 전체적으로 매끈한 것을 확인할 수 있습니다. 글루텐 90%는 글루텐 100%로 가기 위한 과도기입니다. 경험이 풍부하지 않으면 이 두 단계를 구분하기 어렵습니다. 구분을 해야 할 만큼 중요하지도 않습니다. 글루텐 90%로 만드는 빵은 글루텐 80% 반죽으로 만들 수 있는 빵과 동일합니다. 다만, 80%보다 90%일 때 탄력이 더 좋아 빵 모양이 한층 봉긋해진다고 생각하면 됩니다.

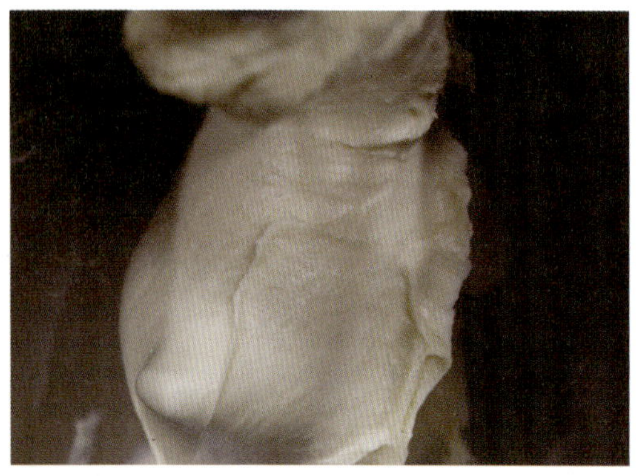
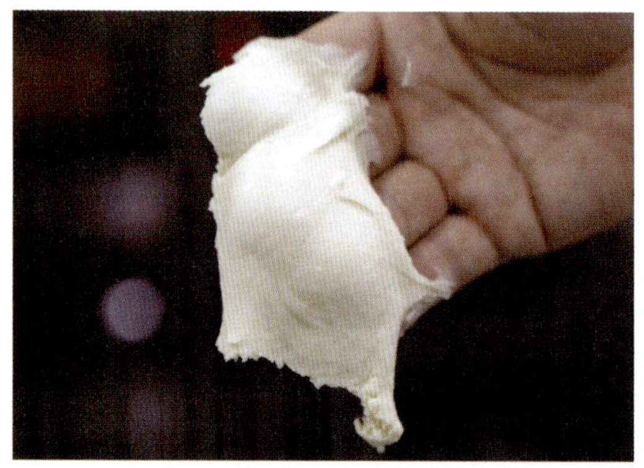

글루텐 100% 반죽입니다

글루텐 100%는 특징이 아주 명확합니다. 서로 다른 입자의 재료들이 섞여서 면을 이루고 빛을 고루 반사시켜 반죽 전체에 윤기가 납니다. 탄성이 좋아 훅이 돌 때 반죽기 내벽에 붙어있던 반죽 면이 떨어져 날카로운 선처럼 보입니다. 반죽을 조금 떼어내 보면 가장자리가 매끈하게 떨어지고 마치 오일을 바른 듯 윤기가 납니다. 반죽을 살살 얇게 늘렸을 때 뜯어짐이 덜하고 구멍도 잘 나지 않습니다. 탄력이 최고조인 상태입니다. 빵이 쫄깃하고 닭살처럼 잘 찢어진다 하면 바로 이 글루텐 100% 반죽으로 만든 경우입니다.

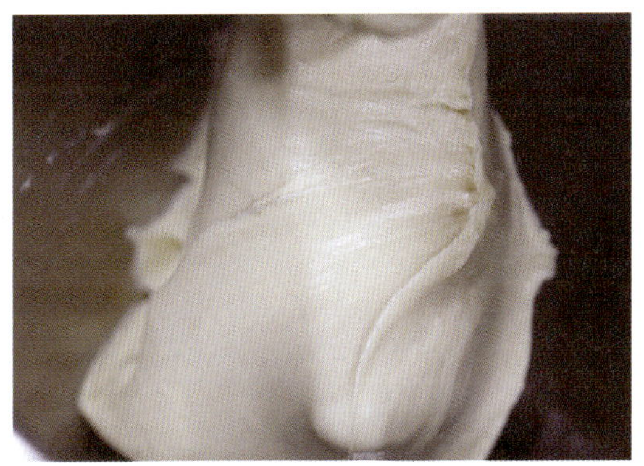
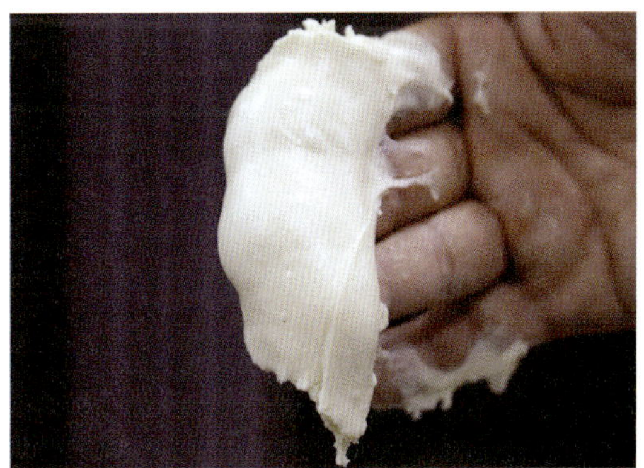
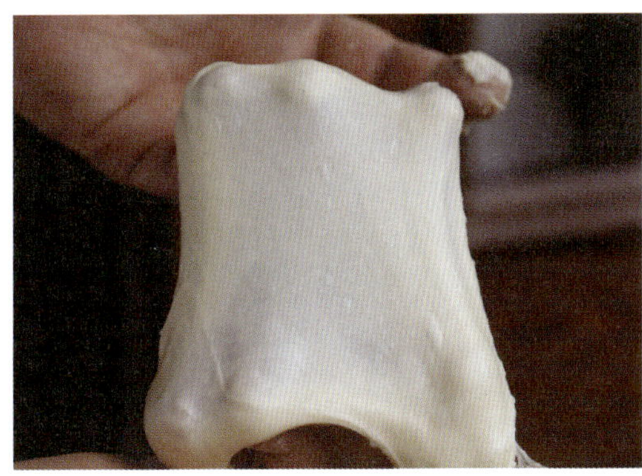

오버 믹싱

반죽이 글루텐 100%가 되고도 계속 반죽기를 돌리면 그때부턴 글루텐 고리가 뚝뚝 끊어집니다. 이런 반죽 상태를 '오버 믹싱', 혹은 '반죽이 지쳤다'고 하지요. 쫄깃한 반죽에 탄력이 사라지고 표면이 거칠며 반죽기 벽 쪽에 반죽이 들러붙습니다. 반죽을 조금 떼어내 보면 잘 뜯어지고요. 이런 반죽으로 만들 수 있는 빵은 없습니다. 구워서 폐기 처분해야 합니다. 그냥 버리면 반죽이 계속 발효되어 쓰레기봉투를 뚫고 나오거든요.

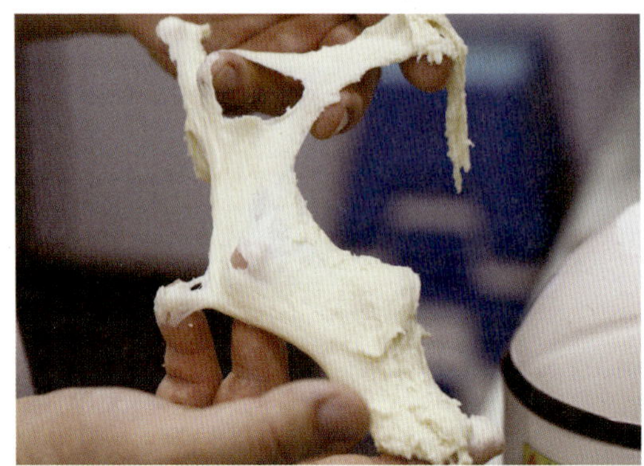

글루텐 정도에 따라 달라지는 빵의 식감과 형태

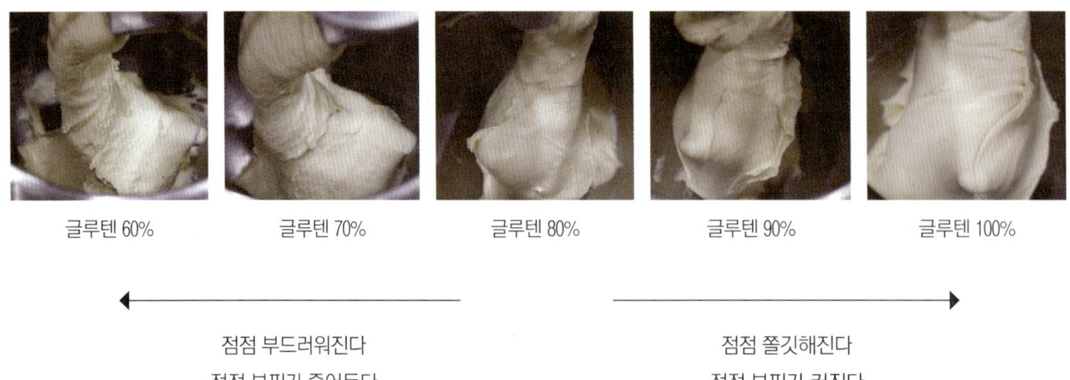

글루텐 60%	글루텐 70%	글루텐 80%	글루텐 90%	글루텐 100%

←
점점 부드러워진다
점점 부피가 줄어든다

→
점점 쫄깃해진다
점점 부피가 커진다

C 동글리기

발효를 돕고 빵의 형태를 잡아줍니다

반죽기에서 반죽을 꺼내 작업대 위에 올렸습니다. 어, 그런데 이상합니다. 반죽기에선 매끈했던 반죽이 터덜터덜 거칠어진 거죠. 이 순간에 필요한 것이 '동글리기'입니다. 동글리기는 단순히 모양을 동그랗게 하는 것이 아닙니다. 작업대와 반죽의 마찰 과정을 통해 반죽의 겉을 팽팽하게 하고 매끈한 막을 만듭니다. 이렇게 형성된 막은 이스트가 발효 시 뿜어내는 이산화탄소를 확실히 포집시켜 반죽을 더 잘 부풀게 합니다. 또 빵의 형태를 보기 좋게 만듭니다. 1차 발효가 끝난 뒤 성형을 할 때 표면이 거칠면 아무리 재주 좋은 제빵사라 해도 좋은 결과물을 내지 못하지요. 그래서 반죽이 너무 거칠다면 매끈한 면을 만들고 동글리기를 해야 합니다.

I 반죽의 윗면을 양손으로 잡고 들어 올립니다.

2 바닥에 내려칩니다.

3 반으로 접습니다. 표면적이 늘어나 앞면이 매끈해지는 원리입니다.

4 윗면만 계속 접으면 높이가 좁아지니 이번에는 측면을 잡습니다.

5 그 상태로 '땅!' 하고 내려쳐 반을 접습니다.

6 표면이 어느 정도 정리가 되었죠? 이제 동글리기를 시작합니다.

7 작업대에 밀가루가 있으면 안 되니 스크래퍼로 잘 걷어냅니다. 그런 다음 반죽의 앞면에 양손을 대고 몸 쪽으로 당깁니다. 반죽 아랫부분이 작업대와 마찰하면서 안쪽으로 말려들어가는 것을 확인할 수 있습니다. 이 과정을 윗면이 탱탱해질 때까지 2~3회 반복합니다.

8 동글리기로 표면을 매끈하게 정리한 반죽입니다.

D 1차 발효

재료를 섞은 반죽은 1차 발효, 중간 휴지, 2차 발효, 이렇게 총 3단계의 발효 과정을 거칩니다. 그중 가장 중요한 과정이 '1차 발효'입니다. 1차 발효를 통해 빵의 풍미가 살아나고 완성된 빵의 볼륨도 결정됩니다. 잠자고 있던 이스트를 각성시켜 잘 움직이게 만들고 이를 통해 글루텐을 강화시키는 과정입니다. 그물 조직의 글루텐은 구조 사이사이 이스트가 내뿜은 이산화탄소를 포집해 반죽을 부풀립니다. 반죽이 적당히 부풀면 분할과 성형으로 이산화탄소를 제거합니다. 그런 다음 같은 방법으로 2차 발효를 해서 또 한 번 이산화탄소를 모읍니다. 복식 호흡만 잘해도 복근이 생기는 것처럼 몇 번의 발효 과정을 통해 글루텐 조직이 더 단단해집니다.

1차 발효가 덜 된 빵에선 이스트 냄새가 나고 크기가 작아집니다. 반면 1차 발효가 과한 빵에선 시큼한 냄새가 납니다. 빵 크기 역시 작고 표면이 얼룩덜룩하게 구워집니다. 보통 처음 부피의 3~3.5배 부풀면 적당합니다.

세상에서 가장 아름다운 발효

이스트와 발효

이스트는 베이킹에서 제빵과 제과를 구분하는 기준입니다. 이스트의 발효 과정을 거쳐 만든 것이 빵입니다. 제과에서는 이스트를 사용하지 않습니다. 이스트는 공기 중 산소를 들이마시며 반죽 속 당분을 먹고 삽니다. 이 과정에서 뿜어내는 이산화탄소가 반죽을 부풀게 만듭니다. 산소가 있어야 활발히 활동하므로 발효 시 반죽을 밀폐 용기에 넣지 않습니다. 비닐 랩으로 덮을 경우 반드시 구멍을 뚫어주어야 합니다.

이스트는 5도 미만에서는 호흡을 멈춰 가사 상태가 되고 60도가 되면 사멸합니다. 간혹 "우리 집 냉장실의 온도가 3도인데 1차 발효를 냉장실에서 해도 반죽이 부풀던데요?" 또는 "베이글은 물에 데치는 데도 구울 때 빵이 부풀던데요?" 이런 질문을 합니다.

그렇습니다. 냉장실에서도 발효가 됩니다. 단, 냉장실의 온도가 반죽 속으로 도달하는 그 시간까지만 발효가 진행되는 것입니다. 베이글도 같은 원리라고 생각하면 됩니다. 이스트는 살아있는 미생물이기에 온도에 따라 활동하는 속도도 다릅니다. 더우면 가쁘게 호흡해 반죽이 빨리 부풀고, 추우면 서서히 활동해 반죽이 천천히 부풉니다. 그러니 '발효가 끝나는데 몇 분, 몇 시간이 걸리느냐' 하는 질문은 우문입니다. 반죽의 부피를 보면서 발효의 정도를 판단할 수 있어야 합니다.

E 분할하기

Q 기껏 반죽해서 1차 발효까지 했는데 왜 그걸 또 분할하는 거죠?

A 원하는 크기와 모양으로 성형하기 위해서입니다.

Q 그렇다면 1차 발효 후 그대로 구우면 어떻게 되나요?

A 1차 발효가 끝난 반죽 속에는 이산화탄소가 잔뜩 들어 있습니다. 그것을 제대로 빼내지 않고 오븐에 넣으면 굽는 동안 열에 의해 팽창은 하겠지만 볼륨감이 적습니다. 활동 후 생긴 가스라 풍미도 좋지 않고요. 그래서 발효 후 반죽을 분할하고 가스를 빼낸 후에 성형을 하는 것입니다.

F 중간 휴지

성형을 위한 반죽의 동글리기는 크기가 작아 양손을 번갈아가며 밀어주는 방식이 적당합니다. 이렇게 동글리기를 마친 반죽은 표면이 마르지 않도록 비닐을 덮어 중간 휴지를 합니다. '벤치 타임'이라고도 하는 중간 휴지 과정은 분할을 통해 손상된 글루텐을 회복하고, 동글리기로 반죽에 다시 가스를 포집시켜 스펀지 상태로 만들기 위함입니다. 중간 휴지 없이 곧바로 성형을 하면 반죽에 유연성이 떨어져 원하는 모양이 잘 나오지 않습니다. 여름에는 10~15분, 겨울에는 20~25분 정도가 적당합니다.

G 성형하기

중간 휴지가 끝나면 성형에 들어갑니다. 성형 과정이 없다면 식빵, 단팥빵, 소보로 빵, 바게트라는 것은 존재하지 않을 것입니다. 그냥 모두 '빵'이라고 하겠지요. 이렇듯 모든 빵에는 제각각 어울리는 성형 방법과 기술이 있습니다.

H 2차 발효

2차 발효는 성형 과정 빠져나간 가스를 다시 모으고 폭신한 빵의 식감을 살리기 위한 과정입니다. 발효 시간이 부족하면 딱딱하고 소화가 잘 안되는 빵이 완성됩니다. 반대로 발효가 과하면 푸석하고 시큼한 빵이 됩니다. 중요한 포인트는 1차 발효보다 시간이 짧다는 점입니다. 대부분 2차 발효는 성형한 부피의 2~2.5배 정도로만 합니다. 그런데 만약 2차 발효를 1차 발효 최대 부피인 3.5배까지 하면 어떻게 될까요? 반죽이 오븐에 들어가 곧바로 속까지 열이 전달되는 것이 아니니, 겉이 익는 동안 안에 살아있는 이스트는 한동안 활동을 해 과발효 상태가 되겠지요. 2차 발효에 적당한 시간은 빵마다 조금씩 다릅니다.

I 굽기

이제 오븐에 넣어 굽기만 하면 됩니다. 사람이 더우면 어떻게 됩니까? 숨을 헐떡이게 되지요. 이스트도 마찬가지입니다. 오븐의 열기로 반죽 속에 살아있는 이스트는 한동안 빠르게 숨을 쉬고 또 빠르게 이산화탄소를 내뿜다가 내부 온도가 60도에 이르러 사멸하게 됩니다. 기존 반죽에 있던 이산화탄소도 열에 의해 함께 부풀어 오르고요. 이렇게 반죽이 오븐에서 빵이 되어 가며 화려하게 부풀어 오르는 현상을 '오븐스프링(Oven Spring)'이라고 합니다.

J 오븐 사용에 대한 조언

모든 오븐은 불완전합니다. 다이얼이 가리키는 온도와 오븐 내부의 온도가 전혀 다르지요. 이 불완전함이 싫어서 오븐용 온도계를 따로 구입했다는 사람도 많습니다. 그런데 기준이 많으면 오히려 더 헷갈리는 법이죠. 오븐에 있는 온도 다이얼만으로 제대로 된 빵을 만들 수 있도록 감각을 길들이는 것이 제일 좋습니다.

책 속의 레시피대로 식빵을 만들었습니다. 그랬더니 이렇게 3가지 유형이 나옵니다.

맨 왼쪽은 윗면이 탔고, 가운데는 적당하며, 오른쪽은 윗면이 덜 익어 주저앉았습니다. 윗면이 탔을 때 해법은 오븐 온도를 낮추거나 반죽을 오븐 맨 아래 칸에 넣고 굽는 것입니다. 맨 오른쪽 빵은 반대로 오븐 온도를 올리거나 반죽을 한 칸 올려서 구우면 됩니다.

레시피에 제시된 온도는 가이드라인입니다. 각자 가지고 있는 오븐에 따라 적당히 온도를 수정하는 절차가 필요합니다. 다만, 굽는 시간만큼 레시피대로 꼭 지켜주세요. 정해진 시간에 원하는 상태로 구워지는 온도를 찾는 것이 중요합니다.

식빵

WHITE PAN BREAD

대충의 매력이 강한 끌림을 부르고…

오늘은 빵 굽기 참 좋은 날입니다

기본 식빵

빵 중의 빵

베이킹의 기본을

만들다

기본식빵

베이킹이 직업인 제게 '식빵'은 아주 '평범한 빵'이었습니다.

그런데 이 '식빵' 때문에 놀란 적이 있습니다.

2017년 3월 식빵 원데이 클래스에 수강생을 모집할 때인데요.

보통의 경우 클래스 공지글에 달린 질문과 응대 댓글이 700~800개 정도인데,

식빵 원데이 클래스 모집 공지글에는 무려 6천 개가 넘게 달린 것입니다.

무슨 이유일까 생각해 보니 금세 고개가 끄덕여지더군요.

만들기 쉽고 한 번 구워 여러 방식으로 오래 먹을 수 있다는 효율성 때문이었습니다.

갓 구운 식빵은 그냥 먹어도 좋고, 잼이나 버터를 발라 먹어도 맛있지요.

냉동실에 넣어두고 그때그때 다양하게 요리도 가능하니

밥처럼 요긴한 빵 중의 기본 빵이지요.

베이킹파파만의 화려한 오븐스프링 비법이 담긴 레시피입니다.

Ingredients

분량

기본식빵 3개

반죽

강력분 360g

설탕 22g

버터 30g

소금 5g

인스턴트 드라이이스트 5g

물 110g

우유 110g

달걀 1개

마무리

우유 50g

- 버터는 실온에 두어 부드러운 상태로 사용합니다.
- 우유와 달걀은 반죽 시 냉장고에서 꺼낸 차가운 것을 사용합니다.
- 달걀은 특란을 준비하고 반죽 시 냉장고에서 꺼낸 차가운 것을 사용합니다. 왕란은 반죽이 질어집니다.
- 물은 여름에는 약 25~27도, 겨울에는 약 35~37도가 적당합니다.

소도구

저울

스크래퍼

볼이나 뚜껑이 있는 용기

오란다팬(16×8×6.5cm) 3개

실리콘 붓

비닐

온도계

1 믹싱볼에 분량의 강력분, 설탕, 버터, 소금, 인스턴트 드라이이스트를 넣습니다.

2 다른 볼에 분량의 물, 우유, 달걀을 넣고 ①의 믹싱볼에 부어 저속으로 반죽기를 돌립니다. 날가루가 보이지 않으면 반죽기를 멈추고 중속으로 속도를 올려 다시 반죽합니다.

• 이렇게 마른 재료와 젖은 재료를 혼합할 때는 재료가 섞인 즉시 반죽기를 돌려야 합니다. 섞은 상태로 오래 두면 가루가 덩어리지거나 굳습니다.

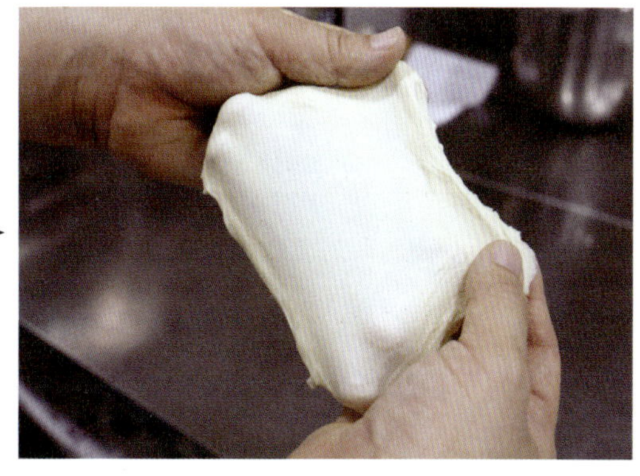

3 쫄깃하고 폭발적인 오븐스프링을 가진 식빵이 목적이니 글루텐 100%로 반죽합니다.

'글루텐 100%'는 반죽에 윤기가 나고 탄력이 최대치에 도달한 상태로 조금 떼어내 늘렸을 때 쭉쭉 늘어나고 손에 들러붙지 않습니다. 판별 기준이 명확하므로 베이킹 초보자는 글루텐 100%를 목표로 반죽 연습을 하는 것이 좋습니다. 글루텐 100%를 확실히 알면 글루텐 80%는 쉽게 접근할 수 있습니다. 조금만 덜 잡으면 되니까요.

4 작업대의 덧가루를 걷어내고 동글리기 하여 표면을 매끈하게 정리합니다.

5 볼(용기)에 덧가루를 뿌리고 반죽을 넣은 후 다시 윗면에도 덧가루를 뿌립니다. 그런 다음 표면이 마르지 않도록 비닐을 씌워 직사광선이 없는 실온에 그대로 둡니다(1차 발효).

• 덧가루를 뿌리면 발효 과정 반죽이 들러붙지 않습니다.

6 반죽이 처음 부피의 3~3.5배로 부풀면 1차 발효가 완료된 것입니다. 발효 전후를 비교해 보세요.

• 부피를 판별하는 것은 난이도가 높은 작업입니다. 여러 번 반복해 감을 익혀야 합니다.

7 작업대에 덧가루를 뿌리고 반죽의 매끈한 면이 위로 가도록 놓습니다. 그런 다음 스크래퍼를 이용하여 230g씩 분할한 뒤 덧가루를 걷어내고 동글리기 합니다.

8 동글리기 한 반죽은 마르지 않도록 비닐을 씌운 후 여름에는 10~15분, 겨울에는 20~25분 중간 휴지합니다.

휴지가 끝난 반죽을 원로프 모양으로 성형합니다. 원로프(one loaf)는 반죽을 럭비공 모양으로 크게 한 덩이로 만들어 빵의 볼륨을 부각시킨 성형법입니다. 식빵뿐 아니라 모카빵, 캄파뉴 등 여러 종류의 빵에 쓰입니다.

 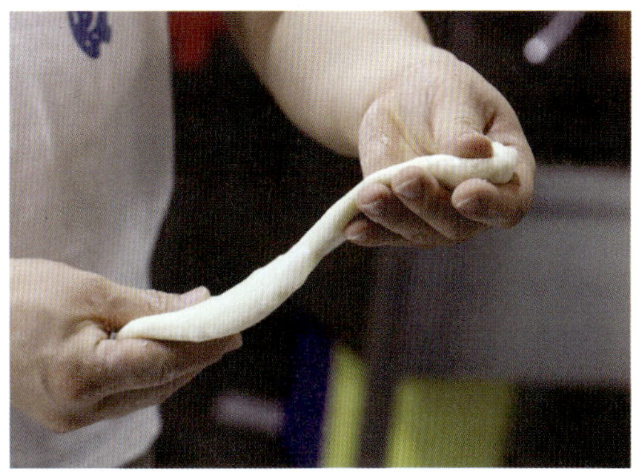

9 먼저 반죽의 매끈한 면이 위로 가도록 놓고 손바닥으로 눌러 가스를 뺍니다.

10 반죽의 양 끝을 잡고 가볍게 늘려주세요. 25~28cm 정도로 늘리면 적당합니다.

II 반죽의 매끈한 면이 바닥으로 가도록 한 후 반죽 끝에 양손을 갖다 댑니다.

I2 그대로 반죽을 앞쪽으로 굴려 살짝 누릅니다.

I3 이번에는 작업대 바닥 쪽이 아니라 반죽의 중간 부분에 손을 댑니다.

I4 그대로 반죽을 앞쪽으로 굴려 누릅니다. 같은 방법으로 반죽 끝까지 말아주세요.

완성한 원로프 반죽은 가운데가 봉긋하고 가장자리가 낮은 고구마 모양입니다.

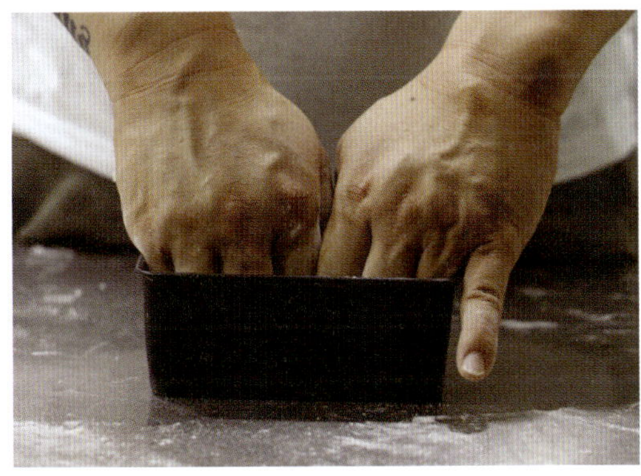

15 성형한 반죽을 오란다팬에 넣고 주먹으로 가볍게 누릅니다. 이렇게 해야 반죽이 뜨지 않습니다.

16 반죽을 팬에 넣었을 때 팬 높이의 1/3 정도 차면 적당합니다. 그런 다음 종이상자나 전자레인지 같은 밀폐 공간에 넣고 2차 발효를 합니다.

- 발효를 빨리하기 위해 발효 공간 속에 더운물을 넣기도 하는데, 이 방법은 겨울철에만 활용하세요. 발효 환경이 지나치게 습하고 더우면 반죽이 퍼져 결과물이 좋지 않습니다.

17 반죽의 가장 높은 부분이 팬 높이보다 0.5cm 정도 올라오면 2차 발효가 완료된 것입니다. 170도 예열한 오븐에서 20~25분 정도 굽습니다. 윗면이 연한 갈색을 띠면 적당합니다.

18 구워낸 빵은 팬을 잡고 20~30cm 높이에서 아래로 '탕!' 내리쳐 가스를 뺀 후 바로 꺼내주세요. 이 과정을 생략하면 빵이 주저앉습니다. 또 빵을 팬에서 바로 빼내야 모양이 찌그러지지 않습니다.

19 식빵 위에 실리콘 붓을 이용하여 우유를 바릅니다. 오랜 시간 열에 노출된 표면을 부드럽게 해주는 겁니다. 이 과정은 취향에 따라 생략해도 됩니다. 식힘 망에서 완전히 식힌 식빵은 밀봉 포장합니다.

tip

식빵의 유통기한은 실온에 보관할 경우 봄가을에는 2~3일, 여름에는 1~2일, 겨울에는 3~4일입니다. 밀봉 포장하여 냉동실에 넣으면 한 달 동안 보관할 수 있습니다. 먹을 때는 실온에서 해동하여 200도로 예열한 오븐에 3~5분 정도 데워서 먹거나 바로 먹습니다.

식빵 팬에 따라 달라지는 반죽의 분할량

홈베이킹이 대중화되면서 식빵을 만들 때 사용하는 팬 종류도 다양해졌습니다. 가정용 오븐으로는 아무래도 옥수수 식빵을 만들 때 쓰는 대형 팬보다 오란다팬, 큐브팬 등 소형 팬이 더 편하지요. 종류가 다양하다 보니 크기마다 들어가는 반죽 양도 제각각입니다.

이럴 때 각 식빵 팬에 맞는 분할량을 알면 작업이 한결 편하겠지요. 기준표를 기준으로 반죽 및 성형 기술에 따라 양을 가감하세요. 아무래도 초보자는 반죽하는 요령이나 성형 스킬이 부족합니다. 익숙한 사람이 두 번 손대면 해낼 것을 대여섯 번씩 만지작거리게 되지요. 이스트가 살아 숨 쉬는 반죽은 최대한 빠른 동작으로 성형을 마치고 구워야 좋습니다. 계속 만지작거리면 볼륨감이 떨어집니다. 그래서 초보자일 경우 기준표에 나온 분할 양에서 10g을 더 늘려주는 것도 방법입니다.

종류	옥수수 식빵 틀 (10×22×9cm) (1/2풀먼틀의 경우 ×2)	오란다팬 (8.5×16× 6.5cm) (1/2풀먼틀의 경우 ×2)	풀먼팬(34×13×12.5cm) 1/2풀먼팬 (17×13×12.5cm)	큐브팬 (10×10×9.5cm) (1/2풀먼틀의 경우 ×2)	미니 큐브팬 (7×7×7cm) (1/2풀먼틀의 경우 ×2)
기본 식빵	450g	230g	• 뚜껑을 닫으면 230g×4 • 뚜껑을 열면 250~260g×4	• 뚜껑을 닫으면 230g • 뚜껑을 열면 250~260g	• 뚜껑을 닫으면 80g • 뚜껑을 열면 100g
통밀가루 식빵 우리밀 식빵	480g	250g	• 뚜껑을 닫으면 250g×4 • 뚜껑을 열면 280g×4	• 뚜껑을 닫으면 250g • 뚜껑을 열면 280~290g	• 뚜껑을 닫으면 90g • 뚜껑을 열면 110g
건포도 등 충전물이 들어간 식빵	480g	250~260g	• 뚜껑을 닫으면 250g×4 • 뚜껑을 열면 280g×4	• 뚜껑을 닫으면 250g • 뚜껑을 열면 270~280g	• 뚜껑을 닫으면 90g • 뚜껑을 열면 110g
쌀 식빵				• 뚜껑을 닫으면 250g • 뚜껑을 열면 270g	• 뚜껑을 닫으면 80g • 뚜껑을 열면 100g

tip
이 밖의 다른 팬으로 빵을 구울 경우

반죽을 팬 높이의 1/3~1/2 정도로 넣으면 적당합니다. 아무것도 첨가하지 않은 반죽은 팬 높이의 1/3, 첨가물이 들어간 반죽은 팬 높이의 1/2 넣으세요.

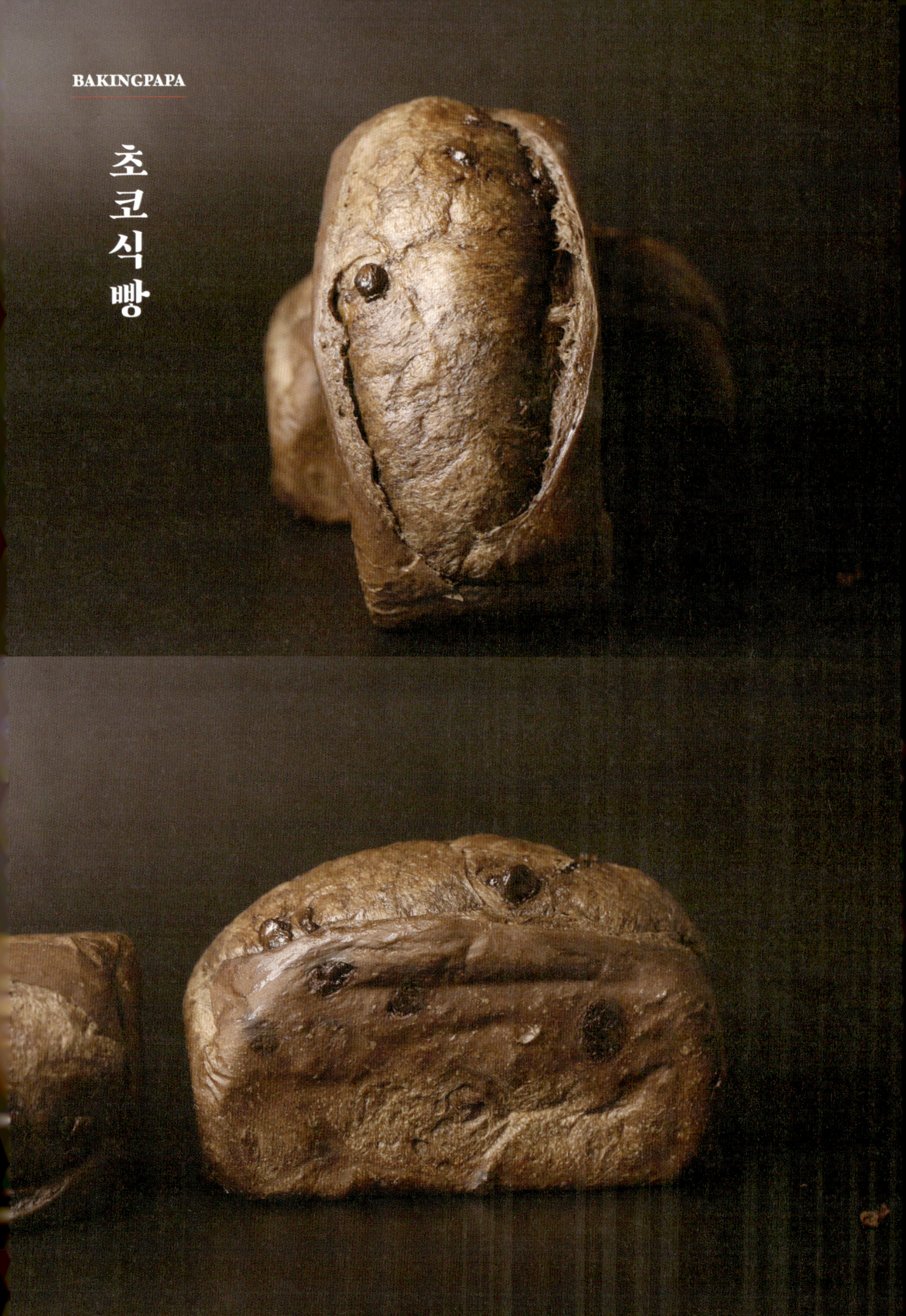
BAKINGPAPA
초
코
식
빵

정량의

초코 배합으로

만들어요

최근 여러 부재료를 넣은 식빵이 인기입니다.

치즈가 흘러내리는 식빵, 생크림이 듬뿍 들어간 팡도르,

초콜릿 반 빵 반 초코식빵 등 다양한 부재료가 시선을 끌지요.

그런데 부재료를 듬뿍 넣은 빵이 적당히 넣은 빵보다 정말로 더 맛있을까요?

문득 의문이 들었습니다.

그래서 블라인드 테스트를 해본 적도 있습니다.

정량의 초코칩을 넣은 초코식빵과 초코칩을 과하게 넣은 초코식빵,

두 종류의 빵을 주변인들에게 나눠 준 뒤 그들의 이야기를 들어 보았지요.

결과는 초코칩을 정량으로 넣은 초코식빵이 더 좋다는 반응이었습니다.

그럼에도 불구하고 이렇게 과한 토핑이 유행인 이유는 뭘까요?

그건 바로 돈을 내고 사 먹기 때문이지요.

같은 값이면 뭐든 많이 들어간 것을 취하고 싶은 소비 심리라고 할까요.

식빵에 부재료를 넣을 때는 가루 무게의 20~25%가 적당합니다.

적당한 비율의 재료 조합이 언제나 질리지 않고 맛있게 먹을 수 있는 빵을

만들어준다는 사실을 잊지 마세요.

Ingredients

분량

초코식빵 3개

반죽

강력분 300g

코코아 가루 30g

설탕 27g

버터 30g

소금 5g

인스턴트 드라이이스트 5g

물 130g

우유 100g

달걀 1개

부재료

초코칩 80g

마무리

버터 50g

우유 50g

- 버터는 실온에 두어 부드러운 상태로 사용합니다.
- 우유와 달걀은 반죽 시 냉장고에서 꺼낸 차가운 것을 사용합니다.
- 물은 여름에는 약 25~27도, 겨울에는 약 35~37도가 적당합니다.

소도구

저울

밀대

스크래퍼

볼이나 뚜껑이 있는 용기

오란다팬(16×8×6.5cm) 3개

실리콘 붓

짜는 주머니

비닐

온도계

tip

'코코아 가루'와 '초코칩'

코코아 가루는 미세한 분말 형태이고 찰기가 없습니다. 기본식빵의 질기로 만들면 매트하고 뻑뻑한 식감으로 되어 액체 재료의 양을 기본식빵보다 늘렸습니다. 초코칩은 오븐에 구워도 형체가 유지되는 가공 처리 제품으로 베이킹 쇼핑몰에서 구할 수 있습니다. 마트에서 파는 초콜릿은 발효 중 줄줄 녹아내리니 사용하지 마세요.

1 믹싱볼에 분량의 강력분, 코코아 가루, 설탕, 버터, 소금, 인스턴트 드라이이스트를 넣습니다. 다른 볼에 분량의 물, 우유, 달걀을 넣고 믹싱볼에 부어 저속으로 반죽기를 돌립니다. 날가루가 보이지 않으면 반죽기를 멈추고 중속으로 속도를 올려 다시 반죽합니다.

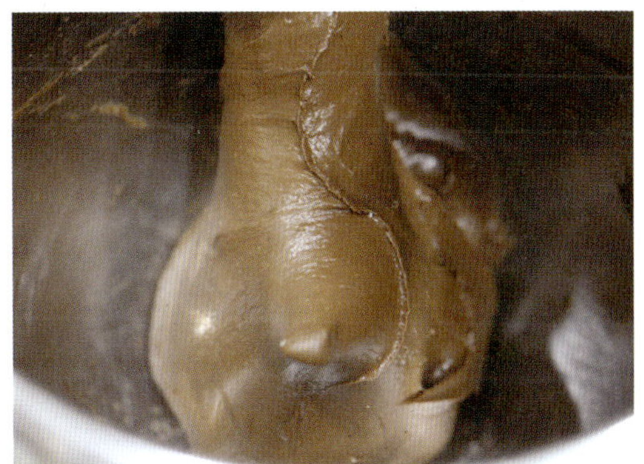

2 글루텐 90%로 반죽합니다. 반죽이 전체적으로 매끈해지고 윤기가 난다 싶을 때 반죽기를 멈추면 됩니다.

• 완성한 반죽이 다른 식빵 반죽보다 유난히 윤기가 많아 보입니다. 코코아 가루에 들어있는 지방 성분과 애초부터 어두운 색 때문입니다.

반죽의 질기는 기본식빵 반죽보다 집니다.

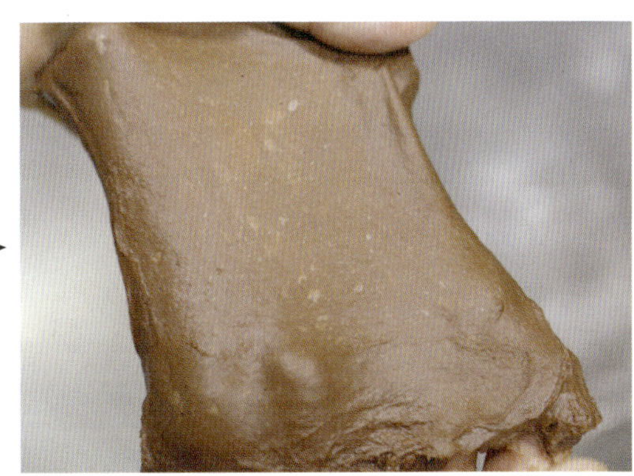

반죽을 조금 떼어내 늘렸을 때 매끈하고 탄력이 있어야 합니다.

3 반죽에 분량의 초코칩을 넣고 저속으로 10~15초 정도 돌려 골고루 섞습니다.

반죽 완성!

4 동글리기 하여 표면을 매끈하게 정리합니다.

동글리기 완성!

5 볼(용기)에 덧가루를 뿌리고 반죽을 넣은 후 다시 윗면에도 덧가루를 뿌려 들러붙지 않게 합니다. 그런 다음 표면이 마르지 않도록 비닐을 씌워 직사광선이 없는 실온에 그대로 둡니다(1차 발효).

6 반죽이 처음 부피의 3~3.5배로 부풀면 1차 발효가 완료된 것입니다. 발효 전후를 비교해 보세요.

7 작업대에 덧가루를 뿌리고 반죽의 매끈한 면이 위로 가도록 놓습니다. 그런 다음 스크래퍼를 이용하여 250g씩 분할한 뒤 작업대의 덧가루를 걷어내고 동글리기를 합니다.

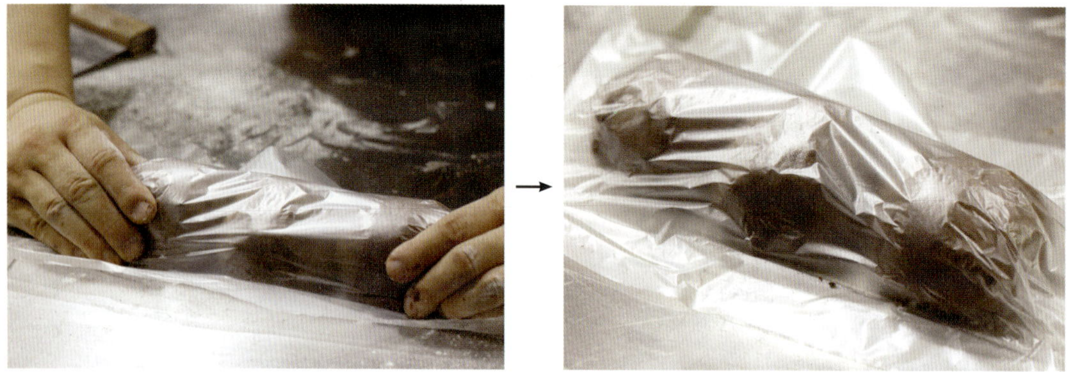

8 반죽이 마르지 않도록 비닐을 덮어 여름에는 10~15분, 겨울에는 20~25분 중간 휴지합니다.

원로프 성형을 합니다. 기본식빵 만들기에서는 밀대를 사용하지 않고 손바닥으로 눌러 가스를 뺐으나 초코식빵은 초코칩이 들어가 있으니 손바닥으로 누르면 반죽이 손상됩니다. 밀대를 이용해 가스를 빼주세요(p. 30 기본식빵 만들기 참조).

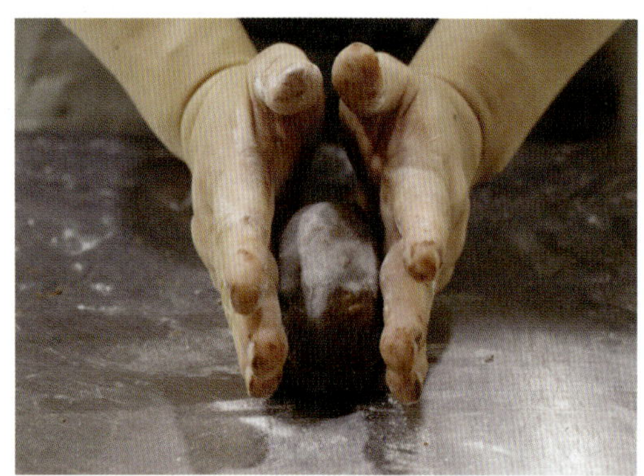
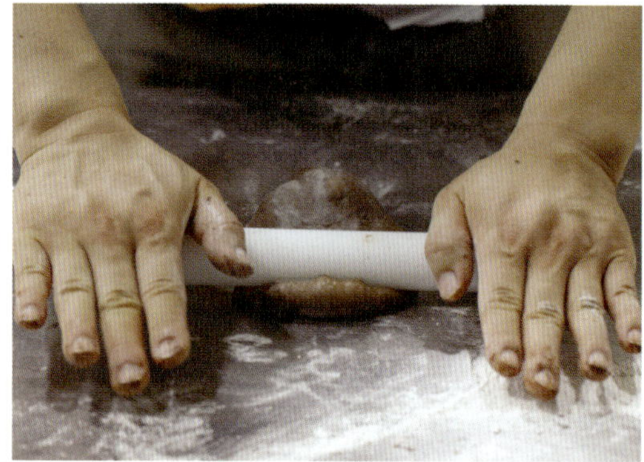

9 작업대에 반죽의 매끈한 면이 위로 가도록 놓고 덧가루를 살짝 뿌립니다. 양손으로 옆면을 가볍게 눌러 길쭉한 타원형으로 만듭니다. 그런 다음 밀대를 이용하여 23cm 정도로 균일하게 밀어줍니다.

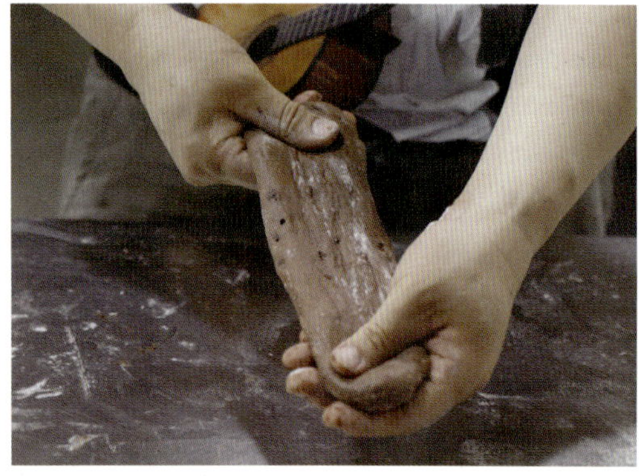

10 양손으로 반죽 끝을 잡고 25~28cm 정도 늘려주세요.

11 반죽의 매끈한 면이 아래로 가도록 한 뒤 반죽 끝에 양손을 갖다 댑니다.

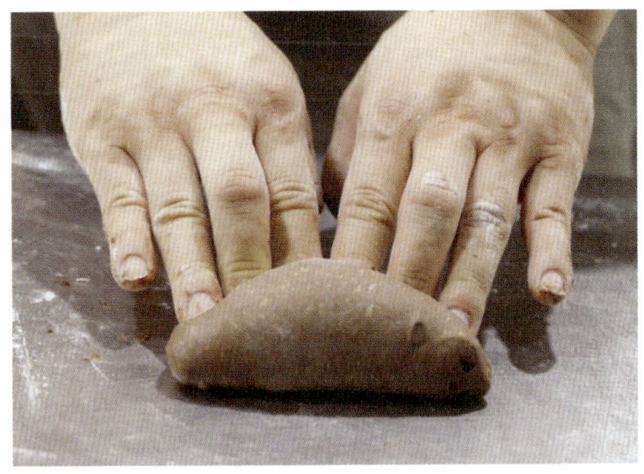

12 그대로 반죽을 앞쪽으로 굴려 살짝 누릅니다.

13 반죽 끝까지 반복하여 말아주면 됩니다.

14 성형한 반죽을 오란다팬에 넣고 밑면이 뜨지 않도록 가볍게 누릅니다.

15 팬에 담긴 모습입니다. 이 상태로 반죽의 표면이 마르지 않도록 밀폐된 공간에서 2차 발효를 합니다. 발효 중간에 표면이 마르면 분무기로 가볍게 물을 뿌려 촉촉함을 유지합니다.

16 반죽의 가장 높은 부분이 팬 높이에 닿으면 2차 발효가 완료된 것입니다. 초코식빵의 경우 가운데에 칼집을 넣어 벌어지게 할 것이니 모양 유지를 위해 2차 발효 시간을 좀 짧게 합니다.

I7 짜는 주머니에 버터를 넣고 3mm 정도의 구멍을 만듭니다. 장식 용도가 아니니 짜는 주머니가 없다면 비닐봉지에 구멍을 뚫어 작업해도 됩니다.

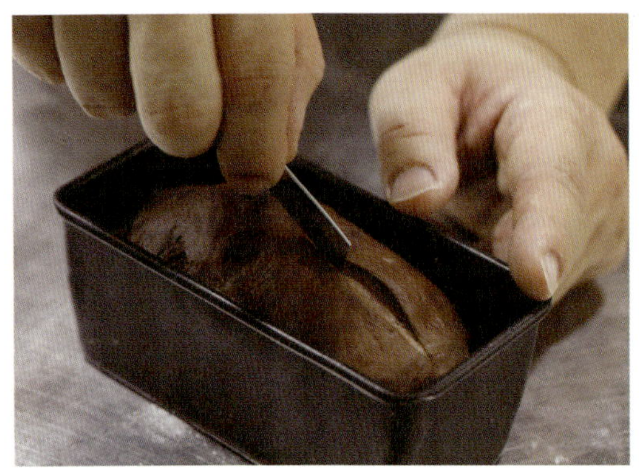 

I8 반죽의 처음과 끝부분에 0.5cm 정도 여유를 두고 2~3mm 깊이로 칼집을 냅니다. 그런 다음 칼집 위에 버터를 짜 올립니다.

완성한 모습입니다.

19 170도 예열한 오븐에서 20~25분 정도 굽습니다. 반죽이 어두워 판별이 어렵긴 하나 구워지면서 점점 색이 진해집니다. 색이 날 때 오븐에서 꺼냅니다. 구워낸 빵은 팬째로 20~30cm 높이에서 떨어뜨려 가스를 뺍니다.

20 팬에서 꺼낸 식빵은 실리콘 붓을 이용하여 윗면에 우유를 바르고 식힘망에서 완전히 식으면 밀봉 포장합니다. 우유는 취향에 따라 바르지 않아도 됩니다.

1차 발효가 과했을 때

일어나는

반죽의 변화

글루텐 90%의 초코식빵 반죽이고 실온에서 발효 중입니다. 글루텐을 잘 잡고 반죽의 완성도만 높으면 특별히 발효실 없이 이렇게 실온에서도 반죽이 잘 부풀어 오릅니다.

반죽이 처음 부피의 4.5~5배로 부풀었습니다. 적당한 1차 발효는 반죽의 부피가 처음보다 3~3.5배로 부풀어 오르는 것인데 누가 봐도 발효가 과한 상태입니다.

반죽을 살짝 들어 올린 후 떨어뜨렸습니다.

반죽이 급속히 내려앉았습니다. 반죽 상태가 좋고 발효가 잘 되면 이런 충격에도 잘 꺼지지 않습니다. 한순간에 부피가 절반으로 줄어들었습니다.

과한 것은 부족한 것만 못합니다

'1차 발효가 과하다'는 것은 쉽게 말해 터지기 직전의 풍선 상태와 같습니다. 글루텐 조직 속으로 이산화탄소가 가득 차 조금만 충격을 줘도 가스가 빠져나가게 됩니다. 반죽을 분할할 때 탱탱하게 버텨줘야 하는데, 과잉 발효 상태에선 이 일이 쉽지 않습니다. 질척거리고 모양이 잘 안 나오지요. 시큼한 냄새도 납니다.

산소는 없고 이산화탄소는 많으니 자연 이스트는 활동을 정지하고 기회만 엿보던 젖산균이 활동하기 시작합니다. 젖산균의 움직임이 활발해질수록 시큼한 냄새는 더 심해 집니다. 이런 상태의 반죽은 구웠을 때 맛도 시큼합니다. 1차 발효가 부족하면 오븐스프링이 덜해 식감이 안 좋지 만, 그래도 못 먹을 정도는 아니지요. 1차 발효가 과하면 퍼 석한 식감과 시큼한 냄새 때문에 눈살을 찌푸리게 됩니다.

왼쪽은 1차 발효 전, 오른쪽은 1차 발효 후로 반죽이 처음 부피의 3~3.5배로 부풀어 발효가 적당히 잘 된 상태

BAKINGPAPA
초코소보로빵

정작 일본에선

볼 수 없는

일본 이름 빵

'소보로(そぼろ)'는 생선, 닭고기, 새우 등을
으깨어 양념한 뒤에 볶아 보들보들하게
수분을 증발시킨 일본 식품입니다.
생것으로 만들면 '소보로', 삶아서 만들면
'오보로(おぼろ)'라고 하는데요.
이런 사실 때문인지 일본에는 소보로 빵이
흔할 거라고 생각했습니다.
그런데 웬걸요.
일본 어디에서도 소보로 빵을 볼 수 없었습니다.
대신 멜론 빵이 있더군요. 이름만 일본식이지 사실은
곰보빵, 노을 빵 다양하게 불리며 사랑받아온
우리나라 대표 단과자빵입니다.
일반 소보로 빵에 살짝 변화를 주어 초코 반죽에
소보로 토핑을 올렸습니다.
보통의 소보로 빵을 만들고 싶다면
책 속의 소시지빵 레시피(p. 94)를
활용하면 됩니다.

Ingredients

분량

초코소보로빵 11개

반죽

강력분 330g

코코아 가루 20g

설탕 50g

버터 70g

소금 4g

인스턴트 드라이이스트 5g

물 60g

우유 70g

달걀 1개

부재료

소보로 약 620g(p. 64 소보로 만들기 참조)

- 버터는 실온에 두어 부드러운 상태로 사용합니다.
- 우유와 달걀은 반죽 시 냉장고에서 꺼낸 차가운 것을 사용합니다.
- 물은 여름에는 약 27도, 겨울에는 약 38~40도가 적당합니다.

소도구

저울

스크래퍼

볼이나 뚜껑이 있는 용기

실리콘 붓

오븐팬

비닐

온도계

1 믹싱볼에 분량의 강력분, 코코아 가루, 설탕, 버터, 소금, 인스턴트 드라이이스트를 넣습니다.

2 다른 볼에 분량의 물, 우유, 달걀을 넣고 ①의 믹싱볼에 부어 저속으로 반죽기를 돌립니다. 날가루가 보이지 않으면 반죽기를 멈추고 중속으로 속도를 올려 다시 반죽합니다.

3 글루텐 70%로 반죽합니다. 전체적으로 매끈한 80% 때와 달리 군데군데 거친 면이 보입니다.

• 글루텐 70%는 단과자빵을 만들 때 가장 이상적입니다. 좀 더 봉긋한 모양을 살리고 싶다면 글루텐 80% 이상으로 반죽하세요.

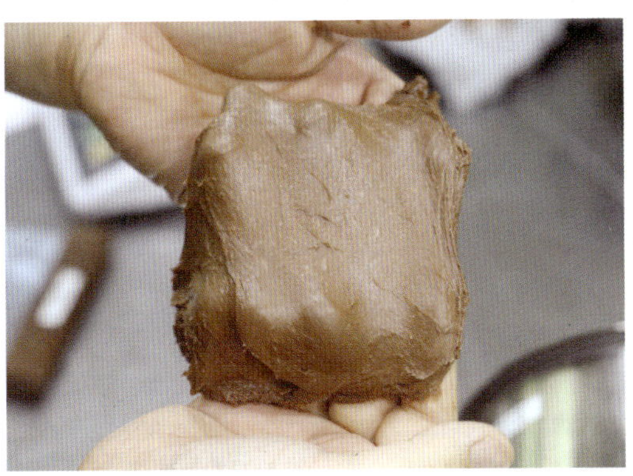

→

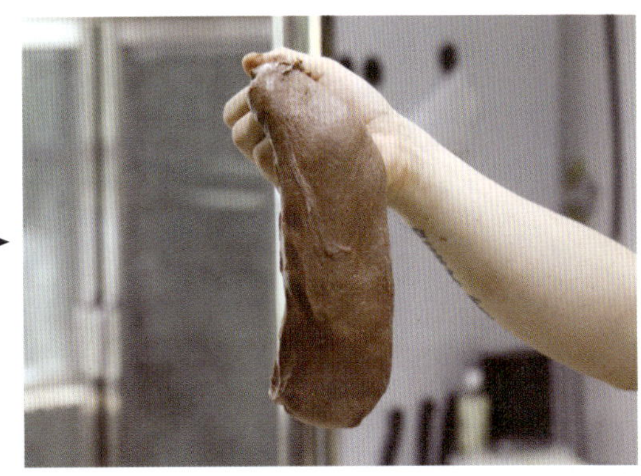

반죽을 조금 떼어내 늘렸을 때 탄력은 있지만 표면이 매끈하지는 않습니다.

반죽의 질기는 기본식빵 반죽과 비슷합니다.

4 작업대의 덧가루를 걷어내고 동글리기 하여 표면을 매끈하게 정리합니다.

5 볼(용기)에 덧가루를 뿌리고 반죽을 넣은 후 다시 윗면에도 덧가루를 뿌려 들러붙지 않게 합니다. 그런 다음 표면이 마르지 않도록 비닐을 씌워 직사광선이 없는 실온에 둡니다(1차 발효).

6 반죽이 처음 부피의 3~3.5배로 부풀면 1차 발효가 완료된 것입니다. 발효 전후를 비교해 보세요.

7 작업대에 덧가루를 뿌리고 반죽의 매끈한 면이 위로 가도록 놓은 후 스크래퍼로 60g씩 분할합니다. 그런 다음 동글리기를 합니다.

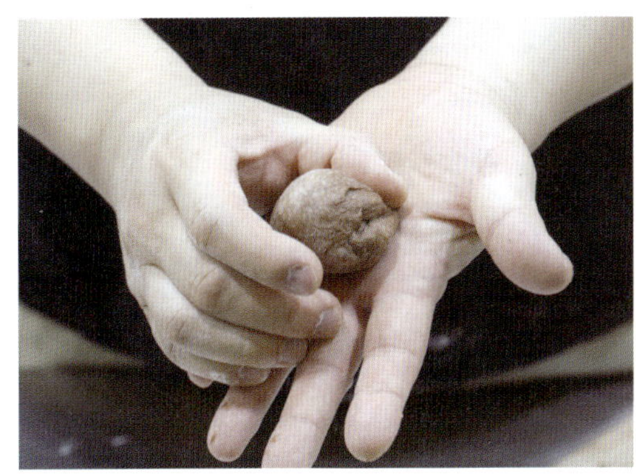

8 소보로 빵은 중간 휴지 없이 바로 성형을 합니다.

- 부득이 동글리기를 하고 반죽을 쉬게 했다면 다시 동글리기를 하고 바로 소보로를 묻히면 됩니다.

9 실리콘 붓으로 동글리기 한 반죽 위에 분량 외 우유를 바릅니다.

10 작업대에 소보로를 놓고 빵 한 개 분량씩 끌어와 3~4mm 두께로 얇게 폅니다. 그런 다음 반죽 한 덩이를 그 위에 얹습니다.

11 다시 소보로 한 줌을 손에 쥐고 ⑩의 반죽 위에 얹으며 양손으로 꾹 누릅니다. 이때 한 줌의 소보로는 손에 들러붙지 않게 하기 위함입니다.

12 반죽에 소보로를 골고루 바르고 납작하게 누른 상태입니다. 이제 반대쪽 손을 오목하게 만들어 반죽을 옮깁니다.

13 움푹 파인 반죽 속에 소보로를 한 움큼 넣습니다.

14 성형한 반죽을 오븐팬에 일정한 간격으로 놓고 반죽 모양이 반구 형태가 되도록 모양을 잡습니다.

15 이 상태로 2차 발효를 합니다. 토핑이 올라가 있으니 밀폐된 공간에 두지 않고 그대로 실온에 둡니다. 표면이 마른다고 분무를 해서도 안 됩니다.

16 반죽이 처음 부피의 1.5배 정도 부풀면 2차 발효가 완료된 것입니다. 발효 과정 중에 자연스럽게 소보로 토핑이 벌어집니다. 발효가 과하면 반죽은 토핑의 무게를 이기지 못하고 주저앉아 납작하게 됩니다. 주의하세요.

17 180도 예열한 오븐에서 12~15분 정도 굽습니다. 소보로에 색이 날 때까지 구우면 적당합니다.

- 단과자에는 설탕 함량이 높아 굽는 동안 자리를 비운다거나 신경을 덜 쓰면 금세 타버릴 수 있습니다. 오븐 옆에서 계속 상태를 관찰하세요.

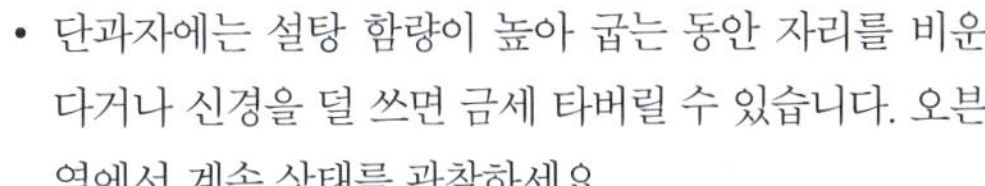

18 구워낸 빵은 팬째로 20~30cm 높이에서 떨어뜨려 가스를 뺍니다. 소보로 토핑의 파삭함을 오래 유지하기 위해 냉판에 옮기지 말고 오븐팬 그대로 식힙니다.

보슬보슬 소보로는 어떻게 만들까요?

Ingredients

반죽

중력분(또는 박력분) 197g

옥수숫가루 50g

분유 25g

버터 100g

설탕 150g

땅콩버터 45g

베이킹파우더 3g

베이킹소다 1.5g

달걀 1개

부재료

초콜릿칩 50g

- 버터는 실온에 두어 부드러운 상태로 사용합니다.
- 초콜릿칩은 취향에 따라 생략해도 됩니다.

I 분량의 중력분, 옥수숫가루, 분유, 베이킹파우더, 베이킹소다를 한데 모아 체에 칩니다.

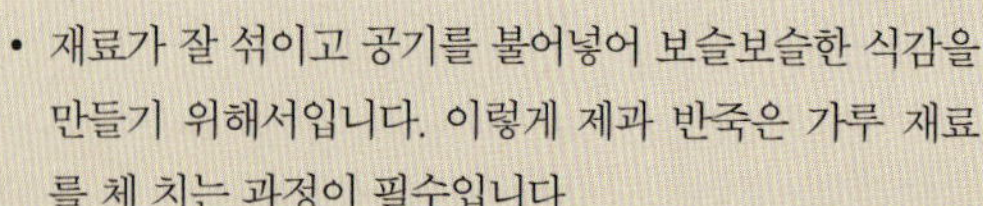

- 재료가 잘 섞이고 공기를 불어넣어 보슬보슬한 식감을 만들기 위해서입니다. 이렇게 제과 반죽은 가루 재료를 체 치는 과정이 필수입니다.

2 버터반죽을 만듭니다. 볼(용기)에 분량의 버터, 설탕, 땅콩버터를 넣고 손거품기를 이용하여 저속으로 휘핑합니다.

3 버터가 부드럽게 풀리면 달걀을 넣습니다. 달걀물이 튀지 않도록 저속으로 휘핑을 하다가 어느 정도 섞이면 고속으로 휘핑하세요.

4 완성한 버터반죽입니다. 버터가 풀어질 정도로 휘핑하면 적당합니다.

5 ①에서 체 쳐 놓은 재료들을 버터반죽에 넣고 고무주걱으로 자르듯이 섞습니다.

6 버터의 겉면이 가루로 코팅 될 정도로만 섞습니다.

7 ⑥의 반죽을 작업대에 붓습니다.

8 양손가락을 자연스럽게 벌린 상태로 소보로 반죽을 들어 올리고 가볍게 손을 털어 손가락 사이로 반죽이 빠져나가게 합니다.

9 사진처럼 날가루가 보이지 않을 때까지 반복합니다.

IO 양손 가득 소보로 반죽을 들어 올려 반죽과 반죽끼리 가볍게 비빕니다.

II 보슬보슬한 상태가 되면 소보로 완성입니다.

I2 그런 다음 초콜릿칩을 넣고 골고루 섞으면 초코 소보로입니다. 초콜릿칩은 취향에 따라 생략해도 됩니다.

tip

제과와 제빵의 차이는
가루 재료를 체 치느냐, 체 치지 않느냐

제과의 기본 공정은 먼저 베이스가 되는 액체 작업을 하고 마무리로 가루를 넣어 섞는 것입니다. 이때 믹싱 시간이 짧기 때문에 가루를 미리 체 쳐두지요.

이에 반해 빵을 만들 때는 밀가루를 체 치지 않습니다. 믹싱 초반부터 가루 재료와 액체 재료를 한데 넣고 긴 시간 반죽을 해 체를 치지 않아도 잘 섞입니다.

호텔식빵

부드럽다

쫄깃하다

달달하다!

호텔식빵에 관한

발칙한 상상

호텔식빵은 이름이 왜 호텔식빵일까요?
이에 관한 이유는 구체적이지 않고
그저 일본에서 시작됐다는 것만 알고 있습니다.
이를 단초로 약간의 상상력을 발휘해 보겠습니다.
한 일본인이 외국 호텔에 묵을 때 조식으로 나온
부드러운 식빵이 마음에 들었나 봅니다.
그 빵을 기억하며 새로운 식빵을 만듭니다.
뭐든 자기 스타일로 소화를 잘 해내는 일본인답게
바게트보다는 부드럽되 바게트처럼 구운 서양 식빵을
부드럽고 달달한 일본식 식빵으로 변형한 것이지요.
간혹 레시피에 따라 글루텐 가루를 첨가할 때도 있지만,
반죽의 완성도를 높이는 것으로 해결하였습니다.
쫄깃하고 촉촉하고 달달하게 만드는 것이 만들기의 포인트입니다.

Ingredients

분량

호텔식빵 3개

반죽

강력분 400g

설탕 70g

버터 32g

소금 6g

인스턴트 드라이이스트 6g

물 220g

달걀 1개

마무리

버터 50g

설탕 3줌

- 버터는 실온에 두어 부드러운 상태로 사용합니다.
- 달걀은 반죽 시 냉장고에서 꺼낸 차가운 것을 사용합니다.
- 물은 여름에는 약 25~27도, 겨울에는 약 32~35도가 적당합니다.

소도구

저울

스크래퍼

볼이나 뚜껑이 있는 용기

오란다팬(16×8×6.5cm) 3개

짜는 주머니

가위

비닐

온도계

1 믹싱볼에 분량의 강력분, 설탕, 버터, 소금, 인스턴트 드라이이스트를 넣습니다.

- 재료에 들어가는 설탕의 비율이 상당히 높습니다. 우유를 사용하지 않는 대신 설탕량을 늘려 빵을 부드럽게 하기 위함이고, 마지막에 뿌리는 설탕 토핑과 맛의 조화를 이끌기 위해서이기도 합니다. 빵은 담백한데 토핑만 달달하면 균형이 깨지거든요.

2 다른 볼에 분량의 물과 달걀을 넣은 후 ①의 믹싱볼에 부어 저속으로 반죽기를 돌립니다. 날가루가 보이지 않으면 반죽기를 멈추고 중속으로 속도를 올려 다시 반죽합니다.

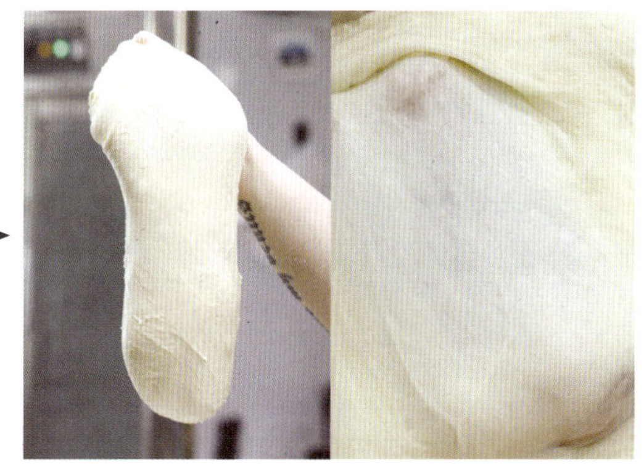

3 글루텐 90%로 반죽합니다. 반죽이 전체적으로 매끈하고 탄력이 있으며 윤기가 난다 싶을 때 반죽기를 멈추면 됩니다.

완성한 반죽의 질기는 기본식빵 반죽보다 집니다. 반죽을 조금 떼어내 늘렸을 때 신축성 있게 잘 늘어납니다.

4 작업대의 덧가루를 걷어내고 동글리기 하여 표면을 매끈하게 정리합니다.

5 볼(용기)에 덧가루를 뿌리고 반죽을 넣은 후 다시 윗면에도 덧가루를 뿌려 들러붙지 않게 합니다. 그런 다음 표면이 마르지 않도록 비닐을 씌워 직사광선이 없는 실온에 둡니다(1차 발효).

6 반죽이 처음 부피의 3~3.5배로 부풀면 1차 발효가 완료된 것입니다. 발효 전후를 비교해 보세요.

7 작업대에 덧가루를 뿌리고 반죽의 매끈한 면이 위로 가도록 놓습니다. 그런 다음 스크래퍼를 이용하여 60g씩 분할합니다.

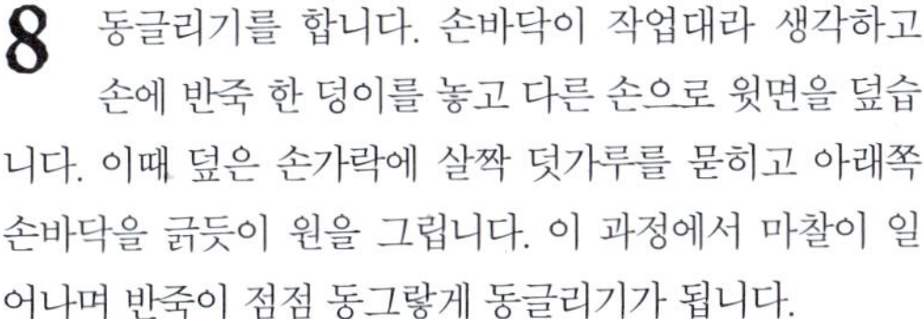

8 동글리기를 합니다. 손바닥이 작업대라 생각하고 손에 반죽 한 덩이를 놓고 다른 손으로 윗면을 덮습니다. 이때 덮은 손가락에 살짝 덧가루를 묻히고 아래쪽 손바닥을 긁듯이 원을 그립니다. 이 과정에서 마찰이 일어나며 반죽이 점점 동그랗게 동글리기가 됩니다.

9 반죽이 마르지 않도록 비닐을 씌운 후 여름에는 10~15분, 겨울에는 20~25분 중간 휴지합니다.

IO 중간 휴지한 반죽을 다시 손바닥에서 동글리기 한 뒤 가스를 빼고 동그랗게 성형합니다.

II 바닥의 이음매 부분을 잘 꼬집어 여밉니다.

I2 4개씩 모아 한꺼번에 들어 팬에 넣습니다. 그런 다음 밑면이 뜨지 않도록 가볍게 누릅니다.

13 이 상태로 반죽의 표면이 마르지 않도록 밀폐된 공간에서 2차 발효를 합니다. 발효 중간에 표면이 마르면 분무기로 가볍게 물을 뿌려 표면의 촉촉함을 유지합니다.

14 반죽의 가장 높은 부분이 팬 높이에 닿으면 2차 발효가 완료된 것입니다.

• 나중에 반죽의 윗부분을 가위로 자르고 구울 것이니, 모양 유지를 위해 발효 시간을 기본식빵보다 짧게 합니다.

15 짜는 주머니에 버터를 넣고 3mm 정도의 구멍을 만듭니다.

• 모양을 내거나 장식의 용도가 아니니 짜는 주머니가 없다면 비닐에 구멍을 뚫어 사용해도 됩니다.

16 가위를 직각으로 세워 한 덩이씩 중앙에 가위집을 냅니다. 4덩이 모두 작업합니다.

17 가위집을 낸 반죽 위에 짜는 주머니를 이용해 버터를 짜 올립니다.

18 그런 다음 설탕을 듬뿍 뿌립니다.

19 완성!

20   170도 예열한 오븐에서 20분 정도 굽습니다. 윗면의 색이 황금갈색이 나면 적당합니다.

21 구워낸 식빵은 20~30cm 높이에서 떨어뜨려 가
스를 뺀 후 바로 팬에서 분리합니다.

22 식힘망에서 완전히 식으면 밀봉 포장합니다.

치즈트위스트식빵

베이킹과 귀차니즘이 만든

'딱 떨어지는 맛'

같이 놓기 참 어색한 단어의 조합인데,
귀찮음은 꽤나 자주 베이킹에 몰두하는 핑곗거리이자
영감을 주는 뮤즈가 되곤 하지요.
식빵을 만들다 보면 자꾸 꾀가 납니다.
잼을 따로 바르지 않아도,
치즈나 소스를 곁들여 샌드위치를 만들 필요도 없이
한 번에 해치울 수 있는 방법이 없을까?
기왕이면 덜 귀찮게….
이런 식의 잔꾀가 자꾸 생겨납니다.

그래서 탄생하게 되는 아이템도 여럿 있습니다.
치즈가 빈틈 없이 쏙쏙 들어간 치즈트위스트가
그중 하나입니다.

Ingredients

분량

치즈트위스트식빵 3개

반죽

강력분 400g

설탕 30g

버터 30g

소금 6g

인스턴트 드라이이스트 6g

물 110g

우유 110g

달걀 1개

부재료

슬라이스 치즈 12장

마무리

우유 50g

- 버터는 실온에 두어 부드러운 상태로 사용합니다.
- 달걀은 반죽 시 냉장고에서 꺼낸 차가운 것을 사용합니다.
- 물은 여름에는 약 25~27도, 겨울에는 약 35~37도가 적당합니다.

소도구

저울

밀대

스크래퍼

볼이나 뚜껑이 있는 용기

오란다팬(16×8×6.5cm) 3개

실리콘 붓

비닐

온도계

1 믹싱볼에 분량의 강력분, 설탕, 버터, 소금, 인스턴트 드라이이스트를 넣습니다.

2 다른 볼에 분량의 물, 우유, 달걀을 넣고 ①의 믹싱볼에 부어 저속으로 반죽기를 돌립니다. 날가루가 보이지 않으면 반죽기를 멈추고 중속으로 속도를 올려 다시 반죽합니다.

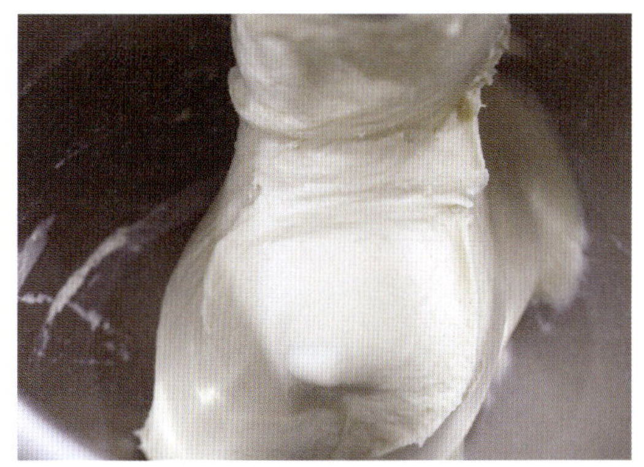

3 글루텐 90%로 반죽합니다. 반죽이 전체적으로 매끈하고 탄력이 있으며 윤기가 난다 싶을 때 반죽기를 멈추면 됩니다.
반죽을 조금 떼어내 늘렸을 때 뜯어짐 없이 잘 늘어납니다. 완성한 반죽의 질기는 기본식빵 반죽보다 되직합니다. 곧, 치즈를 감싸야 하니까요.

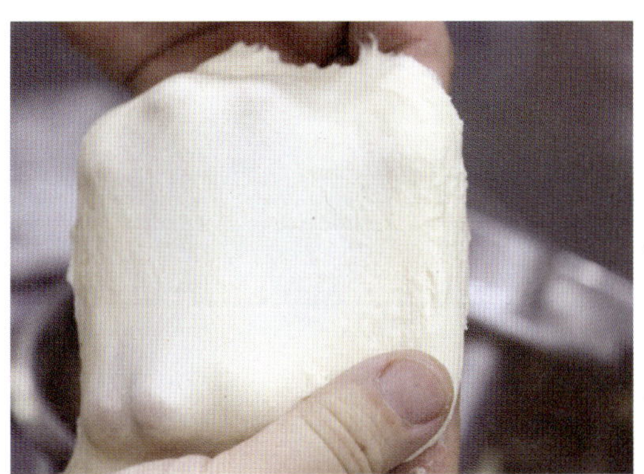

→

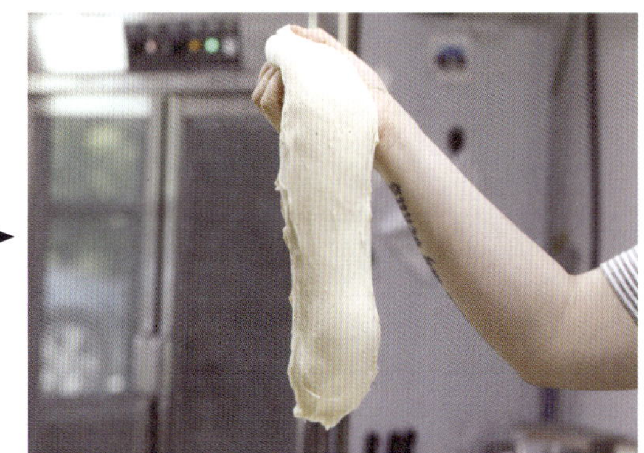

4 작업대의 덧가루를 걷어내고 동글리기 하여 표면을 매끈하게 정리합니다.

5 볼(용기)에 덧가루를 뿌리고 반죽을 넣은 후 다시 윗면에도 덧가루를 뿌려 들러붙지 않게 합니다. 그런 다음 표면이 마르지 않도록 비닐을 씌워 직사광선이 없는 실온에 그대로 둡니다(1차 발효).

6 반죽이 처음 부피의 3~3.5배로 부풀면 1차 발효가 완료된 것입니다. 발효 전후를 비교해 보세요.

7 작업대에 덧가루를 뿌리고 반죽의 매끈한 면이 위로 가도록 놓습니다. 그런 다음 스크래퍼를 이용하여 120g씩 분할합니다.

8 그런 다음 동글리기를 합니다.

9 반죽이 마르지 않도록 비닐을 덮어 여름에는 10~15분, 겨울에는 20~25분 중간 휴지합니다.

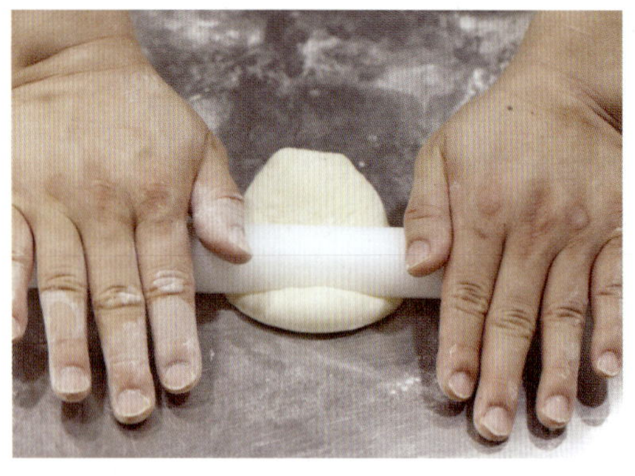

IO 중간 휴지한 반죽은 매끈한 면이 위로 가도록 놓은 후 표면에 덧가루를 살짝 뿌립니다. 그런 다음 밀대를 이용하여 길이 16cm, 너비 8cm로 균일하게 밀어주세요.

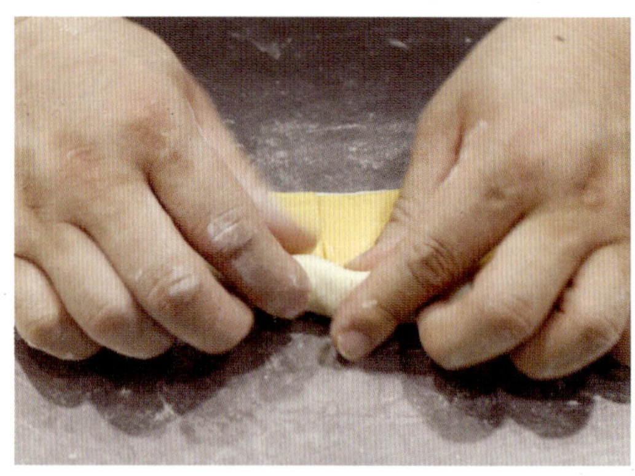

II 반죽을 뒤집어 매끈한 면이 아래로 가도록 하고 기다란 쪽을 가로로 둡니다. 그런 다음 반죽에 슬라이스 치즈 두 장을 올리고 치즈가 빈틈없이 차도록 반죽을 정돈합니다.

I2 위에서부터 돌돌 말아줍니다.

I3 이음매 부분을 잘 꼬집어서 2차 발효 및 굽는 과정 반죽이 터지지 않도록 합니다. 나머지도 같은 방식으로 치즈를 넣고 말아서 준비합니다.

14 말아놓은 반죽 2개를 열십자(+) 모양으로 놓습니다.

15 양쪽 끝부분을 잡고 한 바퀴 반 꼬아줍니다. 반대쪽도 같은 방법으로 꼬아 트위스트 성형을 합니다.

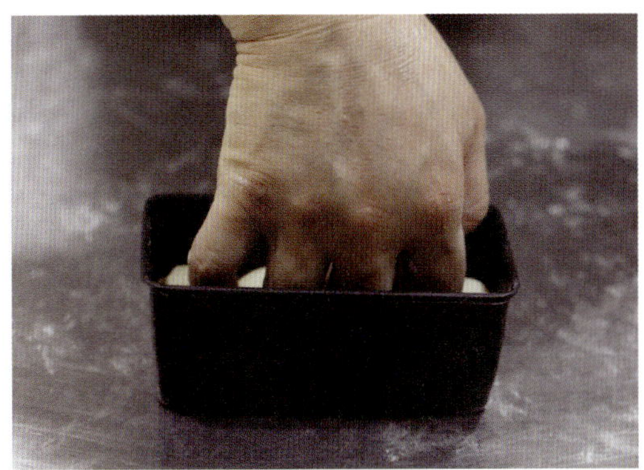

16 성형한 반죽을 팬에 넣고 밑면이 뜨지 않도록 가볍게 누릅니다.

17 이 상태로 반죽의 표면이 마르지 않도록 밀폐된 공간에서 2차 발효를 합니다.

18 반죽의 가장 높은 부분이 팬 높이보다 0.5~1cm 정도 올라오면 2차 발효가 완료된 것입니다.

19 170도 예열한 오븐에서 20~25분 정도 굽습니다. 윗면이 연한 갈색이 되면 적당합니다.

20 오븐에서 꺼낸 빵은 20~30cm 높이에서 떨어뜨려 가스를 뺀 후 바로 팬에서 분리해야 모양이 찌그러지지 않습니다.

21 실리콘 붓을 이용하여 윗면에 우유를 바르고, 식힘망에서 완전히 식으면 밀봉 포장합니다. 우유는 취향에 따라 바르지 않아도 됩니다.

BAKINGPAPA
소시지빵

'올드'하지 않고 '시크'하다

소시지빵이라고 하면 의례히 반죽으로 소시지를 감싸고
가위질 해 나뭇잎처럼 성형을 하지요.
여기에 샐러드와 마요네즈, 케첩을 잔뜩 토핑하고요.
분명 맛은 있는데 손이 많이 가고
모양은 촌스럽다는 느낌이 듭니다.
그런데 좀 이상하지 않나요?
단팥빵이나 소보로빵은 몇 십 년 같은 모양이어도
당연하고 이상할 게 없는데
유독 소시지빵만 옛것 취급을 하니까요.
그래서 만든 세련된 소시지빵입니다.

Ingredients

분량

소시지빵 11개

반죽

강력분 400g

설탕 50g

버터 40g

소금 7g

인스턴트 드라이이스트 7g

물 80g

우유 100g

달걀 2개

부재료

슬라이스 치즈 11장

소시지 11개

마무리

마요네즈 적당량

파슬리 적당량

- 우유와 달걀은 반죽 시 냉장고에서 꺼낸 차가운 것을 사용합니다.
- 물은 여름에는 약 27도, 겨울에는 약 38~40도가 적당합니다.

소도구

저울

스크래퍼

볼이나 뚜껑이 있는 용기

오븐팬

짜는 주머니

밀대

비닐

온도계

1 믹싱볼에 분량의 강력분, 설탕, 버터, 소금, 인스턴트 드라이이스트를 넣습니다.

2 다른 볼에 분량의 물, 우유, 달걀을 넣고 ①의 믹싱볼에 부어 저속으로 반죽기를 돌립니다. 날가루가 보이지 않으면 반죽기를 멈추고 중속으로 속도를 올려 다시 반죽합니다.

3 글루텐 70%로 반죽을 합니다. 반죽이 군데군데 매끈하나 전체적으로 거칠고 탄력도 많이 부족합니다.

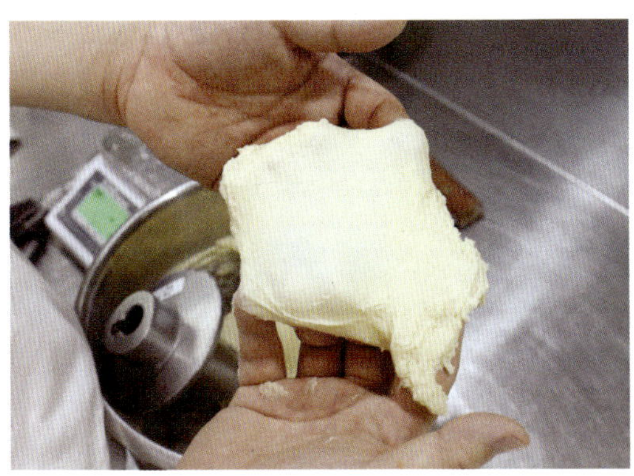

→

반죽을 조금 떼어내 늘렸을 때 두껍게 늘어나고 표면은 다소 거칩니다.

반죽의 질기는 기본식빵 반죽과 비슷합니다. 하지만 글루텐을 덜 잡아 반죽이 손에 묻어나고 잘 늘어집니다.

4 작업대의 덧가루를 걷어내고 동글리기 하여 표면을 매끈하게 정리합니다.

5 볼(용기)에 덧가루를 뿌리고 반죽을 넣은 후 다시 윗면에도 덧가루를 뿌려 들러붙지 않게 합니다. 그런 다음 표면이 마르지 않도록 비닐을 씌워 직사광선이 없는 실온에 둡니다(1차 발효).

6 반죽이 처음 부피의 3~3.5배로 부풀면 1차 발효가 완료된 것입니다. 발효 전후를 비교해 보세요.

7 작업대에 덧가루를 뿌리고 반죽의 매끈한 면이 위로 가도록 놓은 후 스크래퍼로 70g씩 분할합니다.

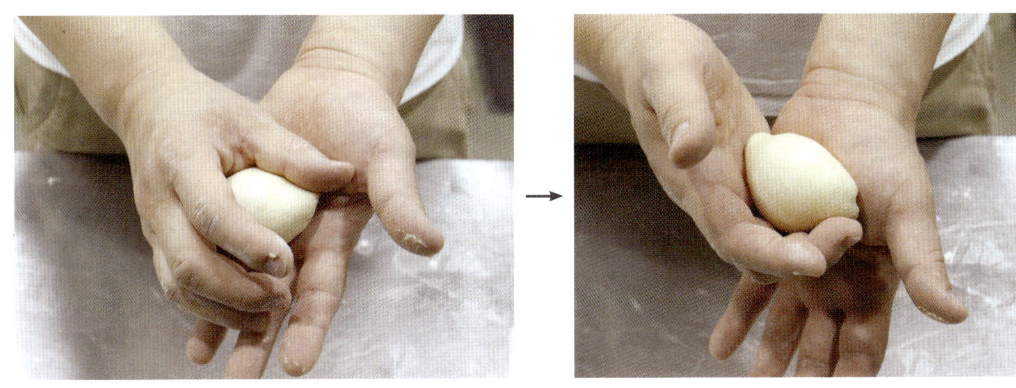

8 둥글리기를 합니다. 그런 다음 반죽이 마르지 않도록 비닐을 덮어 여름에는 10~15분, 겨울에는 20~25분 중간 휴지합니다.

9 준비한 햄을 키친타올을 이용하여 남아있는 물기를 제거한 뒤 슬라이스 치즈로 감쌉니다.

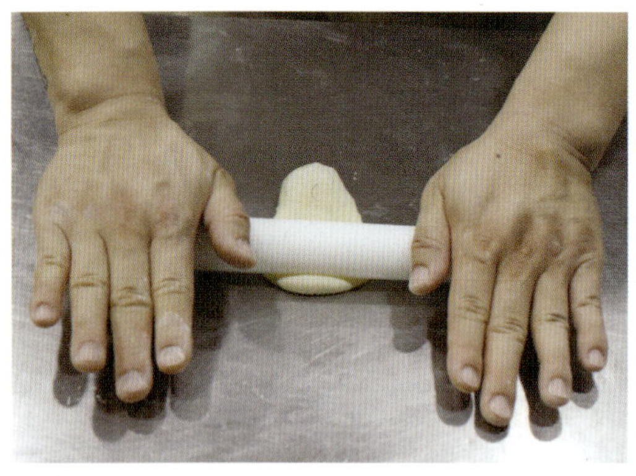

IO 중간 휴지한 ⑧의 반죽을 밀대를 이용해 15cm 길이로 늘립니다. 이때 반죽의 두께가 일정하도록 신경 써야 합니다. 반죽의 길이는 소시지 길이에 따라 적절히 조절하고요.

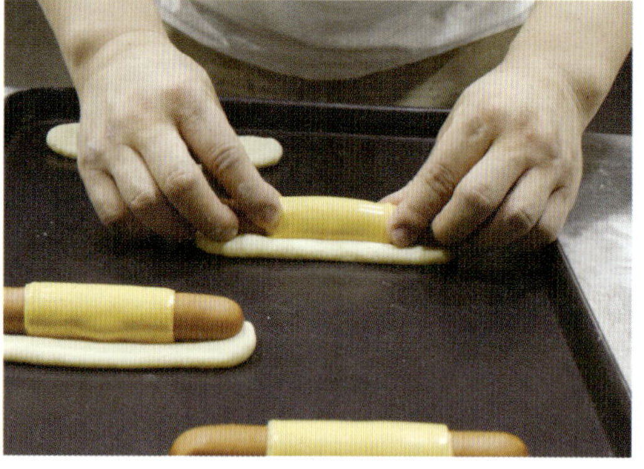

II 성형한 반죽을 오븐팬에 일정한 간격으로 올립니다.

I2 반죽 위에 치즈를 감싼 소시지를 하나씩 올리고 살짝 누릅니다.

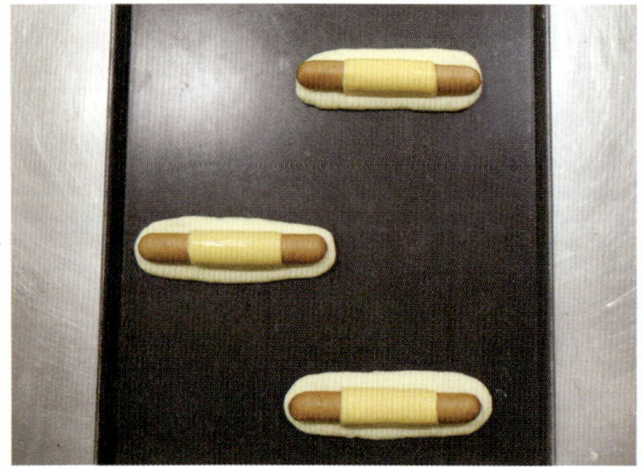

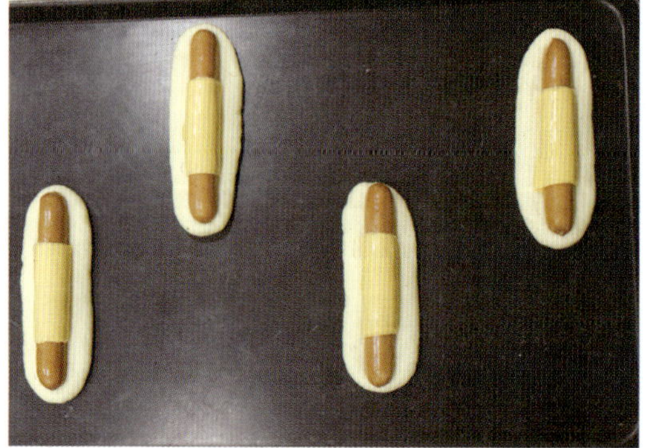

I3 이 상태로 밀폐된 공간에서 2차 발효합니다. 발효 중간에 표면이 마르면 분무기로 가볍게 물을 뿌려 촉촉함을 유지합니다.

I4 반죽이 처음 부피의 2배 정도로 부풀면 2차 발효가 완료된 것입니다. 발효가 과하면 위에 올라간 소시지가 대탈출을 시도합니다. '어, 발효가 된 건가?' 싶을 때까지 하면 됩니다.

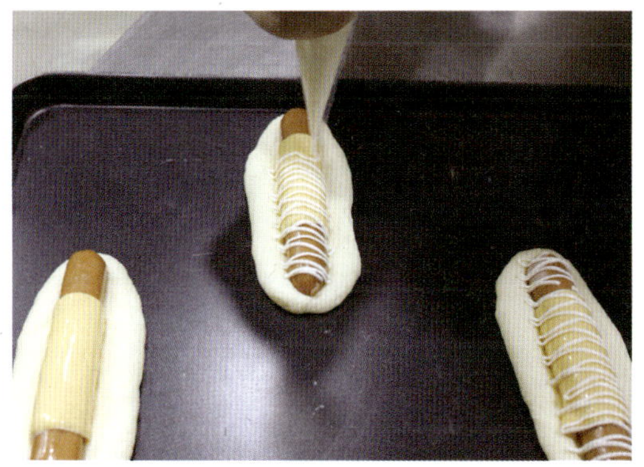 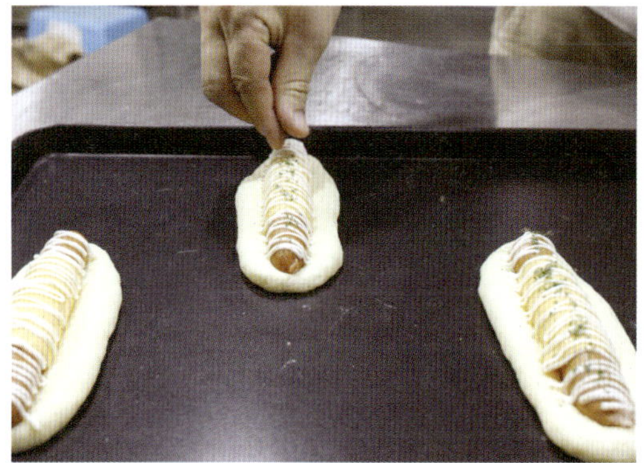

15 짜는 주머니에 마요네즈를 적당량 넣고 가위로 잘라 2mm 정도의 구멍을 냅니다. 그런 다음 소시지 위에 지그재그 모양으로 마요네즈를 짜 올리고 파슬리를 뿌립니다. 짜는 주머니가 없을 경우 비닐 팩을 이용해도 됩니다.

16 190도 예열한 오븐에 12~15분 정도 굽습니다. 슬라이스 치즈가 완전히 녹아내리고 빵 윗면의 색이 황금갈색이 되면 적당합니다.

17 구워낸 빵은 팬째로 20~30cm 높이에서 아래로 떨어뜨려 가스를 뺍니다. 파슬리를 가볍게 뿌려 장식해도 좋고 생략해도 무방합니다.

18 팬에 놓인 그대로 완전히 식힌 후 밀봉 포장하세요.

검은깨 식빵

새로운 것 만들고 싶을 때

부재료를 첨가하고 나만의 레시피를 만드는 것은

사실 어려운 일이 아닙니다.

그보다 내가 창조한 레시피를 얼마나 멋지게 구현할 수 있느냐가 더 큰 문제죠.

그래서 누구에게나 반죽의 완성도를 높여주는

탄탄한 스킬이 우선적으로 필요합니다.

기본식빵으로 여러 번 기본기를 다지고

어느 정도 식빵에 대한 자신감이 붙으면

그때부터는 나만의 식빵 만들기에 도전할 수 있습니다.

기본식빵에 사용하는 밀가루 양의 20~30%를 원하는 부재료로 채우면

보다 새롭고 다양한 식빵 만들기가 가능합니다.

이번 레시피의 목적은 '맛있는 식빵 만들기'도 있지만

'부재료를 넣을 때 필요한 다양한 테크닉'을 배우는 것입니다.

지금까지는 반죽의 마무리 단계에 부재료를 넣고 저속으로 섞었습니다.

이번에는 재료의 무르기 정도에 따라 다르게 처리하는 방법을 실행해 보겠습니다.

Ingredients

분량

검은깨식빵 3개

반죽

강력분 400g

설탕 40g

버터 32g

소금 6g

인스턴트 드라이이스트 6g

달걀 1개

물 200g

검은깨 40g

삶은 콩(아무거나) 80g

마무리

우유 50g

- 검은깨 대신 들깨나 참깨를 사용해도 됩니다.
- 삶은 콩은 물기를 제거한 뒤 사용하고 시판되는 콩배기로 대체 가능합니다. 취향에 따라 생략해도 되고요.
- 버터는 실온에 두어 부드러운 상태로 사용합니다.
- 달걀은 반죽 시 냉장고에서 바로 꺼낸 차가운 것을 사용합니다.
- 물은 여름에는 약 25~27도, 겨울에는 약 35~37도가 적당합니다.

소도구

저울

스크래퍼

볼이나 뚜껑이 있는 용기

오란다팬(16×8×6.5cm) 3개

실리콘 붓

비닐

온도계

1 믹싱볼에 분량의 강력분, 설탕, 버터, 소금, 인스턴트 드라이이스트, 검은깨를 넣습니다.

• 검은깨는 반죽 과정 으깨지거나 물러지지 않는 단단한 재료이니 처음 가루 재료를 섞을 때부터 함께 넣어 골고루 섞이도록 합니다.

2 다른 볼에 분량의 물과 달걀을 넣고 ①의 믹싱볼에 부어 저속으로 반죽기를 돌립니다. 날가루가 보이지 않으면 반죽기를 멈추고 중속으로 속도를 올려 다시 반죽합니다.

3 글루텐 90%로 반죽합니다. 반죽이 전체적으로 매끈하고 탄력이 있으며 윤기가 나면 반죽기를 멈추면 됩니다. 반죽을 조금 떼어내 늘렸을 때 매끈하고 탄력이 있어야 합니다. 완성한 반죽의 질기는 기본식빵 반죽과 비슷합니다.

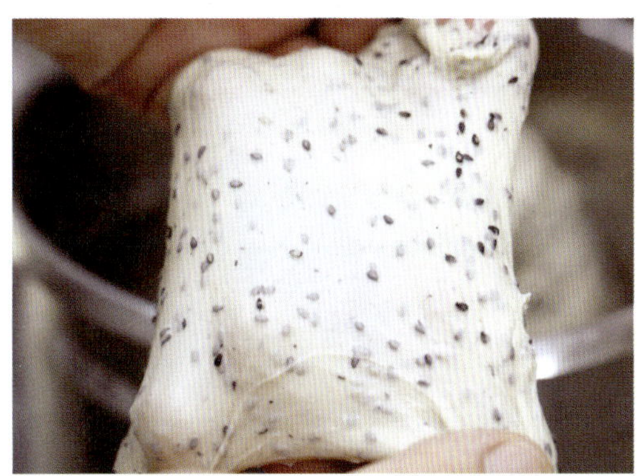

4 반죽을 작업대에 놓고 스크래퍼를 이용하여 3~4cm 간격으로 자릅니다.

5 잘라놓은 반죽 위에 삶은 콩을 올립니다.

6 그런 다음 가장자리에서 중앙으로 반죽을 모아가며
한 덩이로 만듭니다.

• 부재료로 무른 재료를 사용할 때 재료의 손상 없이 섞
는 방법입니다.

7 작업대의 덧가루를 걷어내고 동글리기 한 후 표면을 매끈하게 정리합니다.

8 볼(용기)에 덧가루를 뿌리고 반죽을 넣은 후 다시 윗면에도 덧가루를 뿌려 들러붙지 않게 합니다. 그런 다음 표면이 마르지 않도록 비닐을 씌워 직사광선이 없는 실온에 그대로 둡니다(1차 발효).

 → 

9 반죽이 처음 부피의 3~3.5배로 부풀면 1차 발효가 완료된 것입니다. 발효 전후를 비교해 보세요.

IO 작업대에 덧가루를 뿌리고 반죽의 매끈한 면이 위로 가도록 놓습니다. 그런 다음 스크래퍼를 이용하여 85g씩 분할합니다.

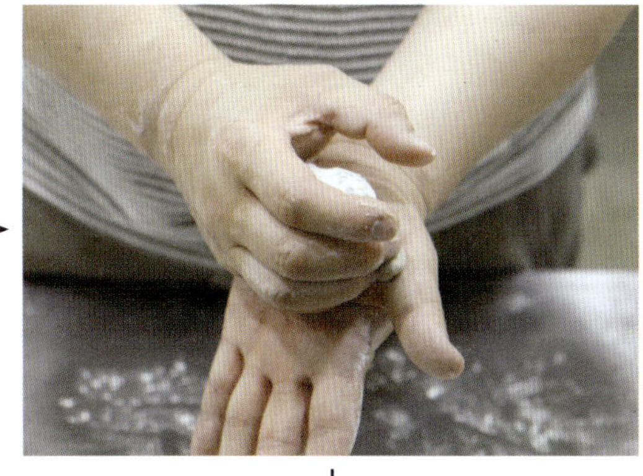

11 작업대의 덧가루를 걷어내고 동글리기를 합니다.

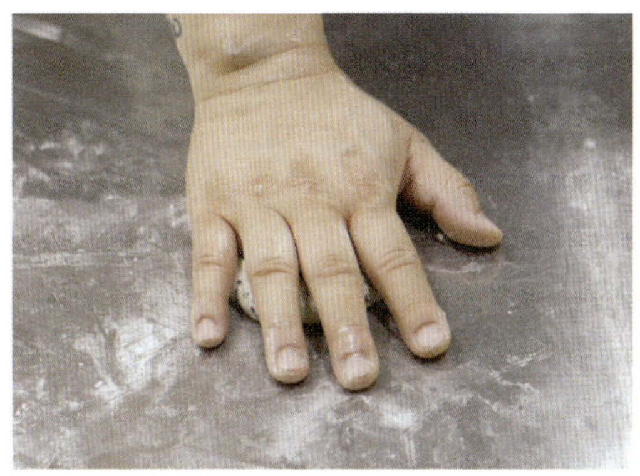

12 반죽이 마르지 않도록 비닐을 덮어 여름에는 10~15분, 겨울에는 20~25분 중간 휴지합니다.

13 중간 휴지한 반죽은 매끈한 면이 위로 가도록 놓고 윗면에 덧가루를 살짝 뿌린 후 손으로 가볍게 눌러 가스를 뺍니다.

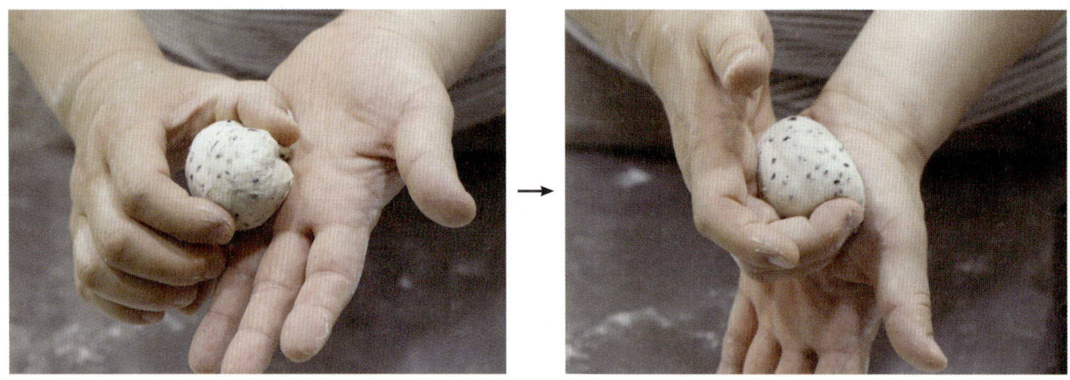

14 다시 동글리기를 합니다.

15 뒷면의 이음매를 잘 꼬집어 2차 발효 및 굽는 과정 반죽이 터지지 않도록 합니다. 나머지도 같은 방법으로 성형을 합니다.

16 성형한 반죽을 3덩이씩 오란다팬에 넣고 밑면이 뜨지 않도록 가볍게 누릅니다.

17 반죽의 표면이 마르지 않도록 밀폐된 공간에서 2차 발효합니다. 발효 중간에 표면이 마르면 분무기로 가볍게 물을 뿌려 표면의 촉촉함을 유지합니다.

18 반죽의 가장 높은 부분이 팬 높이 정도 올라오면 2차 발효가 완료된 것입니다.

19 170도 예열한 오븐에서 20~25분 정도 굽습니다. 윗면이 황금갈색이 되면 적당합니다. 구워낸 빵은 20~30cm 높이에서 떨어뜨려 가스를 뺀 후 바로 팬에서 꺼내주세요.

20 실리콘 붓을 이용하여 윗면에 우유를 바르고 식힘망에서 완전히 식으면 밀봉 포장합니다. 우유는 취향에 따라
바르지 않아도 됩니다.

잡
곡
식
빵

윈도 베이커리의 고전

구수한 잡곡식빵은 윈도 베이커리의 고전 메뉴입니다.

한때 인기를 끈 하드 계열 빵이 한국인의 입맛에 냉정한 평가를 받았고,

지금은 '구관이 명관이다'며 여기저기 식빵 열풍이 이어지고 있습니다.

맛에 대한 선호는 경험과 유전입니다.

서양인에게 '빵' 하면 당연히 딱딱한 하드 계열 빵을 떠올리듯

한국인에게는 식빵과 단과자를 빼고선 빵을 논할 수 없습니다.

잼이나 다른 부재료를 곁들이지 않고 크게 한입 베어 물고 우물우물,

씹을수록 진한 이 고소한 맛을 싫어하는 한국인은 드물지요.

곡물을 사용해 우리만의 고유성이 느껴지는 '잡곡식빵',

베이커리숍 그대로의 맛을 전하겠습니다.

Ingredients

분량

잡곡식빵 3개

반죽

강력분 280g

크래프트콘 믹스 120g

설탕 20g

버터 40g

소금 1g

인스턴트 드라이이스트 6g

달걀 1개

우유 120g

물 120g

마무리

우유 50g

- 버터는 실온에 두어 부드러운 상태로 사용합니다.
- 우유와 달걀은 반죽 시 냉장고에서 꺼낸 차가운 것을 사용합니다.
- 물은 여름에는 약 25~27도, 겨울에는 약 35~37도가 적당합니다.

소도구

저울

스크래퍼

볼이나 뚜껑이 있는 용기

오란다팬(16×8×6.5cm) 3개

실리콘 붓

비닐

온도계

tip

크래프트콘 믹스는 밀가루, 호밀 가루, 보릿가루, 해바라기씨, 소금(3.78%)을 섞은 가루입니다. 시판 제품을 구입하면 되지만, 집에서 직접 재료들을 섞어 만들어도 됩니다. 직접 만든 크래프트콘 믹스를 사용할 경우 전체 재료에 들어가는 소금의 양을 1g에서 5g으로 늘려주세요.

1 믹싱볼에 분량의 강력분, 크래프트콘 믹스, 설탕, 버터, 소금, 인스턴트 드라이이스트를 넣습니다.

2 다른 볼에 분량의 물, 우유, 달걀을 넣고 ①의 믹싱볼에 부어 저속으로 반죽기를 돌립니다. 날가루가 보이지 않으면 반죽기를 멈추고 중속으로 속도를 올려 다시 반죽합니다.

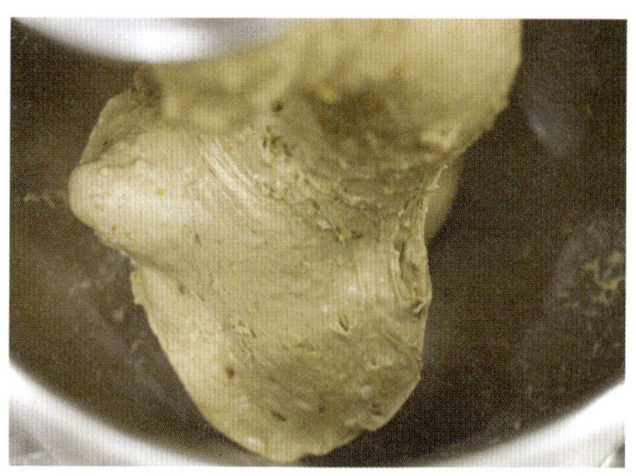

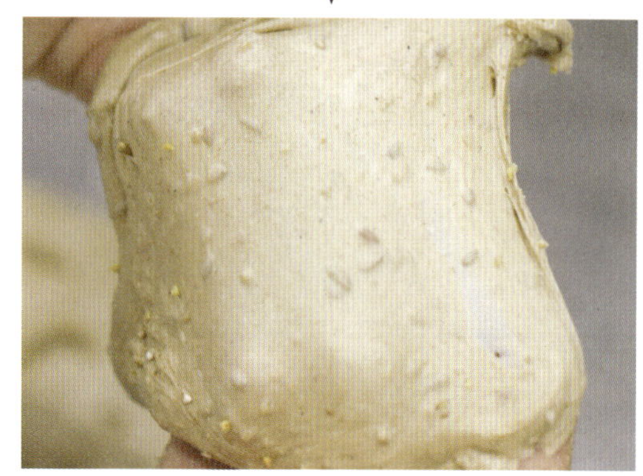

3 글루텐 90%로 반죽합니다. 반죽이 전체적으로 매끈하고 탄력이 있으면서 윤기가 난다 싶을 때 반죽기를 멈추면 됩니다. 완성한 반죽의 질기는 기본식빵 반죽과 비슷합니다. 반죽을 조금 떼어내 늘렸을 때 매끈하고 탄력이 있어야 합니다.

4 작업대의 덧가루를 걷어내고 동글리기 하여 표면을 매끈하게 정리합니다.

5 볼(용기)에 덧가루를 뿌리고 반죽을 넣은 후 다시 윗면에도 덧가루를 뿌려 들러붙지 않게 합니다. 그런 다음 표면이 마르지 않도록 비닐을 씌워 직사광선이 없는 실온에 그대로 둡니다(1차 발효).

6 반죽이 처음 부피의 3~3.5배로 부풀면 1차 발효가 완료된 것입니다. 발효 전후를 비교해 보세요.

7 작업대에 덧가루를 뿌리고 반죽의 매끈한 면이 위로 가도록 놓습니다. 그런 다음 스크래퍼를 이용하여 240g씩 분할합니다.

8 작업대의 덧가루를 걷어내고 동글리기를 합니다.

9 반죽이 마르지 않도록 비닐을 덮어 여름에는 10~15분, 겨울에는 20~25분 중간 휴지합니다.

10 원로프 성형을 합니다. 작업대에 반죽의 매끈한 면이 위로 가도록 놓은 후 윗면에 덧가루를 뿌리고 손바닥으로 가볍게 눌러 가스를 뺍니다.

11 양손으로 반죽을 가볍게 당겨 25~28cm로 늘려 주세요.

12 반죽의 매끈한 면이 아래로 가도록 놓은 뒤 반죽 끝에 양손을 갖다 댑니다.

13 반죽을 굴리듯 말아 주세요. 끝까지 반복하여 말아줍니다(p. 30 기본식빵 만들기 참조).

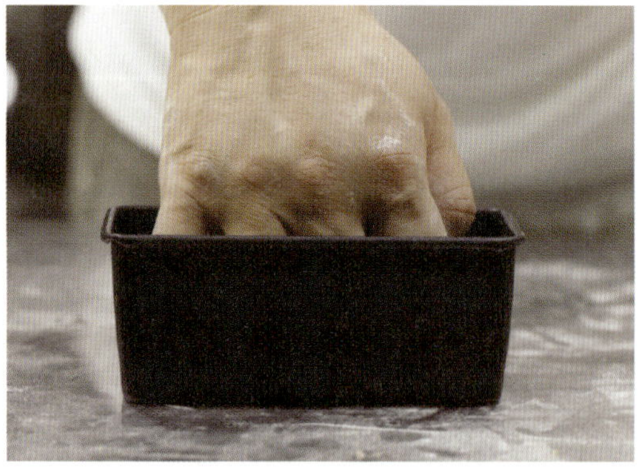

14 성형한 반죽을 오란다팬에 넣고 밑면이 뜨지 않도록 가볍게 누릅니다.

15 팬에 담긴 모습입니다. 이 상태로 반죽의 표면이 마르지 않도록 밀폐된 공간에서 2차 발효합니다. 발효 중간에 표면이 마르면 분무기로 가볍게 물을 뿌려 표면의 촉촉함을 유지합니다.

16 반죽의 가장 높은 부분이 팬 높이보다 1cm 정도 올라오면 2차 발효가 완료된 것입니다.

I7 170도 예열한 오븐에서 20~25분 정도 굽습니다. 윗면이 반죽 색보다 진한 갈색이 되면 적당합니다.

I8 구워낸 빵은 20~30cm 높이에서 떨어뜨려 가스를 뺀 후 바로 팬에서 꺼내주세요.

19 실리콘 붓을 이용하여 윗면에 우유를 바르고 식힘망에서 완전히 식으면 밀봉 포장합니다. 우유는 취향에 따라 바르지 않아도 됩니다.

브레이크가 양쪽으로 터지는 이유

원로프 성형 후 빵을 구웠을 때 유난히 높이가 낮을 때가 있습니다.

또 구웠을 때 브레이크가 한 쪽만 있기도 하고 양쪽 다 있기도 합니다.

왜 그럴까요?

잘 구운 식빵은 팬 안에서 퍼지지 않고 초기 형태 그대로 탄력을 유지합니다. 발효와 굽는 과정에서 부풀어 오르다가 팬과

먼저 떨어지는 쪽에 오븐스프링이 생기고요. 그래서 잘 만든 원로프 식빵에는 브레이크가 한 개입니다. 그런데 '브레이크가

두 개다' 하면 이는 반죽 과정에서 문제가 생긴 경우입니다.

구웠을 때 유난히 높이가 낮은 식빵.

자세히 보니 양쪽으로 브레이크가 있습니다.

양쪽에 브레이크가 있는 식빵.

반죽을 너무 많이 했거나, 반죽이 너무 질거나, 성형할 때 손을 많이 대면 이런 결과가 나옵니다. 사람도 피곤하면 어딘가에 기대려 하듯 반죽도 마찬가지입니다. 처진 반죽은 팬에 기댄 상태로 부풀고, 퍼지고, 늘어져 급기야 팬을 가득 채우게 됩니다. 구웠을 때 양쪽 모두 팬에서 떨어져 나와 앞뒤로 브레이크가 생기는 것입니다. 빵 높이도 낮아지고요.

크크식빵

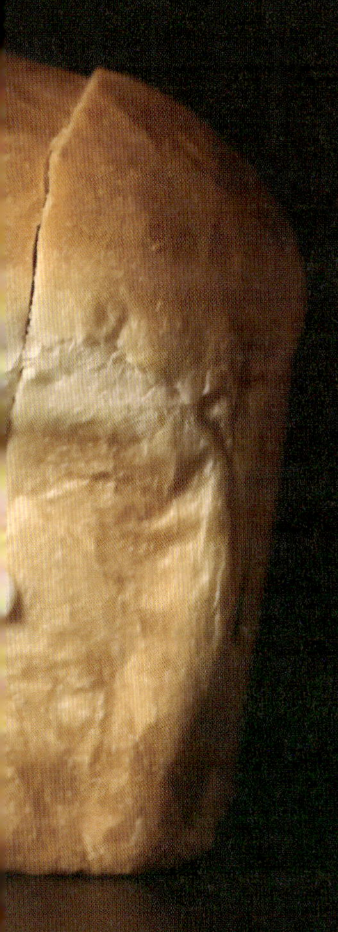

오븐스프링이 없어서 더 좋다

크랜베리와 크림치즈를 듬뿍 넣어 만들었습니다.

그래서 이름하여 '크크식빵'.

크크식빵의 배합은 단과자에 가깝습니다.

다양한 부재료가 들어간 식빵은 빵 자체의 간이 진해야 맛있거든요.

지금까지의 레시피에서는 부재료를 추가할 때

글루텐 형성이 끝나면 저속으로 섞는 등

반죽의 마무리 단계에 넣었는데요.

크크식빵에서는 성형 도중 부재료를 넣는 방법을 소개합니다.

이렇게 하면 부재료가 훨씬 더 잘 섞입니다.

하지만 오븐스프링과 브레이크가 선명하지 않다는 단점도 있죠.

세상은 역시 모든 것을 한 번에 주지 않습니다.

그러다 보니 모양에 대한 고민이 이어졌는데요.

결론은 어설픈 오븐스프링보다 오븐스프링이 없는 것을

매력으로 삼기로 했습니다.

밋밋하고 약하게 생긴 오븐스프링보다

브레이크를 최대한 억제해 매끈하게 구현한 빵입니다.

부재료는 크림치즈 외에도 블루베리잼, 팥앙금 등

여러 다른 재료로 응용 가능합니다.

Ingredients

분량

크크식빵 3개

반죽

강력분 400g

설탕 55g

버터 60g

소금 4g

인스턴트 드라이이스트 6g

물 75g

우유 110g

달걀 1개

크랜베리 40g

부재료

크림치즈 100g

마무리

우유 50g

- 크랜베리 대신 건포도나 견과류를 사용해도 됩니다.
- 크림치즈 대신 호박이나 고구마를 익혀 깍둑썰기해서 넣어도 됩니다.
- 버터는 실온에 두어 부드러운 상태로 사용합니다.
- 우유와 달걀은 반죽 시 냉장고에서 꺼낸 차가운 것을 사용합니다.
- 물은 여름에는 약 25~27도, 겨울에는 약 35~37도가 적당합니다.

소도구

저울

밀대

스크래퍼

볼이나 뚜껑이 있는 용기

오란다팬(16×8×6.5cm) 3개

실리콘 붓

비닐

온도계

1 믹싱볼에 분량의 강력분, 설탕, 버터, 소금, 인스턴트 드라이이스트를 넣습니다.

2 다른 볼에 분량의 물, 우유, 달걀을 넣고 ①의 믹싱볼에 부어 저속으로 반죽기를 돌립니다. 날가루가 보이지 않으면 반죽기를 멈추고 중속으로 속도를 올려 다시 반죽합니다.

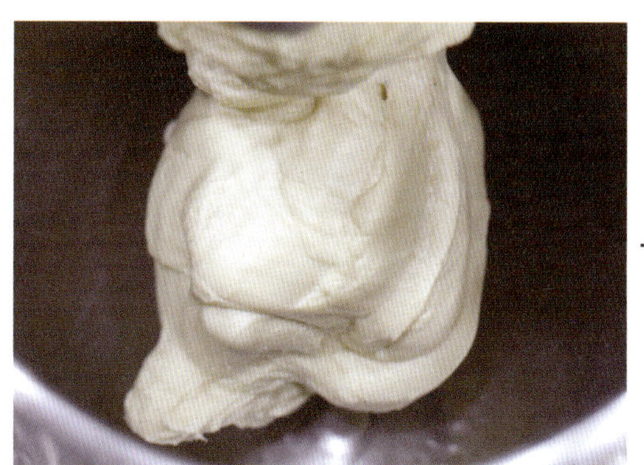

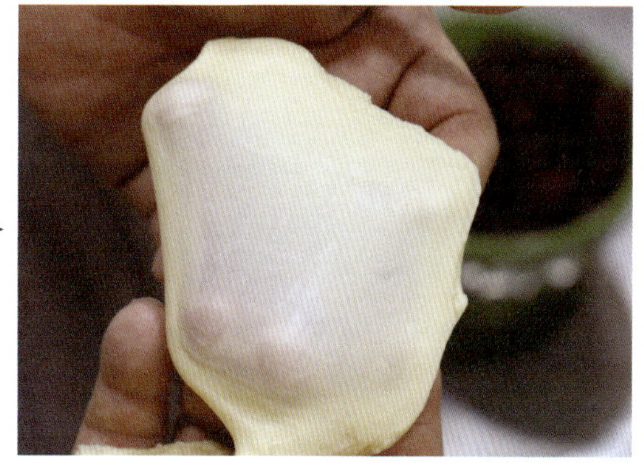

3 글루텐 90%로 반죽합니다. 반죽이 전체적으로 매끈하고 탄력이 있으며 윤기가 난다 싶을 때 반죽기를 멈추면 됩니다. 식빵은 대부분 글루텐 80~90% 사이에서 완성됩니다.

반죽을 조금 떼어내 늘렸을 때 매끈하고 탄력이 있어야 합니다.

4 크랜베리를 넣고 저속으로 10~15초 돌립니다.

- 보관 중에 말라버린 크랜베리는 볼에 크랜베리가 잠길 정도로 물을 부어 30분 정도 불린 다음 키친타월로 물기를 제거한 뒤 사용하세요.

완성한 반죽의 질기는 기본식빵 반죽과 비슷합니다.

5 작업대의 덧가루를 걷어내고 동글리기 하여 표면을 매끈하게 정리합니다.

6 볼(용기)에 덧가루를 뿌리고 반죽을 넣은 후 다시 윗면에도 덧가루를 뿌려 들러붙지 않게 합니다. 그런 다음 표면이 마르지 않도록 비닐을 씌워 직사광선이 없는 실온에 그대로 둡니다(1차 발효).

7 반죽이 처음 부피의 3~3.5배로 부풀면 1차 발효가 완료된 것입니다. 발효 전후를 비교해 보세요.

8 작업대에 덧가루를 뿌리고 반죽의 매끈한 면이 위로 가도록 놓습니다. 그런 다음 스크래퍼를 이용해 240g씩 분할합니다.

9 작업대의 덧가루를 걷어내고 동글리기를 합니다.

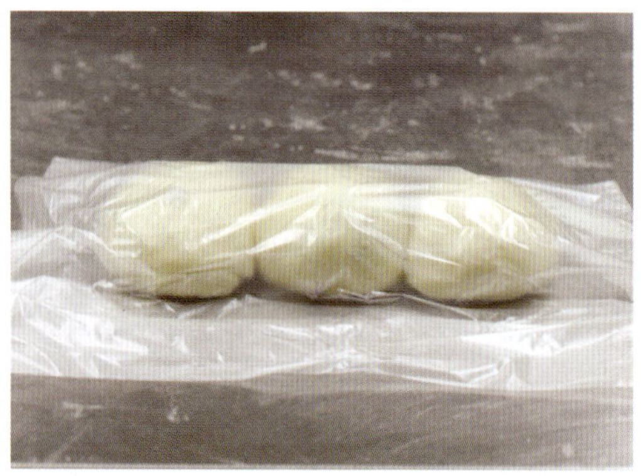

10 반죽이 마르지 않도록 비닐을 덮어 여름에는
10~15분, 겨울에는 20~25분 중간 휴지합니다.

11 중간 휴지한 반죽은 매끈한 면이 위로 가도록
놓고 옆면을 가볍게 눌러 기다랗게 만듭니다.

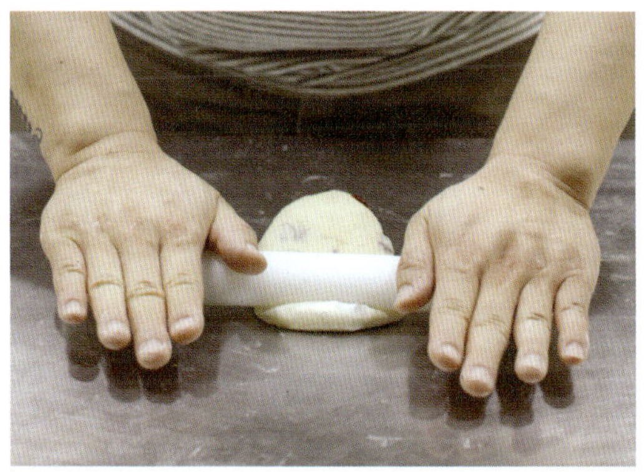

12 밀대를 이용하여 약 25cm 길이로 밀어주세요.

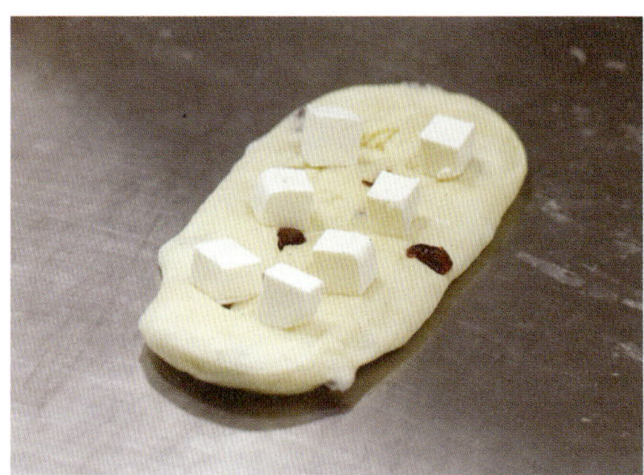

13 반죽을 매끈한 면이 아래로 가도록 놓고, 크림치즈를 사방 1cm 크기로 깍둑썰기하여 반죽 위에 7~8개를 올립니다.

14 돌돌 말아줍니다.

15 성형한 반죽을 오란다팬에 넣고 밑면이 뜨지 않도록 가볍게 누릅니다.

16 이 상태로 반죽의 표면이 마르지 않도록 밀폐된 공간에서 2차 발효합니다. 발효 중간에 표면이 마르면 분무기로 가볍게 물을 뿌려 표면의 촉촉함을 유지합니다.

17 반죽의 가장 높은 부분이 팬 높이보다 0.5~1cm 정도 올라오면 2차 발효가 완료된 것입니다.

18 170도 예열한 오븐에서 20~25분 정도 굽습니다. 윗면의 색이 황금갈색이 되면 적당합니다.

19 구워낸 식빵은 20~30cm 높이에서 떨어뜨려 가스를 뺀 후 바로 팬에서 꺼내주세요.

20 실리콘 붓을 이용하여 윗면에 우유를 바르고 식힘망에서 완전히 식으면 밀봉 포장합니다. 우유는 취향에 따라 바르지 않아도 됩니다.

생
크
림
식
빵

식빵 속 생크림의 비밀

수많은 베이킹 입문자들이 묻습니다.

"베이킹파파 님, 식빵에 생크림은 어떻게 넣는 거예요?"

식빵 내부는 육안으로 보면 빈틈 없이 꽉 찬 듯 보이지만
실은 무수히 많은 공기구멍이 있습니다.
짜는 주머니로 충전물을 짜 넣을 때 압력이
식빵 내부의 공기구멍을 압박해 공간을 벌어지게 합니다.
주사기 원리를 생각하면 이해가 빠를 겁니다.
그래서 '흐를 정도의 생크림!'
"으아, 너무해!" 할 정도의 충전물을
빵 속에 넣을 수 있습니다.
마음만 먹으면 식빵 한 덩이에
1kg 상당의 충전물도 가능합니다.
생크림 외에도 초콜릿, 앙금 등 다양한 부재료를
빵 속에 넣을 수 있으니 취향에 따라 응용해 보세요.

Ingredients

분량

생크림식빵 3개

반죽

강력분 400g

설탕 24g

버터 36g

소금 6g

인스턴트 드라이이스트 6g

우유 140g

무가당 생크림 140g

달걀 1개

부재료

무가당 생크림 500g

설탕 50g

소도구

저울

스크래퍼

볼이나 뚜껑이 있는 용기

오란다팬(16×8×6.5cm) 3개

핸드믹서

젓가락

짜는 주머니

원형 깍지(0.5cm)

비닐

온도계

- 부재료의 생크림은 설탕을 넣고 휘핑하여 준비합니다.
- 버터는 실온에 두어 부드러운 상태로 사용합니다.
- 달걀과 생크림은 반죽 시 냉장고에서 꺼낸 차가운 것을 사용합니다.
- 우유는 여름에는 약 25~27도, 겨울에는 약 34~37도가 적당합니다.

1 믹싱볼에 분량의 강력분, 설탕, 버터, 소금, 인스턴트 드라이이스트를 넣습니다.

2 다른 볼에 분량의 우유, 생크림, 달걀을 넣고 ①의 믹싱볼에 부어 저속으로 반죽기를 돌립니다. 날가루가 보이지 않으면 반죽기를 멈추고 중속으로 속도를 올려 다시 반죽합니다.

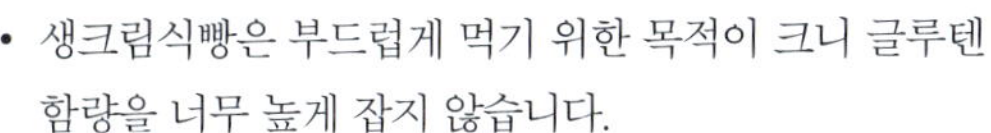

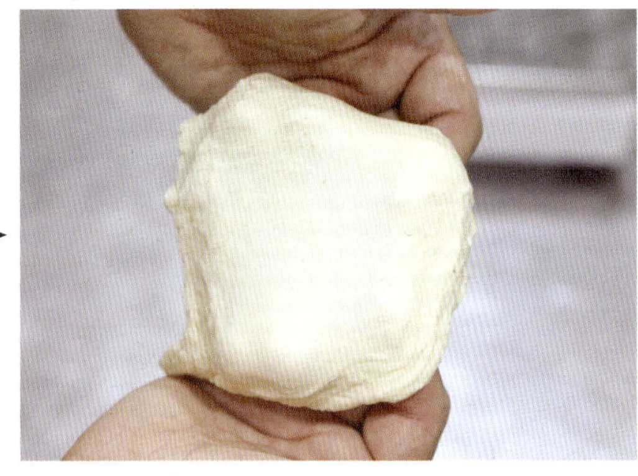

3 글루텐 80%로 반죽을 합니다. 반죽이 전체적으로 매끈해지면 반죽기를 멈추면 됩니다.

반죽을 조금 떼어내 늘렸을 때 매끈하고 탄력 있게 늘어납니다.

- 생크림식빵은 부드럽게 먹기 위한 목적이 크니 글루텐 함량을 너무 높게 잡지 않습니다.

4 작업대의 덧가루를 걷어내고 둥글리기 하여 표면을 매끈하게 정리합니다.

5 볼(용기)에 덧가루를 뿌리고 반죽을 넣은 후 다시 윗면에도 덧가루를 뿌립니다. 그런 다음 표면이 마르지 않도록 비닐을 씌워 직사광선이 없는 실온에 그대로 둡니다(1차 발효).

6 반죽이 처음 부피의 3~3.5배로 부풀면 1차 발효가 완료된 것입니다. 발효 전후를 비교해 보세요.

7 작업대에 덧가루를 뿌리고 반죽의 매끈한 면이 위로 가도록 놓은 후 스크래퍼를 이용해 240g씩 분할합니다.

8 작업대의 덧가루를 걷어내고 둥글리기를 합니다.

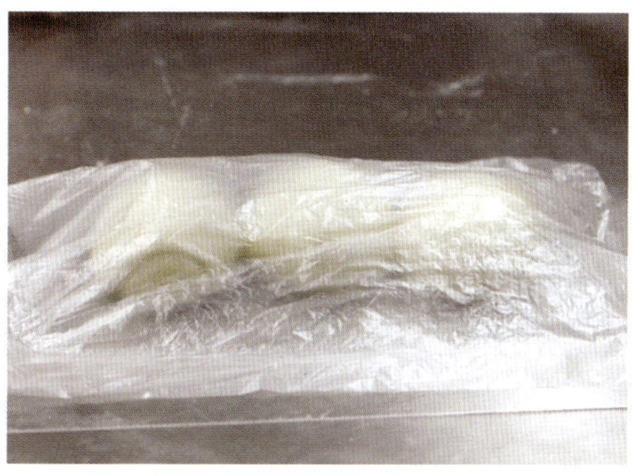

9 반죽이 마르지 않도록 비닐을 덮은 후 여름에는 10~15분, 겨울에는 20~25분 중간 휴지합니다.

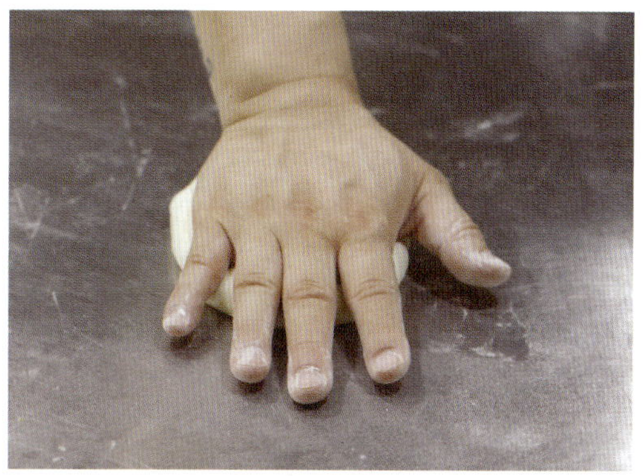

10 원로프 성형을 합니다. 작업대에 반죽의 매끈한 면이 위로 가도록 놓은 후 윗면에 덧가루를 뿌리고 손바닥으로 가볍게 눌러 가스를 뺍니다.

11 양손으로 반죽을 가볍게 당겨 25~28cm로 늘려주세요.

12 반죽의 매끈한 면이 아래로 가도록 놓은 뒤 반죽 끝에 양손을 갖다 댑니다.

13 반죽을 굴리듯 말아주세요.

14 반죽 끝까지 말아줍니다(p. 30 기본식빵 만들기 참조).

15 성형한 반죽을 오란다팬에 넣고 밑면이 뜨지 않도록 가볍게 누릅니다.

16 반죽의 표면이 마르지 않도록 밀폐된 공간에서 2차 발효합니다. 발효 중간에 표면이 마르면 분무기로 가볍게 물을 뿌려 표면의 촉촉함을 유지합니다.

17 반죽의 가장 높은 부분이 팬 높이보다 0.5cm 정도 올라오면 2차 발효가 완료된 것입니다.

• 생크림식빵은 모양 유지를 위해 2차 발효를 오래 하지 않습니다. 속에 생크림을 가득 채울 것이니 빵 조직이 단단한 것이 좋습니다.

18 170도 예열한 오븐에서 20~25분 정도 굽습니다. 윗면의 색이 황금갈색이 되면 적당합니다.

19 구워낸 식빵은 20~30cm 높이에서 떨어뜨려 가스를 뺀 후 바로 팬에서 꺼내주세요.

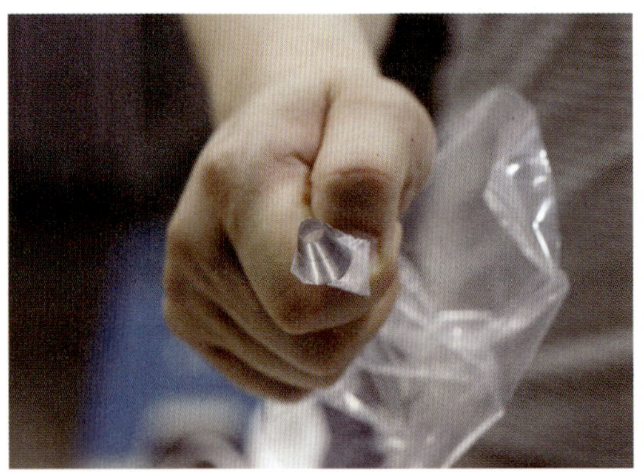

20 식힘망에서 완전히 식힙니다.

21 원형 깍지를 끼운 짜는 주머니에 휘핑한 생크림을 넣습니다(p. 148 생크림 올리기 참조).

22 젓가락을 이용하여 식빵의 브레이크 터진 부분에 구멍을 뚫습니다. 이때 젓가락으로 내부를 휘저어 공간을 만들어 주세요. 이렇게 하면 생크림이 더 잘 들어가고 더 많이 들어갑니다. 단, 너무 깊게 찔러 식빵을 관통하지 않도록 주의하세요.

23 총 3개를 뚫습니다.

24 뚫어놓은 구멍 속으로 생크림을 짜 넣습니다. 취향에 따라 양을 조절하세요.

25 완성한 빵은 실온에 두면 생크림이 녹아버리니 반드시 냉장 보관하세요.

생크림에 관해 더 알아야 할 몇 가지

생크림은 대중적으로 인기가 많고 꾸준히 사랑받는 식재료입니다.

베이킹에서는 특히 빼놓을 수 없는 재료이지요.

반죽과 소스에 들어가 부드러움을 주고

휘핑하여 아이싱 용, 데코 용으로 쓰이기도 합니다.

생크림 하나만 잘 사용해도

보통의 빵이 특별하고 멋진 빵으로 달라집니다.

그래서 정리한 생크림에 관한 알아두면 좋은 몇 가지입니다.

가장 이상적인 생크림의 조건은?

'휘핑(whipping)'은 거품기 날이 빠르게 회전하며 생크림의 단단한 지방구를 쪼개고 그 사이로 공기를 불어넣는 원리로 이루어집니다. 부피가 크고 형태가 살아있으면서 부드러운 생크림을 만들어 주지요.

이런 생크림은 보관 온도에 따라 맛이 결정됩니다. 5도 이하일 때 최적의 온도라 할 수 있고, 10도부터 녹기 시작하며(식물성 크림은 제외), 35도 이상이 되면 액체 상태로 됩니다. 생크림의 온도가 높으면 유지방이 단단하게 쪼개지는 것이 아니라 녹은 상태에서 휘핑 됩니다. 카스텔라 반죽이나 시트처럼 흐물흐물한 케이크 반죽을 떠올려 보세요. 생크림을 만들 때 온도가 얼마나 중요한 지 이해가 되지요?

그래서 휘핑을 할 때는 실내를 시원하게 해야 합니다. 더운 여름에는 생크림을 담은 볼 아래에 얼음을 놓고 휘핑하면 좋고요. 휘핑기의 속도는 중고속이 적당합니다. 급하게 최고속으로 올려 작업을 하면 생크림에 힘이 없어집니다.

아이싱 용 생크림의 휘핑 정도는?

블로그를 통해 많은 분들이 생크림으로 아이싱을 하기 어렵다는 질문을 합니다. 아이싱은 케이크 시트에 매끈하게 크림을 도포하는 것이지요. 모양 깍지를 이용한 데커레이션 바로 전 단계입니다. 케이크를 만들 때 매끈하고 윤기 있는 아이싱은 멋진 데코의 시작이며, 그 자체로 완벽한 마무리라 할 만큼 중요합니다. 이런 아이싱에 적합한 생크림은 뿔이 축 처지고 유연성이 있는 상태입니다. 그래야 부드럽고 매끈하게 발릴 수 있습니다. 이때 잘못 다루면 생크림이 녹거나 흘러내릴 수 있으니 각별한 주의가 필요합니다.

빵에 넣거나 장식할 때 사용하는 생크림의 휘핑 정도는?

빵은 아무리 부드럽게 만들어도 글루텐의 질깃한 느낌이 남아 있습니다. 케이크와는 확실히 다르죠. 그래서 빵 속에 넣을 생크림은 최대한 빳빳하게 올려야 빵의 식감과 잘 어울립니다. 쉽게 꺼지거나 주저앉으면 절대 안 됩니다. 뿔이 단단히 서고 다소 퍼석해 보일 때까지 휘핑을 해야 적당합니다.

녹차식빵

황금 비율로 녹차의 은은한 색과 향을 담다

밀가루에 추가해 색이나 맛을 내는 재료는 다양합니다.

가장 많이 사용하는 재료가

코코아 가루, 녹차 가루, 말차 가루, 단호박 가루죠.

코코아 가루는 자체 함유하고 있는 지방 때문에

밀가루 양의 10%까지 넣어도

맛이 튀거나 겉돌지 않습니다.

하지만 녹차 가루나 말차 가루는 점성이 없고

물에 완전히 용해되지 않아

사용 비율을 까다롭게 조절해야 빵 맛을 해치지 않습니다.

양이 많으면 맛이 쓰고 퍼석하며 풋내가 나고,

양이 적으면 거무튀튀한 색이 미각을 해칩니다.

밀가루 무게의 3~4% 정도를 권장합니다.

부재료로 삶은 강낭콩을 넣어

알싸한 녹차 맛과 잘 어우러집니다.

Ingredients

분량

녹차식빵 3개

반죽

강력분 400g

녹차 가루 16g

설탕 24g

버터 35g

소금 6g

인스턴트 드라이이스트 6g

물 128g

우유 140g

달걀 1개

삶은 강낭콩 100g

- 삶은 강낭콩은 물기를 제거하고 사용합니다. 팥이나 강낭콩배기로 대체 가능합니다.
- 버터는 실온에 두어 부드러운 상태로 사용합니다.
- 우유와 달걀은 반죽 시 냉장고에서 꺼낸 차가운 것을 사용합니다.
- 물은 여름에는 약 25~27도, 겨울에는 약 35~37도가 적당합니다.

소도구

저울

스크래퍼

볼이나 뚜껑이 있는 용기

오란다팬(16×8×6.5cm) 3개

비닐

온도계

1 믹싱볼에 분량의 강력분, 녹차 가루, 설탕, 버터, 소금, 인스턴트 드라이이스트를 넣습니다.

2 다른 볼에 분량의 물, 우유, 달걀을 넣고 ①의 믹싱볼에 부어 저속으로 반죽기를 돌립니다. 날가루가 보이지 않으면 반죽기를 멈추고 중속으로 속도를 올려 다시 반죽합니다.

3 글루텐 90%로 반죽합니다. 반죽이 전체적으로 매끈해지고 탄력이 생기며 윤기가 난다 싶을 때 반죽기를 멈추면 됩니다.

반죽을 조금 떼어내 늘렸을 때 매끈하고 탄력이 있습니다.

4 ③에 삶은 강낭콩을 넣고 저속으로 10~15초 돌려 잘 섞습니다.

완성한 반죽의 질기는 기본식빵 반죽과 비슷합니다.

5 작업대의 덧가루를 걷어내고, 동글리기 하여 표면을 매끈하게 정리합니다.

6 볼(용기)에 덧가루를 뿌리고 반죽을 넣은 후 다시 윗면에도 덧가루를 뿌려 들러붙지 않게 합니다. 그런 다음 표면이 마르지 않도록 비닐을 씌워 직사광선이 없는 실온에 그대로 둡니다(1차 발효).

7 반죽이 처음 부피의 3~3.5배로 부풀면 1차 발효가 완료된 것입니다. 발효 전후를 비교해 보세요.

8 작업대에 덧가루를 뿌리고 반죽의 매끈한 면이 위로 가도록 놓습니다. 그런 다음 스크래퍼를 이용해 250g씩 분할합니다.

9 작업대의 덧가루를 걷어내고 동글리기 합니다.

IO 반죽이 마르지 않도록 비닐을 덮어 여름에는 10~15분, 겨울에는 20~25분 중간 휴지합니다.

II 원로프 성형을 합니다. 작업대에 반죽의 매끈한 면이 위로 가도록 놓은 후 윗면에 덧가루를 뿌리고 손바닥으로 가볍게 눌러 가스를 뺍니다.

I2 양손으로 반죽을 가볍게 당겨 25~28cm로 늘려 주세요.

I3 반죽의 매끈한 면이 아래로 가도록 놓은 뒤 반죽 끝에 양손을 갖다 댑니다.

I4 반죽을 굴리듯 말아 주세요. 끝까지 반복하여 말아줍니다(p. 30 기본식빵 만들기 참조).

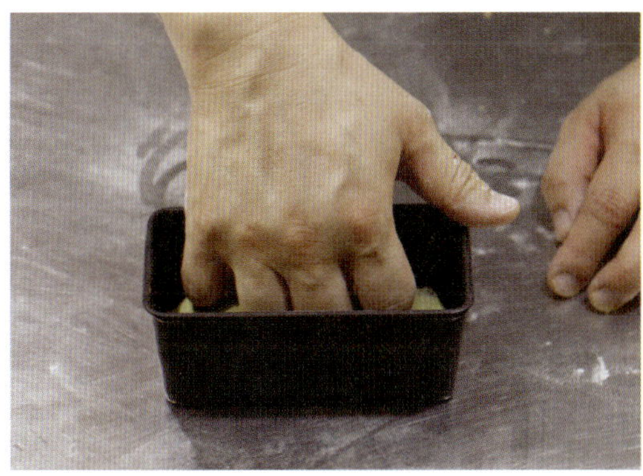

15 성형한 반죽을 오란다팬에 넣고 밑면이 뜨지 않도록 가볍게 누릅니다.

16 그런 다음 반죽의 표면이 마르지 않도록 밀폐된 공간에서 2차 발효합니다. 발효 중간 표면이 마르면 분무기로 가볍게 뿌려 표면의 촉촉함을 유지합니다.

17 반죽의 가장 높은 부분이 팬 높이보다 0.5~1cm 정도 올라오면 2차 발효가 완료된 것입니다.

18 120도 예열한 오븐에서 25분 정도 굽습니다. 반죽의 초록빛을 그대로 내기 위해 저온으로 굽습니다.

• 겉은 황금갈색, 속은 초록색인 녹차식빵을 만들고 싶다면 오븐 온도를 170도로 올리고 20~25분 정도 구우면 됩니다.

19 구워낸 식빵은 20~30cm 높이에서 떨어뜨려 가스를 뺀 후 바로 팬에서 꺼내주세요.

홍국치즈식빵

신맛이 치즈를 만나면 은은하게 맛있다

앞서 소개한 녹차식빵과 좋은 대비를 이루는 식빵입니다.

녹차식빵은 담백하면서 쌉싸름한 맛이 나고

홍국치즈식빵은 은은한 신맛을 베이스로 하고 있습니다.

신맛과 잘 어우러질 수 있도록 설탕과 우유의 비율을 높이고

버터의 양을 줄였습니다.

녹차식빵과 홍국치즈식빵 두 가지 모두 만들어 보았다면

녹차식빵 레시피에서 녹차 대신 홍국 가루를 홍국치즈식빵 레시피에서

홍국 가루 대신 녹차 가루를 교차해 넣어 보세요.

새로운 맛이 탄생합니다.

Ingredients

분량

홍국치즈식빵 3개

반죽

강력분 400g

설탕 28g

버터 25g

소금 6g

인스턴트 드라이이스트 6g

홍국 가루 16g

달걀 1개

물 130g

우유 150g

롤치즈 100g

- 버터는 실온에 두어 부드러운 상태로 사용합니다.
- 우유와 달걀은 반죽 시 냉장고에서 꺼낸 차가운 것을 사용합니다.
- 물은 여름에는 약 25~27도, 겨울에는 약 35~37도가 적당합니다.

소도구

저울

스크래퍼

볼이나 뚜껑이 있는 용기

오란다팬(16×8×6.5cm) 3개

비닐

온도계

1 믹싱볼에 분량의 강력분, 설탕, 버터, 소금, 인스턴트 드라이이스트, 홍국 가루를 넣습니다.

• 홍국 가루는 쌀에 홍국균체를 배양해 빨갛게 만들어 가루를 낸 것입니다. 인공 색소 대신 사용하는 천연 색소이지요. 반죽에 홍국 가루를 넣으면 식감과 속결이 부드럽습니다. 단점은 반죽이 살짝 늘어진다는 점입니다. 사용량에 따라 시큼한 맛이 날 수 있으니 색이 예쁘다고 너무 많이 넣진 마세요.

2 다른 볼에 분량의 물, 우유, 달걀을 넣고 ①의 믹싱볼에 부어 저속으로 반죽기를 돌립니다. 날가루가 보이지 않으면 반죽기를 멈추고 중속으로 속도를 올려 다시 반죽합니다.

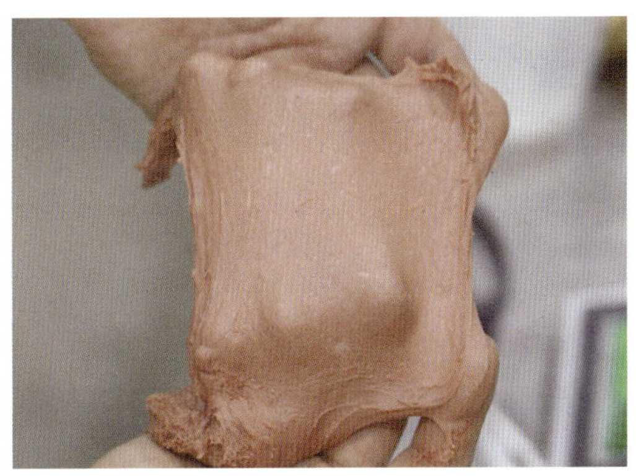

3 글루텐 90%로 반죽합니다. 반죽이 전체적으로 매끈하고 탄력이 있으며 윤기가 난다 싶을 때 반죽기를 멈추면 됩니다.

반죽을 조금 떼어내 늘렸을 때 매끈하고 탄력이 있습니다.

• 글루텐 80%도 탄력 있게 늘어나지만 쉽게 끊어집니다. 글루텐 발전도는 상대적인 개념이니 여러 번 반복하여 마스터해야 합니다.

4 분량의 롤치즈를 넣고 저속으로 10~15초 돌립니다. 치즈가 잘 섞이지 않아도 작업대에서 마무리하는 과정 정리가 되니 걱정하지 마세요.

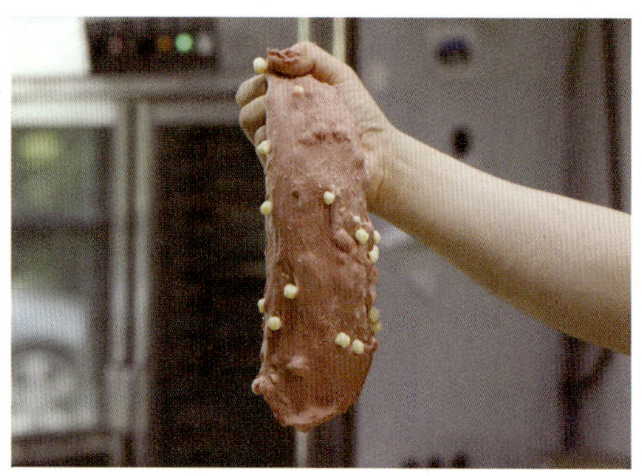

5 완성한 반죽의 질기는 기본식빵 반죽과 비슷합니다.

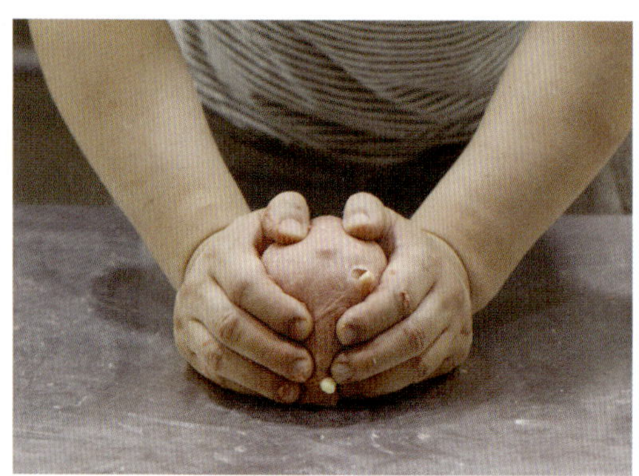

6 작업대의 덧가루를 걷어내고, 동글리기 하여 표면을 매끈하게 정리합니다.

7 볼(용기)에 덧가루를 뿌리고 반죽을 넣은 후 다시 윗면에도 덧가루를 뿌려 들러붙지 않게 합니다. 그런 다음 표면이 마르지 않도록 비닐을 씌워 직사광선이 없는 실온에 그대로 둡니다(1차 발효).

8 반죽이 처음 부피의 3~3.5배로 부풀면 1차 발효가 완료된 것입니다. 발효 전후를 비교해 보세요.

9 작업대에 덧가루를 뿌리고 반죽의 매끈한 면이 위로 가도록 놓습니다. 그런 다음 스크래퍼를 이용해 240g씩 분할합니다.

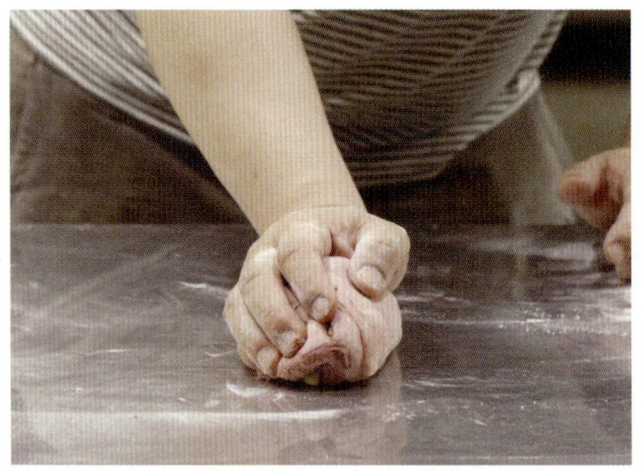

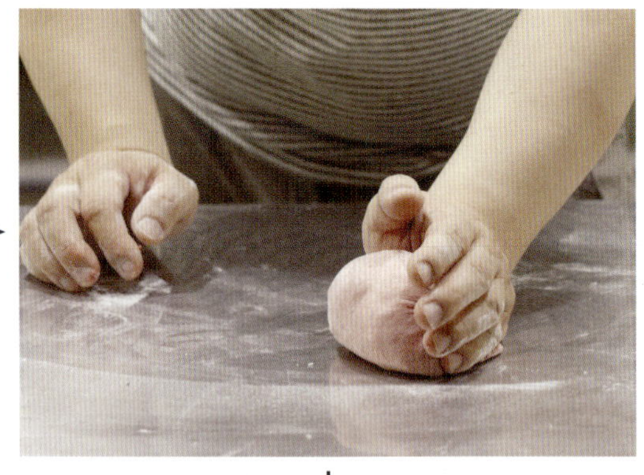

10 작업대의 덧가루를 걷어내고 둥글리기 합니다.

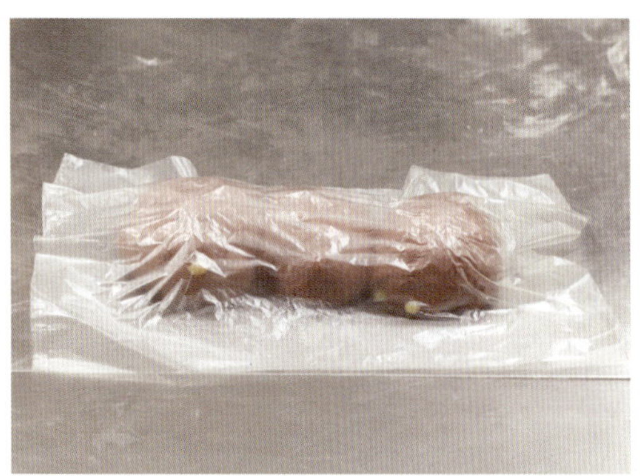

11 반죽이 마르지 않도록 비닐을 덮어 여름에는 10~15분, 겨울에는 20~25분 중간 휴지합니다.

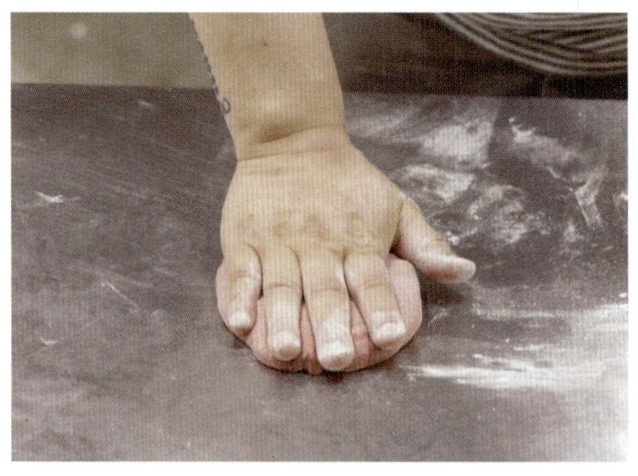

12 원로프 성형을 합니다. 작업대에 반죽의 매끈한 면이 위로 가도록 놓은 후 윗면에 덧가루를 뿌리고 손바닥으로 가볍게 눌러 가스를 뺍니다.

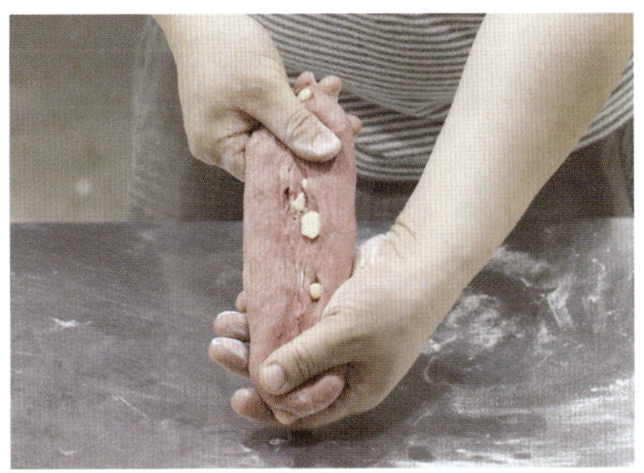

13 양손으로 반죽을 가볍게 당겨 25~28cm로 늘려 주세요.

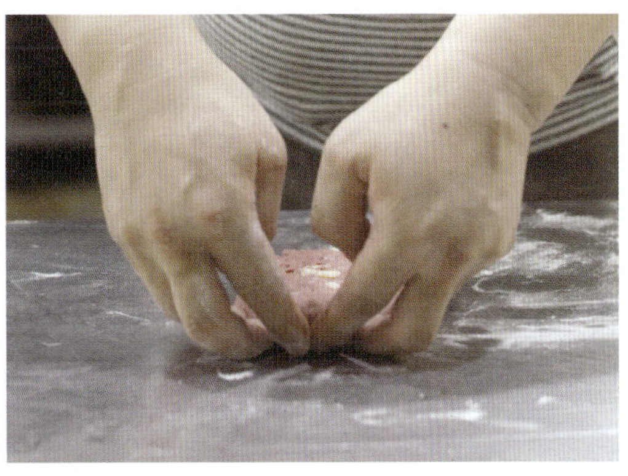

14 반죽의 매끈한 면이 아래로 가도록 한 뒤 반죽의 끝에 양손을 갖다 댑니다.

15 반죽을 굴리듯 말아 주세요. 끝까지 반복하여 말아줍니다(p. 30 기본식빵 만들기 참조).

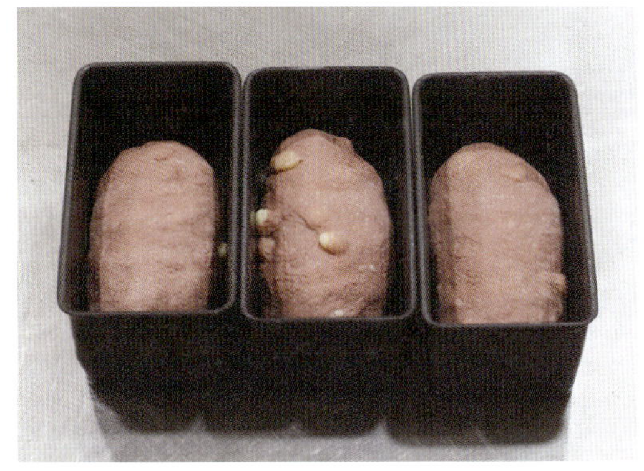

16 반죽을 팬에 넣고 주먹으로 가볍게 누른 뒤 이 상태로 반죽의 표면이 마르지 않도록 밀폐된 공간에서 2차 발효합니다. 발효 중간에 표면이 마르면 분무기로 가볍게 물을 뿌려 표면의 촉촉함을 유지합니다.

17 반죽의 가장 높은 부분이 팬 높이보다 0.5~1cm 정도 올라오면 2차 발효가 완료된 것입니다.

18 120도 예열한 오븐에서 25분 정도 굽습니다.

- 반죽의 붉은색을 그대로 내기 위해 저온에서 굽습니다. 만약 겉은 황갈색이고 속은 붉은 식빵을 만들고 싶다면 170도
  에서 20~25분 구우면 됩니다.

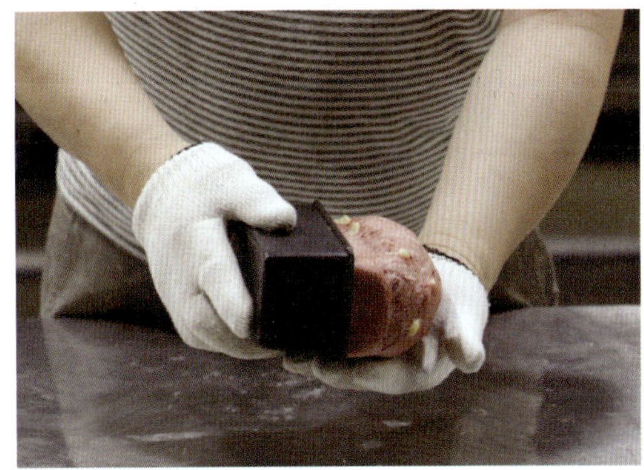

19 구워낸 식빵은 20~30cm 높이에서 떨어뜨려 가스를 뺀 후 바로 팬에서 꺼내주세요.

20 식힘망에서 완전히 식으면 밀봉 포장합니다.

감자식빵

길 잃은 감자의 화려한 질주

어느 집에나 냉장고 야채 칸에
한두 개는 들어있을 것 같은 감자.
반찬으로 하긴 너무 적고 버리자니 아깝고,
이래저래 미루다 싹이 나고 맙니다.
이렇게 애매한 양의 감자가 냉장고에서 방치되고 있다면
감자식빵을 만들어 보세요.
반죽의 시작 단계에 삶은 감자를 넣고 반죽을 하면
글루텐 조직 사이에 부드럽게 끼어들어가
식빵 조직을 탄탄하게 만듭니다.
일반 식빵 반죽보다 글루텐을 덜 잡아도
탄력 있고 단단한 반죽으로 완성되지요.
삶은 감자만 넣었을 뿐인데

참 신기하지 않습니까?

Ingredients

분량

감자식빵 3개

반죽

강력분 450g

통밀가루 50g

삶은 감자 120g

설탕 60g

버터 60g

소금 7g

인스턴트 드라이이스트 7g

물 100g

우유 100g

달걀 1개

- 버터는 실온에 두어 부드러운 상태로 사용합니다.
- 우유와 달걀은 반죽 시 냉장고에서 꺼낸 차가운 것을 사용합니다.
- 물은 여름에는 약 25~27도, 겨울에는 약 35~37도가 적당합니다.
- 통밀가루가 없으면 강력분으로 대체 가능합니다.
- 감자는 물에 삶지 말고 찜통에 찌거나 2등분 하여 접시에 담고 랩을 씌워 전자레인지로 익힌 후 식혀서 준비합니다.

소도구

저울

스크래퍼

볼이나 뚜껑이 있는 용기

큐브팬(10×10×9.5cm) 3개

비닐

온도계

1 믹싱볼에 분량의 강력분, 통밀가루, 삶은 감자, 설탕, 버터, 소금, 인스턴트 드라이이스트를 넣습니다.

2 다른 볼에 분량의 물, 우유, 달걀을 넣고 ①의 믹싱 볼에 부어 저속으로 반죽기를 돌립니다. 날가루가 보이지 않으면 반죽기를 멈추고 중속으로 속도를 올려 다시 반죽합니다.

3 글루텐 80%로 반죽을 합니다. 반죽이 전체적으로 매끈해지면 반죽기를 멈추면 됩니다. 글루텐 90% 와 확연하게 다른 점은 '윤기'와 '찰기'입니다.

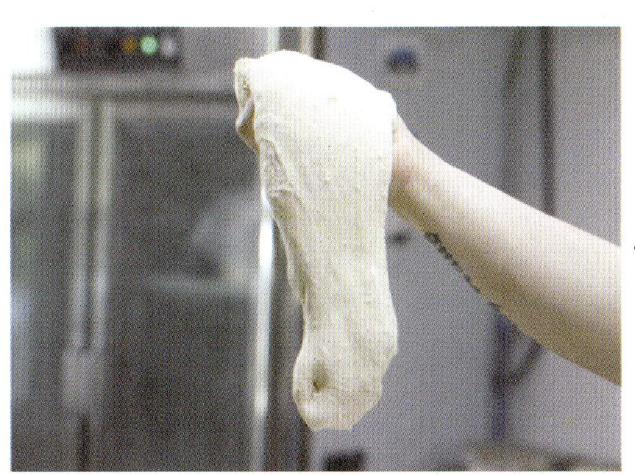

반죽의 질기는 기본식빵 반죽과 비슷합니다.

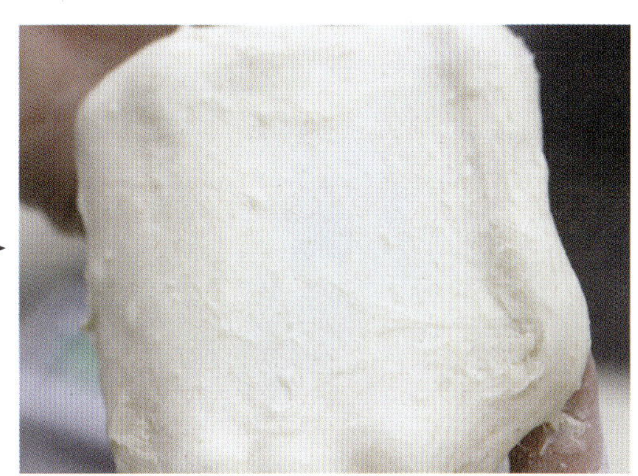

반죽을 조금 떼어내 늘렸을 때 탄력 있게 늘어납니다. 작은 감자 덩어리가 보입니다.

4 작업대의 덧가루를 걷어내고, 동글리기 하여 표면을 매끈하게 정리합니다.

5 볼(용기)에 덧가루를 뿌리고 반죽을 넣은 후 다시 윗면에도 덧가루를 뿌려 들러붙지 않게 합니다. 그런 다음 표면이 마르지 않도록 비닐을 씌워 직사광선이 없는 실온에 둡니다(1차 발효).

6 반죽이 처음 부피의 3~3.5배로 부풀면 1차 발효가 완료된 것입니다. 발효 전후를 비교해 보세요.

7 작업대에 덧가루를 뿌리고 반죽의 매끈한 면이 위로 가도록 놓은 후 스크래퍼로 280g씩 분할합니다. 그런 다음 작업대의 덧가루를 걷어내고 동글리기를 합니다.

8 반죽이 마르지 않도록 비닐을 덮은 후 여름에는 10~15분, 겨울에는 20~25분 중간 휴지합니다.

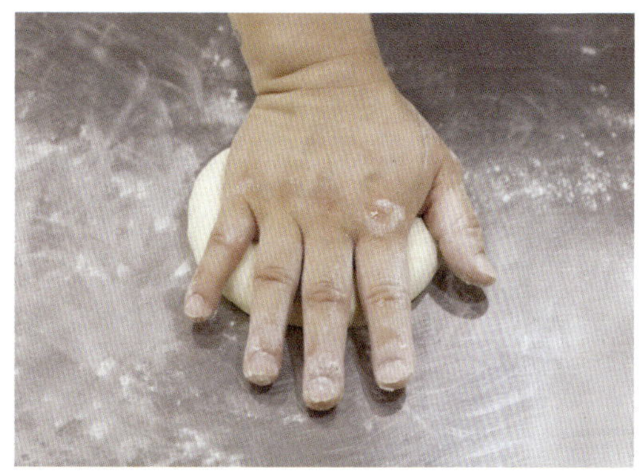

9 중간 휴지한 반죽은 매끈한 면이 위로 가도록 놓고 위쪽으로 살짝 덧가루를 뿌린 후 손으로 눌러 가스를 뺍니다.

IO 작업대의 덧가루를 걷어내고 동글리기를 합니다.

II 뒷면의 이음매 부분을 꼬집어 2차 발효 및 굽는 과정 반죽이 터지지 않도록 합니다.

I2 성형한 반죽은 큐브팬에 넣고 밑면이 뜨지 않도록 가볍게 누릅니다. 반죽의 표면이 마르지 않도록 밀폐된 공간에서 2차 발효합니다.

13 반죽의 가장 높은 부분이 팬 높이에 닿으면 2차 발효가 완료된 것입니다.

14 170도 예열한 오븐에서 25분 정도 굽습니다. 빵의 윗면이 황금갈색이 나면 적당합니다.

15 구워낸 빵은 가볍게 내리쳐 가스를 빼고 팬에서 꺼내 주세요. 식힘망에서 완전히 식힌 후 밀봉 포장합니다.

호두식빵

호두가 들어가면 무엇이든 맛있다

호두는 제빵과 제과에서 고루 사랑받는 재료입니다.

조금만 사용해도 건과류 특유의 고소한 맛과

잔잔하게 깔리는 쌉쌀한 맛의 조화가 일품입니다.

우유를 생략하고 물로 질기를 맞췄습니다.

사용 후 남은 호두분태는 시간이 지나면

보관 과정에서 습기를 먹고 눅눅해집니다.

군내가 나기도 하는데, 이럴 때 180도 예열한 오븐에서

10분 정도 구우면 고소함이 다시 살아납니다.

이렇게 전처리한 호두는 완전히 식힌 후에 사용하세요.

다른 견과류를 다룰 때도 같은 요령으로 하면

훨씬 고소하게 즐길 수 있습니다.

Ingredients

분량

호두식빵 3개

반죽

강력분 400g

호두분태 100g

설탕 40g

버터 32g

소금 6g

인스턴트 드라이이스트 6g

물 200g

달걀 1개

마무리

우유 50g

- 버터는 실온에 두어 부드러운 상태로 사용합니다.
- 달걀은 반죽 시 냉장고에서 꺼낸 차가운 것을 사용합니다.
- 물은 여름에는 약 25~27도, 겨울에는 약 35~37도가 적당합니다.

소도구

저울

스크래퍼

볼이나 뚜껑이 있는 용기

오란다팬(16×8×6.5cm) 3개

실리콘 붓

비닐

온도계

I 믹싱볼에 분량의 강력분, 설탕, 버터, 소금, 인스턴
트 드라이이스트를 넣습니다.

2 다른 볼에 분량의 물과 달걀을 넣고 ①의 믹싱볼에
부어 저속으로 반죽기를 돌립니다. 날가루가 보이
지 않으면 반죽기를 멈추고 중속으로 속도를 올려 다시
반죽합니다.

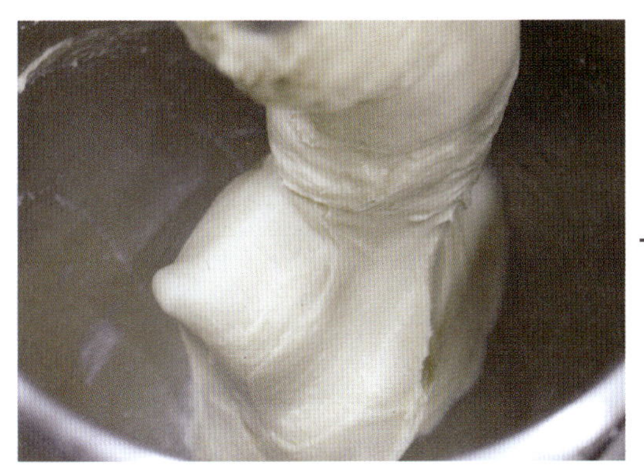

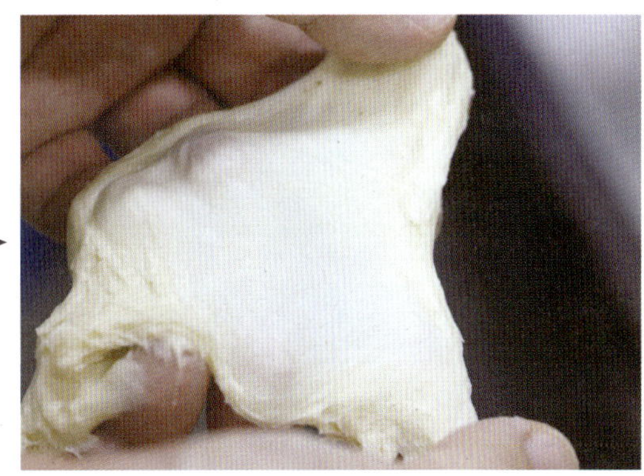

3 글루텐 90%로 반죽합니다. 반죽이 전체적으로 매
끈하고 탄력이 있으며 윤기가 난다 싶을 때 반죽기
를 멈추면 됩니다.

반죽을 조금 떼어내 늘렸을 때 매끈하고 탄력이 있어야
합니다.

4 호두분태를 넣고 저속으로 10~15초 돌려 골고루 잘 섞습니다.

5 완성한 반죽의 질기는 기본식빵 반죽과 비슷합니다.

6 작업대의 덧가루를 걷어내고, 동글리기 하여 표면을 매끈하게 정리합니다.

7 볼(용기)에 덧가루를 뿌리고 반죽을 넣은 후 다시 윗면에도 덧가루를 뿌려 들러붙지 않게 합니다. 그런 다음 표면이 마르지 않도록 비닐을 씌워 직사광선이 없는 실온에 그대로 둡니다(1차 발효).

8 반죽이 처음 부피의 3~3.5배로 부풀면 1차 발효가 완료된 것입니다. 발효 전후를 비교해 보세요.

9 작업대에 덧가루를 뿌리고 반죽의 매끈한 면이 위로 가도록 놓습니다. 그런 다음 스크래퍼를 이용해 250g씩 분할한 뒤 동글리기 합니다.

10 반죽이 마르지 않도록 비닐을 덮어 여름에는 10~15분, 겨울에는 20~25분 중간 휴지합니다.

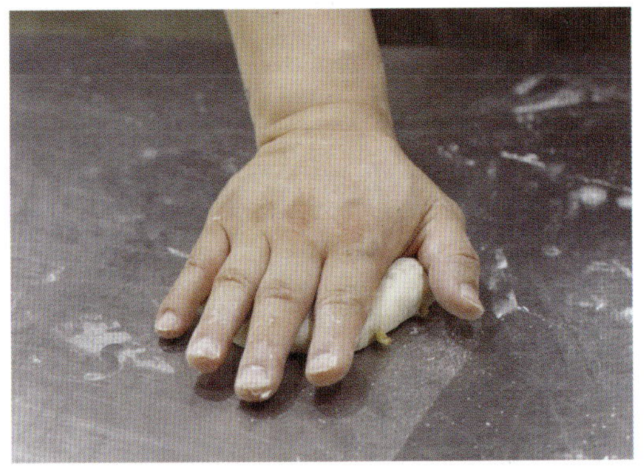

11 원로프 성형을 합니다. 작업대에 반죽의 매끈한 면이 위로 가도록 놓은 후 윗면에 덧가루를 뿌리고 손바닥으로 가볍게 눌러 가스를 뺍니다.

12 양손으로 반죽을 가볍게 당겨 25~28cm로 늘려 주세요.

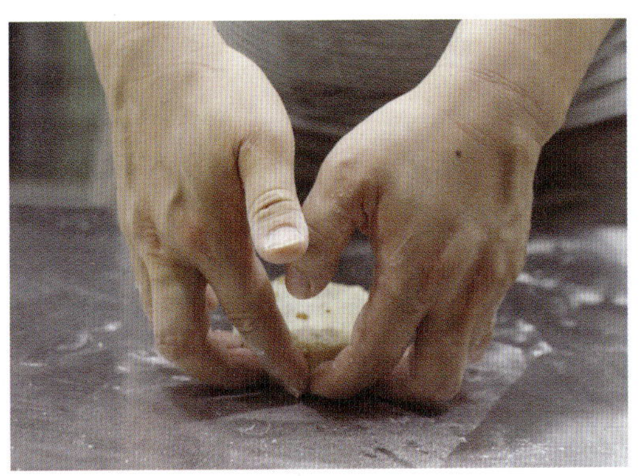

13 반죽의 매끈한 면이 아래로 가도록 한 뒤 반죽의 끝에 양손을 갖다 댑니다.

14 반죽을 굴리듯 말아 주세요. 끝까지 반복하여 말아줍니다(p. 30 기본식빵 만들기 참조).

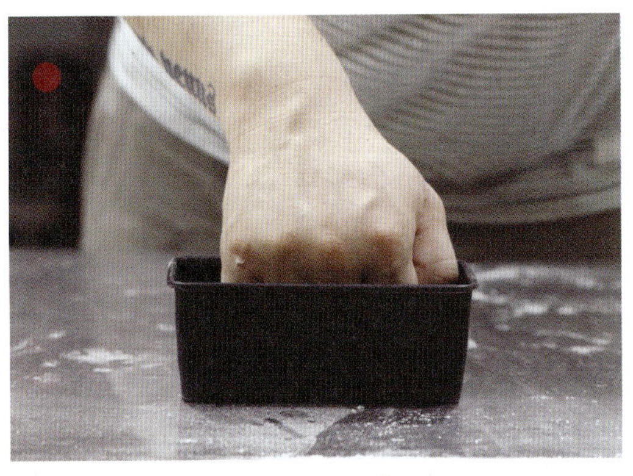

15 성형한 반죽을 오란다팬에 넣고 밑면이 뜨지 않도록 가볍게 누릅니다.

16 이 상태로 반죽의 표면이 마르지 않도록 밀폐된 공간에서 2차 발효합니다. 발효 중간에 표면이 마르면 분무기로 가볍게 물을 뿌려 표면의 촉촉함을 유지합니다.

17 반죽의 가장 높은 부분이 팬 높이보다 0.5~1cm 정도 올라오면 2차 발효가 완료된 것입니다.

18 170도 예열한 오븐에서 20~25분 정도 굽습니다. 윗면이 황금갈색이 되면 적당합니다.

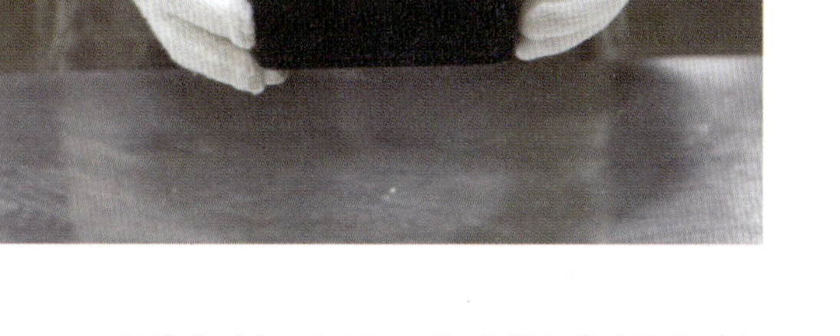

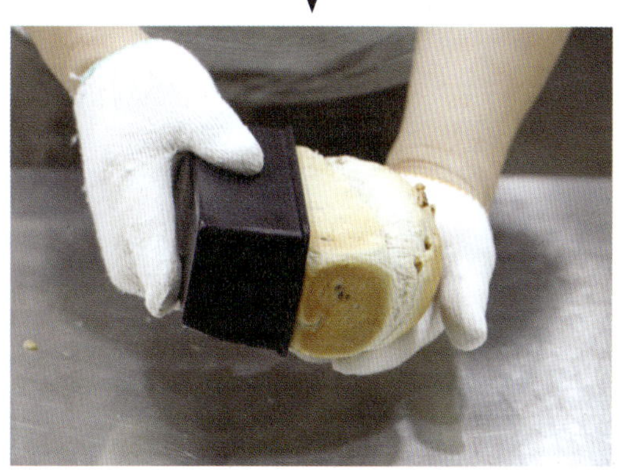

19 구워낸 빵은 20~30cm 높이에서 떨어뜨려 가스를 뺀 후 바로 팬에서 꺼내주세요.

20 팬에서 꺼낸 식빵은 실리콘 붓을 이용하여 윗면에 우유를 바르고 식힘망에서 완전히 식으면 밀봉 포장합니다. 우유는 취향에 따라 바르지 않아도 됩니다.

BAKINGPAPA
쌀
식
빵

빵과 떡 사이

'담백한 쌀식빵'

밀가루를 잘 소화시키지 못하는 사람을 위한 식빵입니다.

부드러운 떡과 비슷한 식감을 가지고 있지요.

쌀밥에 이스트와 글루텐을 넣어 인위적으로

부풀렸다고 생각해 보세요.

그 맛이 무척 밍밍하겠죠?

그래서 쌀식빵의 레시피에는 밀가루식빵보다

소금의 양이 더 많습니다.

아무것도 첨가하지 않은 건식 쌀가루나

방앗간에서 빻아온 쌀가루가 있다면

활성 글루텐을 쌀가루 무게의 1.5~2%를 넣어서 사용하세요.

방앗간에서 빻아온 쌀가루의 경우 수분 함량이 높습니다.

이때는 물 양을 220g 정도로 조정하세요.

Ingredients

분량

쌀식빵 3개

반죽

강력쌀가루 450g

설탕 35g

버터 45g

소금 8g

인스턴트 드라이이스트 8g

물 280g

달걀 1개

- 버터는 실온에 두어 부드러운 상태로 사용합니다.
- 달걀은 반죽 시 냉장고에서 꺼낸 차가운 것을 사용합니다.
- 물은 여름에는 약 22~25도, 겨울에는 약 33~35도가 적당합니다.

소도구

저울

스크래퍼

볼이나 뚜껑이 있는 용기

큐브팬(10×10×9.5cm) 3개

비닐

온도계

1 믹싱볼에 분량의 강력쌀가루, 설탕, 버터, 소금, 인 스턴트 드라이이스트를 넣습니다.

• 강력쌀가루는 쌀가루에 인위적으로 글루텐을 추가한 것 입니다. 밀가루가 아닌 것을 밀가루인 척 변장시킨 것이 죠. 장점은 쌀밥에 익숙한 동양권에서 선호도가 높은 것 이고, 단점은 밀가루빵에 비해 감칠맛과 찰기가 부족하 다는 것입니다. 빵과 떡의 중간이라고 생각하면 됩니다.

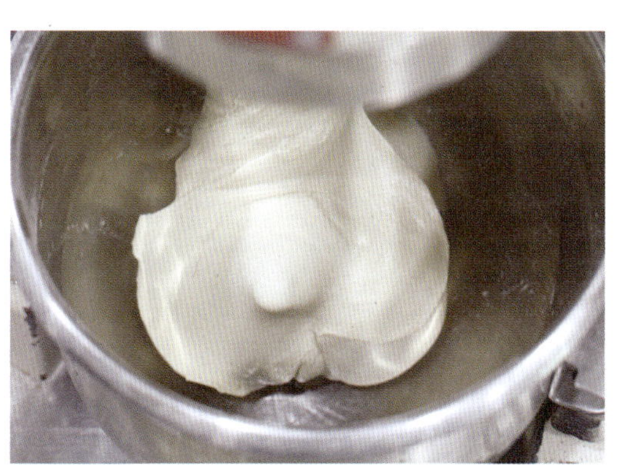

반죽을 조금 떼어내 늘렸을 때 매끈하고 탄력 있게 늘어 납니다.

2 다른 볼에 분량의 물과 달걀을 넣고 ①의 믹싱볼에 부어 저속으로 반죽기를 돌립니다. 날가루가 보이 지 않으면 반죽기를 멈추고 중속으로 속도를 올려 다시 반죽합니다.

3 글루텐 90%로 반죽합니다. 반죽이 전체적으로 매 끈해지고 윤기가 난다 싶을 때 반죽기를 멈추면 됩 니다.

완성한 반죽의 질기는 기본식빵 반죽과 비슷합니다.

4 작업대의 덧가루를 걷어내고, 동글리기 하여 표면을 매끈하게 정리합니다.

반죽을 완성했습니다. 겉보기엔 밀가루 반죽과 큰 차이가 없어 보입니다.

5 표면이 마르지 않도록 비닐을 씌워 실온에서 20분 정도 중간 휴지합니다.

중간 휴지한 반죽입니다.

- 강력쌀가루는 조직의 구조가 단단하지 않으므로 1차 발효, 2차 발효를 모두 진행하면 억지로 만든 글루텐의 고리가 끊겨 볼륨이 작아지고 시큼한 냄새가 납니다. 그래서 발효라기보다 휴지 개념으로 20분 정도 실온에 둡니다.

6 작업대에 덧가루를 뿌리고 반죽의 매끈한 면이 위로 가도록 놓습니다. 그런 다음 스크래퍼를 이용해 280g씩 분할합니다.

자른 단면입니다. 1차 발효를 하지 않아서 유연성이 떨어지고 자른 단면이 단단해 보입니다. 이 단계에서 반죽이 퍼진다면 반죽이 지쳤다는 신호로 보면 됩니다.

7 작업대의 덧가루를 걷어내고 둥글리기 하여 모양을 만듭니다.

8 뒷면의 이음매를 잘 꼬집어 2차 발효 및 굽는 과정 반죽이 터지지 않도록 합니다.

- 1차 발효를 하지도 않았는데 2차 발효를 언급하니 헷갈리는 독자가 있을 것입니다. 2차 발효는 통상 반죽을 분할해 성형을 마친 후 이루어지는 발효를 뜻합니다.

9 성형한 반죽을 큐브팬에 넣고 밑면이 뜨지 않도록
가볍게 누릅니다.

10 그런 다음 반죽의 표면이 마르지 않도록 밀폐된
공간에서 2차 발효합니다.

11 반죽의 가장 높은 부분이 팬 높이보다 0.5~1cm
정도 올라오면 2차 발효가 완료된 것입니다.

12 170도 예열한 오븐에서 25분 정도 굽습니다. 빵
의 윗면이 황금갈색이 되면 적당합니다.

- 제대로 된 반죽은 오븐에 넣고 3~4분 후 보이는 것처
  럼 오븐스프링이 일어납니다.
- 글루텐을 인위적으로 넣은 쌀가루라 반죽에 구조력이
  부족합니다. 조금만 덜 구워도 주저앉게 되니 밀가루
  식빵보다 조금 더 긴 시간 구워 주세요.

13 구워낸 빵은 가볍게 내리쳐 가스를 뺍니다.

14 식힘망에서 완전히 식으면 밀봉 포장하세요.

엄마의 마음

베이킹파파 시그니처 메뉴

'이유식 단계의 아기가 쪽쪽 빨아먹을 수 있는
빵이 있으면 좋겠다'는 한 지인의 요청으로
많은 연구 끝에 탄생한 식빵입니다.
최대한 자극 없고 순하게 만들어야겠다고 생각했습니다.
아기가 먹을 것이니 최소한의 재료로 만드는 것이
의미가 있겠구나 싶어 달걀을 생략하고,
버터를 생략하고, 우유를 생략해서 만들었지요.
식빵에서 버터는 반죽에 힘을 주고,
탄탄한 오븐스프링의 견인차 역할을 하는
꼭 필요한 재료인데 이를 생략하고 만드니
극악의 고난도 레시피가 되었습니다.
반죽부터 펀칭, 발효 타이밍, 굽기까지
모든 공정이 제대로 잘 이루어져야
만날 수 있는 '엄마의마음'.
다른 기본 식빵 류의 메뉴들을
모두 마스터하고 도전하세요.

Ingredients

분량

엄마의마음 3개

반죽

강력분 450g

분유 22g

설탕 18g

소금 6g

인스턴트 드라이이스트 7g

물 288g

- 물은 여름에는 약 18~20도, 겨울에는 약 28~30도가 적당합니다.

소도구

저울

스크래퍼

볼이나 뚜껑이 있는 용기

오란다팬(16×8×6.5cm) 3개

비닐

온도계

1 믹싱볼에 분량의 강력분, 분유, 설탕, 소금, 인스턴트 드라이이스트를 넣습니다.

• 다른 식빵 재료에 없는 '분유'가 눈에 띄지요. '엄마의 마음'이라는 이름답게 아기 분유를 넣거나 탈지 분유를 사용하세요. 반드시 꼭 들어가야 하는 재료입니다. 분유가 발효를 억제해 반죽이 안정적으로 커나갈 수 있도록 도와줍니다. 저온에서 하얗게 굽는다는 것은 곧 90%만 익힌다는 뜻입니다. 충분히 익히지 않기에 수분감이 많고 시큼한 냄새가 날 수 있는데, 분유가 이런 맛의 단점을 보완하고 풍미를 개선합니다.

2 다른 볼에 분량의 물을 넣고 ①의 믹싱볼에 부어 저속으로 반죽기를 돌립니다. 날가루가 보이지 않으면 반죽기를 멈추고 중속으로 속도를 올려 다시 반죽합니다.

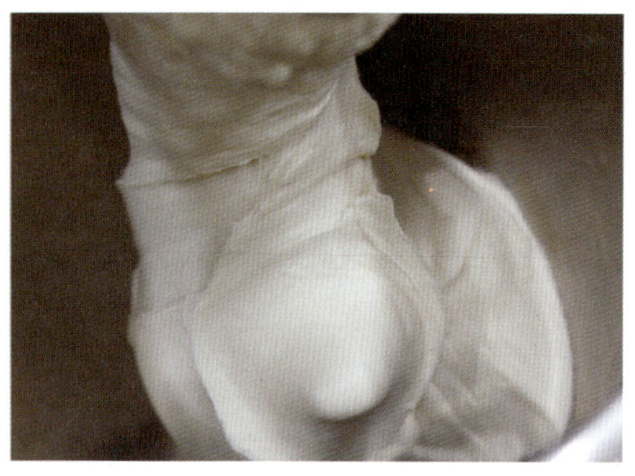

3 글루텐 100%로 반죽합니다. 반죽이 전체적으로 매끈하고 탄력이 최대치에 이르며 윤기가 흐릅니다. 찰지게 잡힌 글루텐 조직이 반죽기의 벽에 붙었다 떨어지면서 칼날 같은 선이 생깁니다.

반죽의 질기가 기본식빵 반죽보다 되직합니다.

- 버터가 들어가지 않아 반죽에 힘이 없습니다. 이럴 경우 반죽이 질면 더 늘어지니 기본식빵 반죽보다 되직한 상태로 물 조절을 합니다.

반죽을 조금 떼어내 늘렸을 때 탄력 있고 얇게 늘어납니다.

4 작업대의 덧가루를 걷어내고, 동글리기 하여 표면을 매끈하게 정리합니다.

5 볼(용기)에 덧가루를 뿌리고 반죽을 넣은 후 다시 윗면에도 덧가루를 뿌려 들러붙지 않게 합니다. 그런 다음 표면이 마르지 않도록 비닐을 씌워 직사광선이 없는 실온에 그대로 둡니다(1차 발효).

6 반죽이 처음 부피의 2배로 부풀면 볼(용기)에서 꺼내 펀칭을 합니다. 펀칭은 부풀어 오른 반죽의 가스를 빼는 행위로 반죽에 힘을 주기 위해서 합니다.

7 작업대에 덧가루를 뿌리고 반죽의 매끈한 면이 아래로 가도록 놓은 뒤 손바닥으로 눌러 가스를 뺍니다.

8 반죽을 위에서 중앙으로 1/3 접습니다.

9 이번에는 아래에서 중앙으로 1/3 접고 손으로 눌러 가스를 뺍니다.

IO 반죽을 반으로 접고 손으로 눌러 가스를 뺍니다.

II 다시 반 접고 동글리기를 합니다.

I2 가스를 뺀 반죽을 볼(용기)에 넣고 1차 발효를
계속 진행합니다.

I3 반죽이 처음 부피의 3~3.5배, 펀칭 후 부피의
2~2.5배로 부풀면 1차 발효가 완료된 것입니다.
발효 전후를 비교해 보세요.

14 작업대 위에 덧가루를 뿌리고 반죽의 매끈한 면이 위로 가도록 놓습니다. 스크래퍼를 이용해 240g씩 분할합니다.

15 그런 다음 작업대의 덧가루를 걷어내고 동글리기를 합니다.

16 반죽이 마르지 않도록 비닐을 덮어 여름에는 5
분, 겨울에는 10분 중간 휴지합니다.

• '엄마의마음'은 탄력을 잃으면 오븐스프링이 잘 터지
지 않기에 중간 휴지를 짧게 합니다.

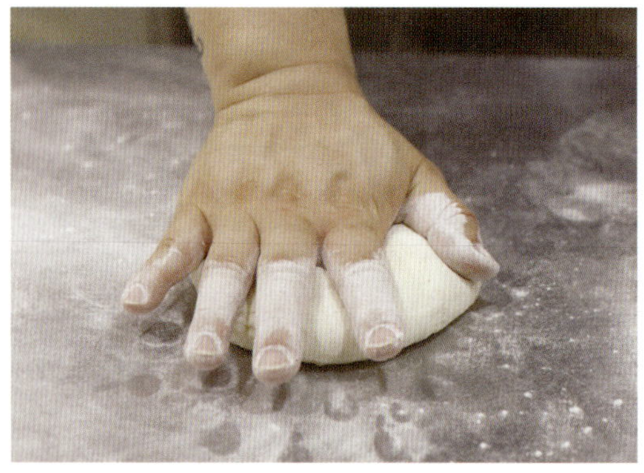

17 원로프 성형을 합니다. 작업대에 반죽의 매끈한
면이 위로 가도록 놓은 후 윗면에 덧가루를 뿌
리고 손바닥으로 가볍게 눌러 가스를 뺍니다.

18 양손으로 반죽을 가볍게 당겨 25cm 길이로 늘
려주세요.

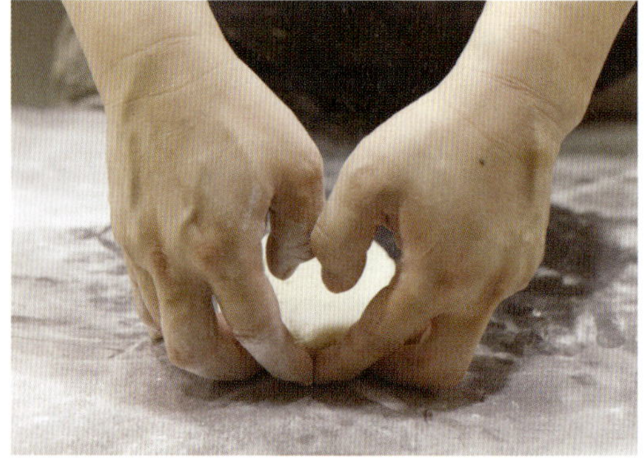

19 반죽의 매끈한 면이 아래로 가도록 한 뒤 반죽
의 끝에 양손을 갖다 댑니다.

20 반죽을 굴리듯 말아 주세요. 끝까지 반복하여 말
아줍니다(p. 30 기본식빵 만들기 참조).

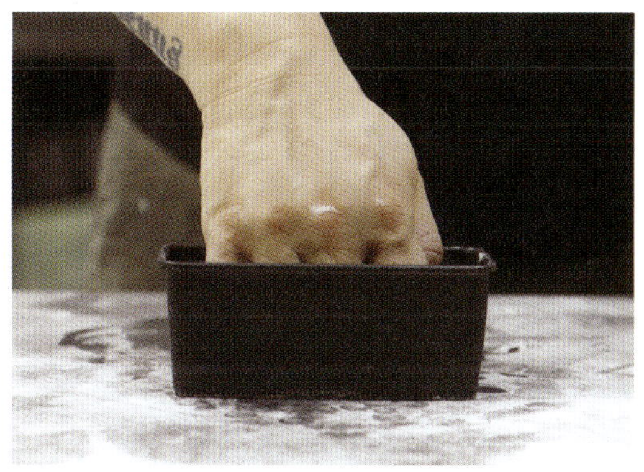

21 성형한 반죽을 오란다팬에 넣고 밑면이 뜨지 않도록 가볍게 누릅니다. 그런 다음 반죽의 표면이 마르지 않도록 밀폐된 곳에서 2차 발효합니다.

22 반죽의 가장 높은 부분이 팬 높이보다 1cm 더 올라가면 발효가 완료된 것입니다.

23 100도 예열한 오븐에서 25분 정도 굽습니다.

• 치아가 없는 아기가 쪽쪽 빨아먹을 수 있도록 껍질이 없게 굽는 것이 포인트입니다. 식빵 팬 바닥쪽은 노란색이 나고,
윗면과 측면은 색이 나지 않아야 합니다. 가지고 있는 오븐의 상태를 잘 확인하고 온도를 설정해야 하고요. 제대로 만
들기 위해 많은 노력이 필요합니다.

24 구워낸 빵은 팬을 잡고 가볍게 내리쳐 가스를 빼고 조심스럽게 꺼냅니다. 쉽게 찌그러질 수 있으니 조심조심 다루세요. 그런 다음 식힘망에서 완전히 식으면 밀봉 포장합니다.

펀칭은 왜 하는 걸까요?

펀칭은 '가스 빼기'입니다. 반죽이 힘이 없을 때 글루텐 조직을 단단하게 하기 위해서 합니다. 베이킹 세계에서는 꼭 해야 하는 당연한 몇 가지가 있습니다. 대표적인 예가 '이스트를 넣어야 빵이 부푼다는 것'이고, '물을 넣어야 반죽이 된다는 것'입니다. 그밖에는 대부분 해도 그만 안 해도 그만입니다. 펀칭도 그렇습니다. 이 책에서는 반드시 펀칭이 필요한 레시피에만 펀칭을 지시했습니다.

펀칭은 버터가 들어가지 않아 힘이 없는 반죽으로 식빵을 만들 때(p. 200 '엄마의마음'), 100% 통밀로 반죽하여 글루텐이 부족할 때(p. 248 '통밀식빵'), 버터가 소량 들어간 바게트 배합으로 식빵을 만들 때(p. 226 '빵드미') 필요합니다. 이밖에 반죽을 하면서 글루텐이 좀 덜 잡혔거나 반죽에 힘이 부족할 때에도 중간에 펀칭을 합니다.

단지 가스를 빼고 동글리기를 할 뿐인데
어떻게 글루텐 조직이 단단해지는 걸까요?

글루텐 구조는 그물 조직이라고 했습니다. 사이사이에 이스트가 내뱉은 이산화탄소를 포집해 반죽이 부푸는 것이 발효고요.

발효가 되면 글루텐 조직이 팽창하는 것을 볼 수 있습니다. 펀칭을 통해 가스를 빼면 반죽은 원래대로 줄어들고, 나머지 발효 과정을 통해 다시 가스가 차면 또 부풀어 오릅니다. 반복 운동을 하게 되는 것이죠. 단단한 근육을 만들기 위해 하는 웨이트 트레이닝과 비슷합니다. 같은 원리로 펀칭을 통해 글루텐 조직이 단단하게 재정비됩니다.

1차 발효가 끝난 반죽입니다. 왼쪽은 펀칭을 한 반죽이고, 오른쪽은 펀칭을 하지 않은 반죽입니다. 두 반죽 모두 처음 부피의 3.5배까지 발효를 시켰는데 서로 높이가 다릅니다. 왼쪽 펀칭을 한 반죽은 반죽의 힘이 좋아 밑면이 뜨고 위로 봉긋하게 솟아 있습니다. 오른쪽 펀칭을 하지 않은 반죽은 힘이 없어 반죽이 퍼지면서 발효가 되었습니다.

**그렇다면 무조건 반죽에 펀칭을 하면
글루텐이 잘 잡히고 맛있을까요?**

펀칭을 하면 글루텐 조직이 단단해져 더 쫄깃한 맛을 냅니다. 다른 말로 질깃할 수도 있다는 뜻입니다. 부드러운 식감의 빵을 좋아한다면 펀칭을 권하지 않습니다. 꼭 필요한 순간에만 하세요.

호박 품은 엄마의 마음

노오란 엄마의마음 … '달다'

엄마의마음의 가장 큰 장점은 응용해서
무궁무진한 레시피를 만들 수 있다는 점입니다.
재료의 색상 그대로 살려 구울 수 있으니
녹차와 함께하는 엄마의마음,
초코를 가득 담은 엄마의마음,
당근 즙을 넣은 엄마의마음,
각양각색의 엄마의마음이 가능합니다.
단, 응용을 할 때 주의할 섬이 있습니다.
시금치처럼 섬유질이 억센 채소는 갈아서 반죽에 넣으면
글루텐 조직이 끊어져 오븐스프링이 생기지 않습니다.
삶아서 갈아 넣어도 안전하지 않으니 주의하세요.
통째로 반죽에 넣어도 안전한 재료는 전분 함량이 높고
식감이 부드러운 고구마, 감자, 호박 정도입니다.
맛이나 색감으로 따지면 호박이 일품이죠!
은은한 단맛을 살린 레시피입니다.

Ingredients

분량

호박품은엄마의마음 3개

반죽

강력분 400g

삶은 호박(껍질 벗긴 것) 150g

분유 20g

설탕 25g

소금 6g

인스턴트 드라이이스트 7g

물 210g

- 물은 여름에는 약 15~20도, 겨울에는 약 28~30도가 적당합니다.
- 삶은 호박은 완전히 식혀서 사용하고, 삶았을 때 물기가 너무 많으면 물기를 걷어내고 사용하세요(밤고구마 정도의 수분기 권장).

소도구

저울

스크래퍼

볼이나 뚜껑이 있는 용기

오란다팬(16×8×6.5cm) 3개

비닐

온도계

1 믹싱볼에 분량의 강력분, 삶은 호박, 설탕, 분유, 소금, 인스턴트 드라이이스트를 넣습니다.

2 ①에 분량의 물을 붓고 저속으로 반죽을 시작합니다. 날가루가 보이지 않으면 반죽기를 멈추고 중속으로 속도를 올려 다시 반죽합니다.

3 글루텐 100%로 반죽합니다. 반죽이 전체적으로 매끈하고 탄력이 최대치에 이르며 윤기가 흐릅니다. 찰지게 잡힌 글루텐 조직이 반죽기의 벽에 붙었다 떨어지면서 칼날 같은 선이 생깁니다.

 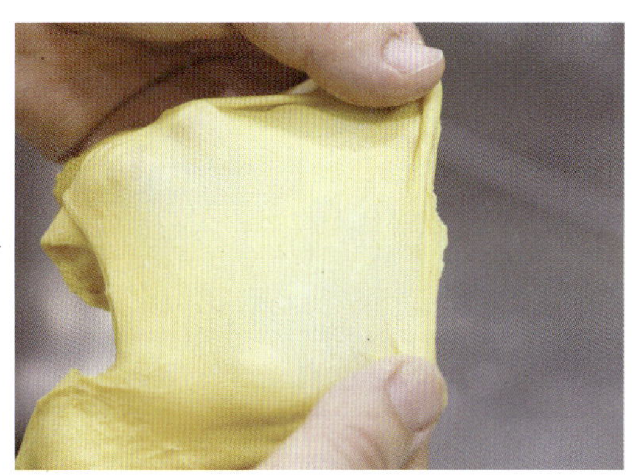

반죽의 질기는 식빵 반죽보다는 되직하고 '엄마의마음'보다는 진 상태입니다.

반죽을 조금 떼어내 늘렸을 때 탄력 있고 얇게 늘어납니다.

4 작업대의 덧가루를 걷어내고, 동글리기 하여 표면을 매끈하게 정리합니다.

5 볼(용기)에 덧가루를 뿌리고 반죽을 넣은 후 다시 윗면에도 덧가루를 뿌려 들러붙지 않게 합니다. 그런 다음 표면이 마르지 않도록 비닐을 씌워 직사광선이 없는 실온에 그대로 둡니다.

6 반죽이 2배로 부풀면 볼(용기)에서 꺼내 펀칭합니다. 펀칭은 부풀어 오른 반죽 속의 가스를 빼내는 행위로 반죽에 힘을 주기 위해서 합니다.

7 작업대에 덧가루를 뿌리고 1차 발효가 끝난 반죽을 매끈한 면이 아래로 가도록 놓은 후 손으로 눌러 가스를 뺍니다.

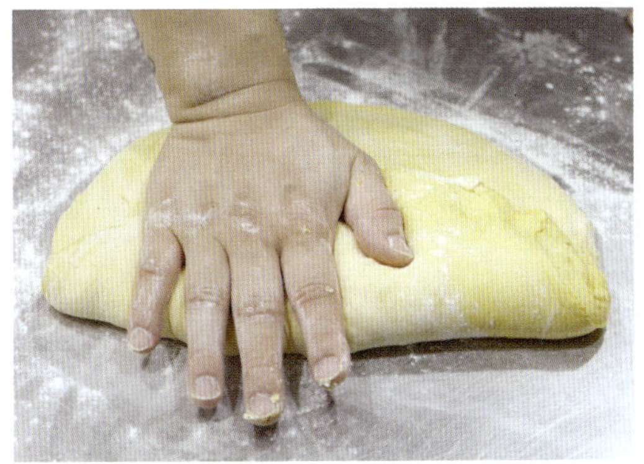

8 반죽을 위에서 중앙으로 1/3 접고, 손으로 눌러 가스를 뺍니다.

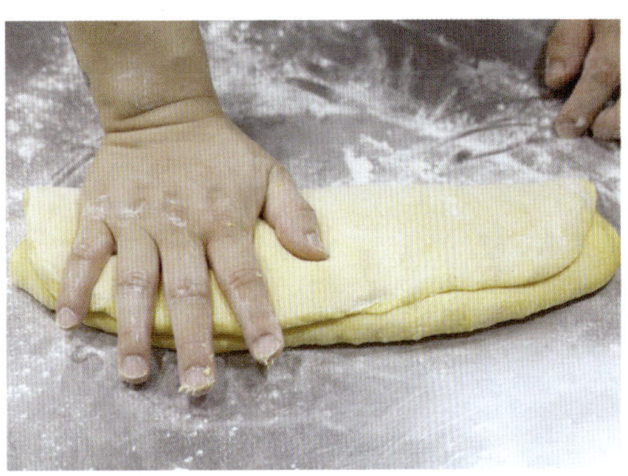

9 반죽을 아래에서 중앙으로 1/3 접고, 손으로 눌러 가스를 뺍니다.

10 반으로 접어 가스를 뺍니다.

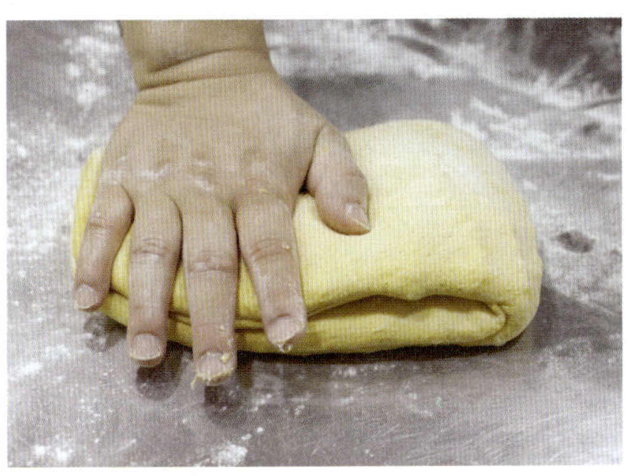

11 다시 반죽을 반 접어 동글리기를 합니다.

12 가스를 뺀 반죽을 볼(용기)에 넣고 1차 발효를
계속 진행합니다.

13 반죽이 처음 부피의 3~3.5배, 펀칭 후 부피의 2~2.5배로 부풀면 1차 발효가 완료된 것입니다. 발효 전후를 비교
해 보세요.

14 작업대에 덧가루를 뿌리고 반죽을 매끈한 면이
위로 가도록 놓습니다. 그런 다음 스크래퍼를 이
용해 240g씩 분할합니다.

15 작업대의 덧가루를 걷어내고 동글리기를 합니다.

16 반죽이 마르지 않도록 비닐을 덮어 여름에는 5분, 겨울에는 10분 중간 휴지합니다.

- 버터가 들어가지 않는 반죽의 오븐스프링을 보기 위해서는 반죽의 탄력 유지가 중요합니다. 그래서 중간 휴지를 짧게 합니다.

17 원로프 성형을 합니다. 작업대에 반죽의 매끈한 면이 위로 가도록 놓은 후 윗면에 덧가루를 뿌리고 손바닥으로 가볍게 눌러 가스를 뺍니다.

18 양손으로 반죽을 가볍게 당겨 25cm로 늘려주세요.

19 반죽의 매끈한 면이 아래로 가도록 한 뒤 반죽의 끝에 양손을 갖다 댑니다.

20 반죽을 굴리듯 말아 주세요. 끝까지 반복하여 말아줍니다(p. 30 기본식빵 만들기 참조).

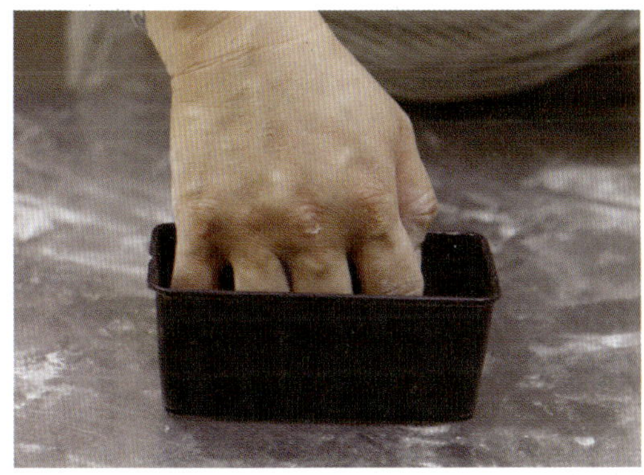

21 성형한 반죽을 오란다팬에 넣고 밑면이 뜨지 않도록 가볍게 누릅니다. 그런 다음 반죽의 표면이 마르지 않도록 밀폐된 공간에서 2차 발효합니다.

22 반죽의 가장 높은 부분이 팬 높이보다 1cm 정도 올라오면 2차 발효가 완료된 것입니다.

23 100도 예열한 오븐에서 25분 정도 굽습니다.

• '엄마의마음'과 마찬가지로 껍질에 색이 나지 않게 굽는 빵입니다. 레시피에 제시한 온도는 참고 지표로 삼고 각자 가지고 있는 오븐에 맞는 온도를 찾아내는 것이 중요합니다.

24 구워낸 빵은 팬을 잡고 가볍게 내리쳐 가스를 빼고 조심스럽게 빼냅니다. 쉽게 찌그러질 수 있으니 조심조심 다루세요.

25 식힘망에서 완전히 식으면 밀봉 포장합니다.

빵드미

바게트보다 촉촉하고 부드럽다

부드러운 속살을 강조한 식빵입니다.

먹어보면 우리가 흔히 알고 있는 식빵의 부드러움에는

많이 못 미칩니다.

그런데 왜 대놓고 속살이 촉촉하고 부드럽다고 할까요?

바로 '뺑드미(pain de mie)'라는 이름에 답이 있습니다.

프랑스는 바게트 같은 하드 계열 식사 빵이 주류이고,

과자 빵 류에는 브리오슈나 크루아상이 있습니다.

이것들 중 속살이 부드럽다고 할 만한 아이템은 없습니다.

브리오슈의 경우 지나치게 높은 버터 배합으로

빵 결이 오히려 퍼석한 특징을 가지고 있지요.

빵보다 과자의 영역에 가깝다고 정의를 내립니다.

'뺑드미는 담백한 식사용 빵으로 바게트보다는

속이 촉촉하고 부드럽다'

이렇게 정의를 내리는 게 정확합니다.

국내 식빵은 설탕 배합이 높은 편이어서

샌드위치용이나 식사 대용보다는

간식으로 뜯어먹기 적합합니다.

뺑드미로 샌드위치를 만들어 보세요.

소스와 재료의 맛을 더 잘 살려줍니다.

Ingredients

분량

빵드미 3개

반죽

강력분 500g

설탕 5g

버터 20g

소금 7g

인스턴트 드라이이스트 7g

물 340g

- 버터는 실온에 두어 부드러운 상태로 사용합니다.
- 물은 여름에는 약 15~20도, 겨울에는 약 28~30도가 적당합니다.

소도구

저울

스크래퍼

볼이나 뚜껑이 있는 용기

큐브팬(10×10×9.5cm) 3개

비닐

온도계

I 믹싱볼에 분량의 강력분, 설탕, 버터, 소금, 인스턴트 드라이이스트를 넣습니다.

2 ①의 믹싱볼에 분량의 물을 붓고 저속으로 반죽기를 돌립니다. 날가루가 보이지 않으면 반죽기를 멈추고, 중속으로 속도를 올려 다시 반죽합니다.

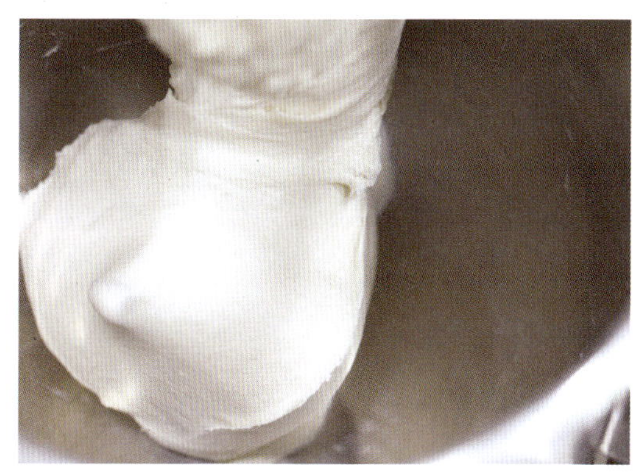

3 글루텐 90%로 반죽합니다. 반죽이 전체적으로 매끈하고 탄력 있으며 윤기가 나기 시작하면 반죽기를 멈추면 됩니다.

• 만져보면 식빵보다 손에 들러붙는 정도가 심합니다. 버터가 소량 들어갔기 때문이지요. 호떡 반죽을 다룰 때 손에 오일을 묻히는 이유는 손에 들러붙지 않게 하기 위해서죠? 오일 양이 줄었으니 손에 잘 들러붙는 것은 당연한 이치입니다.

반죽의 질기는 기본식빵 반죽과 비슷합니다.

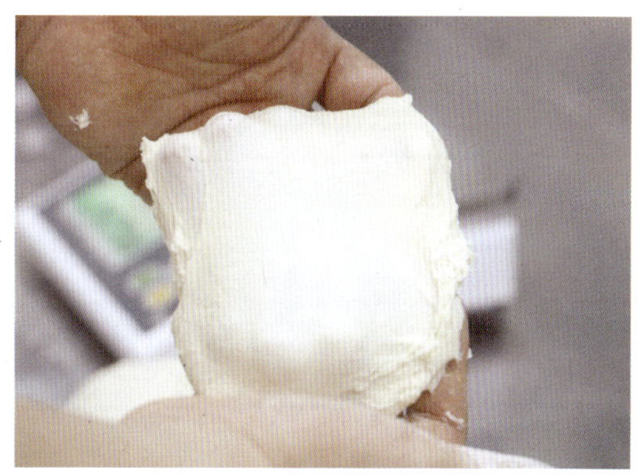

반죽을 조금 떼어내 늘렸을 때 매끈하고 탄력 있고 얇게 늘어납니다.

4 작업대의 덧가루를 걷어내고 동글리기 하여 표면을 매끈하게 정리합니다.

5 볼(용기)에 덧가루를 뿌리고 반죽을 넣은 후 다시 윗면에도 덧가루를 뿌려 들러붙지 않게 합니다. 그런 다음 표면이 마르지 않도록 비닐을 씌워 직사광선이 없는 실온에 그대로 둡니다(1차 발효).

6 반죽이 처음 부피의 2배로 부풀면 볼(용기)에서 꺼내 펀칭(반죽 속 가스를 빼는 행위)을 합니다.

 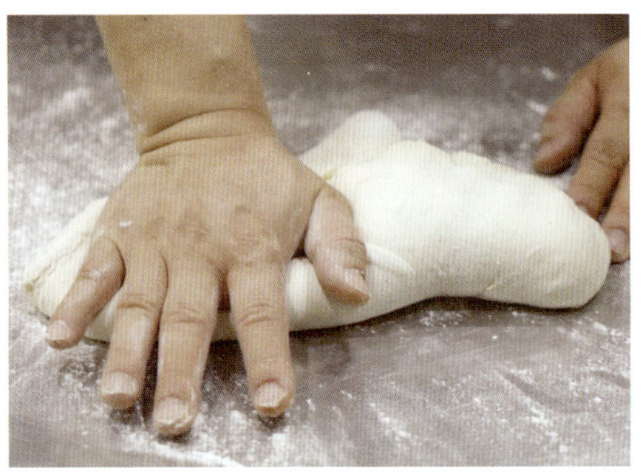

7 작업대에 덧가루를 뿌리고 반죽의 매끈한 면이 아래로 가도록 놓은 후 손으로 눌러 가스를 뺍니다.

8 반죽을 위에서 중앙으로 1/3 접고 손으로 눌러 가스를 뺍니다.

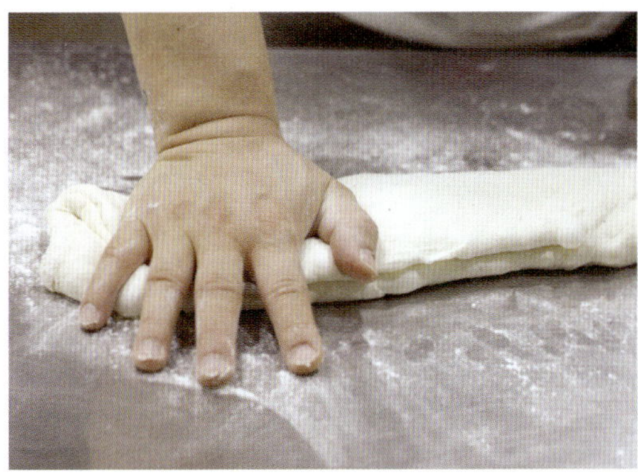

9 반죽을 아래에서 중앙으로 1/3 접고 손으로 눌러 가스를 뺍니다.

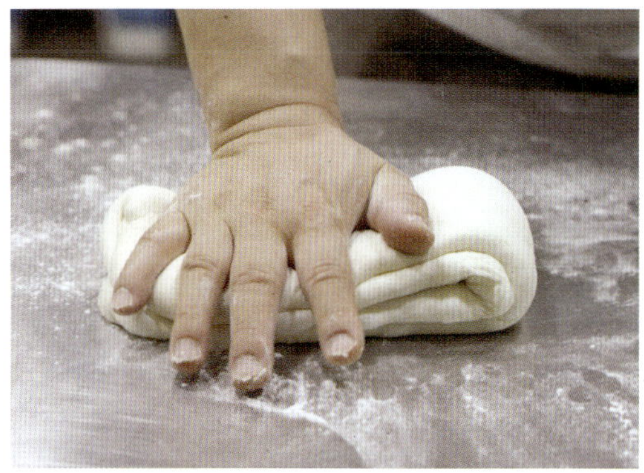

10 다시 반으로 접어 가스를 뺍니다.

11 반죽을 다시 반으로 접어 동글리기를 합니다. 볼(용기)에 넣고 발효를 계속 진행합니다.

12 반죽이 처음 부피의 3~3.5배, 펀칭 후 부피의 2~2.5배로 부풀면 1차 발효가 완료된 것입니다. 발효 전후를 비교해 보세요.

13 작업대에 덧가루를 뿌리고 반죽의 매끈한 면이 위로 가도록 놓습니다. 그런 다음 스크래퍼를 이용하여 250g씩 분할합니다.

14 작업대의 덧가루를 걷어내고 동글리기를 합니다.

15 반죽이 마르지 않도록 비닐을 덮어 여름에는
10~15분, 겨울에는 20~25분 중간 휴지합니다.

16 중간 휴지한 반죽은 매끈한 면이 위로 가도록
놓고 위쪽으로 살짝 덧가루를 뿌린 후 손으로
눌러 가스를 뺍니다.

17 작업대의 덧가루를 걷어내고 동글리기를 합니다.

18 뒷면의 이음매를 잘 꼬집어 2차 발효 및 굽는 과
정 반죽이 터지지 않도록 합니다.

19 성형한 반죽을 큐브팬에 넣고 밑면이 뜨지 않도록 가볍게 누릅니다. 반죽의 표면이 마르지 않도록 밀폐된 곳에서 2차 발효합니다.

20 반죽의 가장 높은 부분이 팬 높이에 닿으면 발효가 완료된 것입니다.

21 190도로 예열한 오븐에서 25~30분 정도 굽습니다.

• 빵드미는 오븐스프링이 큰 반죽이 아니어서 반죽의 터짐(break)이 거의 생기지 않습니다.

22 구워낸 빵은 팬을 잡고 가볍게 내리쳐 가스를 빼냅니다. 그런 후 식힘망에서 완전히 식으면 밀봉 포장합니다. 파삭한 겉 크러스트가 좋다면 비닐보다 종이로 포장하세요.

브리오슈

어쩌다 누리는 입안의 호사

'빵이 없으면 브리오슈를 먹어라(Qu'ils mangent de la brioche).'

'빵이 없으면 케이크를 먹으면 되지!'로 더 익숙한

이 말의 원문을 찾아 보니 케이크가 아니라 '브리오슈'였습니다.

18세기 프랑스 루이 16세의 왕비 마리 앙투아네트로부터 기인합니다.

'그녀가 한 말이다, 아니다'를 놓고 아직까지도

역사학자들 사이 설전이 이어진다고 하지만,

누가 한 말이든 프랑스대혁명의 발화점이 된 것은 분명합니다.

브리오슈(Brioche)는 프랑스 전통 과자 빵입니다.

처음 브리오슈를 만들 때

들어가는 어마어마한 많은 버터를 보고 깜짝 놀랐습니다.

대체 프랑스 귀족의 삶이 얼마나 화려했기에 이 정도일까 싶은

생각을 하기도 했습니다.

브리오슈는 만든 지역, 모양, 맛에 따라 이름이 제각각입니다.

브리오슈아테트(Brioche à tête)는 눈사람 모양이고

브리오슈쿠론(Brioche couronne)은 왕관 모양,

브리오슈트레세(Brioche tressée)는 꽈배기 모양입니다.

여러 브리오슈 중 식빵 팬에 아주 간단히 구울 수 있는

'브리오슈낭테르'를 만들어 보려고 합니다.

칼로리가 높아 자주 먹을 순 없지만

어쩌다 한 번씩 호사를 베푸는 것도 괜찮지 않을까요?

'엄마의마음' '빵드미'와 달리 버터가 많이 들어가

반드시 펀칭을 해야 하는 빵입니다.

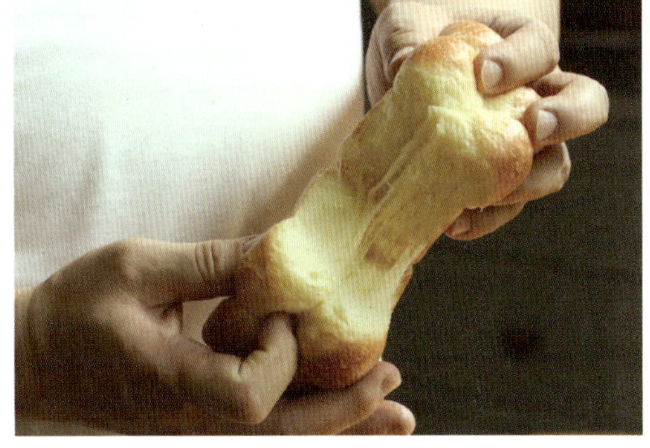

Ingredients

분량

브리오슈 3개

반죽

강력분 330g

설탕 40g

버터 150g

소금 7g

인스턴트 드라이이스트 7g

우유 20g

달걀 4개

- 우유와 달걀은 반죽 시 냉장고에서 꺼낸 차가운 것을 사용합니
다. 단, 겨울철 우유는 28~30도로 데워서 사용하세요.

소도구

저울

스크래퍼

볼이나 뚜껑이 있는 용기

오란다팬(16×8×6.5cm) 3개

온도계

1 믹싱볼에 분량의 강력분, 설탕, 소금, 인스턴트 드라이이스트를 넣습니다. 이때 버터는 넣지 않으니 주의하세요.

2 다른 볼에 분량의 우유와 달걀을 넣습니다.

3 ①의 가루 재료에 액체 재료를 붓고 반죽기를 돌려 날가루가 보이지 않으면 반죽기를 멈춥니다.

4 ③에 분량의 버터 중 1/3을 넣고 중속으로 속도를
올려 다시 반죽합니다.

 → 

버터가 고루 섞이면 다시 반죽기를 멈추고, 분량의 버터 중 1/3을 넣고 중속으로 반죽합니다.

역시 버터가 고루 섞이면 반죽기를 멈추고, 남은 버터 1/3 분량을 넣고 중속으로 반죽합니다.

5 글루텐 80%로 반죽을 합니다. 반죽이 전체적으로 매끈해질 때 반죽기를 멈추면 됩니다.

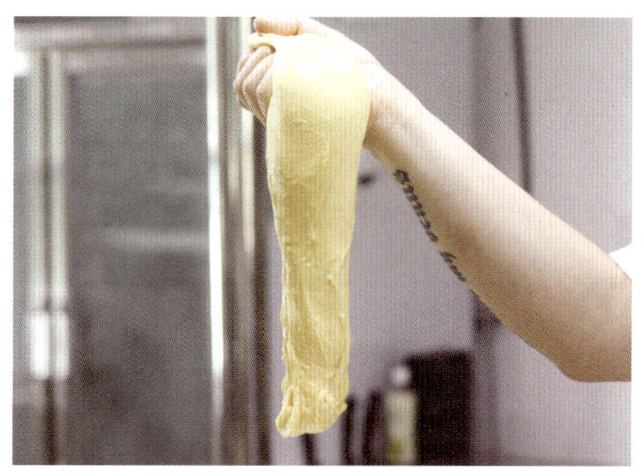 

반죽의 질기는 무척 질은 상태입니다. 버터 함량이 높아 손에 들러붙지는 않습니다.

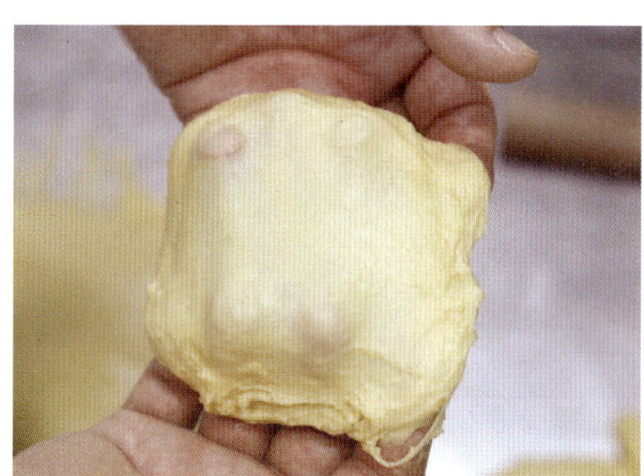

반죽을 조금 떼어내 늘렸을 때 매끈하게 늘어납니다. 이 때 생기는 윤기는 버터의 배합 때문으로 글루텐 100%의 윤기와는 성격이 다릅니다.

6 작업대의 덧가루를 걷어내고 동글리기 하여 표면을 매끈하게 정리합니다.

7 반죽을 완성했습니다. 이때 반죽 온도는 24~25도 가 적당합니다.

- 지금까지는 반죽 온도에 대해 거의 언급을 하지 않았 는데요. 그 이유는 식빵은 반죽 온도가 빵의 완성도에 아무런 영향을 주지 않기 때문입니다. 하지만 브리오 슈는 반죽 온도를 낮게 잡는 게 좋습니다. 온도가 높으 면 반죽 속에 있는 버터가 녹아내립니다.

8 볼(용기)에 덧가루를 뿌리고 반죽을 넣은 후 다시 윗면에도 덧가루를 뿌려 들러붙지 않게 합니다. 그 런 다음 표면이 마르지 않도록 비닐을 씌워 직사광선이 없는 실온에 둡니다(1차 발효).

9 반죽이 처음 부피의 2배로 부풀면 볼(용기)에서 꺼 내어 펀칭을 합니다. 반죽 속 가스를 빼내고 반죽에 힘을 주는 행위입니다.

- 사진으로만 보면 2배가 맞나 싶지요? 2배 맞습니다. 버터 함량이 많고 반죽 온도가 차가워 반죽이 옆으로 퍼진 상태로 발효되어 이렇게 보이는 것입니다.

IO 작업대에 덧가루를 뿌리고 반죽의 매끈한 면이 바닥으로 가도록 놓은 후 양손으로 눌러 가스를 뺍니다.

II 반죽을 위에서 중앙으로 반죽을 1/3 접은 다음 다시 양손으로 눌러 가스를 뺍니다.

I2 반죽을 아래에서 중앙으로 1/3 접은 다음 양손 으로 눌러 가스를 뺍니다.

I3 반으로 접어 양손으로 눌러 가스를 뺍니다.

I4 다시 반 접고 작업대의 덧가루를 걷어낸 후 동글리기를 합니다.

15 가스를 뺀 반죽을 볼(용기)에 넣고 1차 발효를 계속 진행합니다.

16 반죽이 처음 부피의 3~3.5배, 펀칭 후 부피의 2~2.5배로 부풀면 1차 발효가 완료된 것입니다. 발효 전후를 비교해 보세요.

17 작업대에 덧가루를 뿌리고 반죽의 매끈한 면이 위로 가도록 놓은 후 스크래퍼로 30g씩 분할합니다.

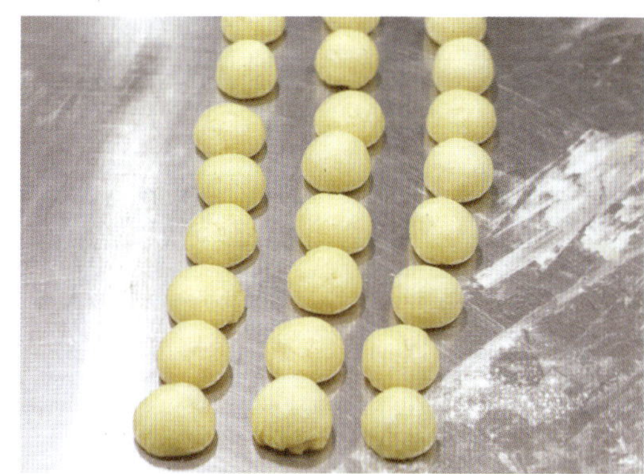

18 둥글리기를 합니다.

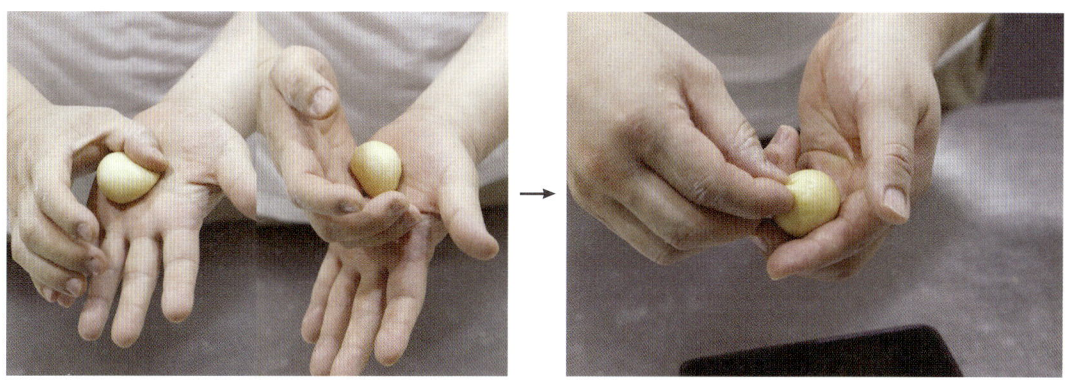

19 둥글리기한 반죽을 한 번 더 꼼꼼하게 둥글리기 한 뒤 뒷면을 꼬집어 줍니다.

20 성형한 반죽을 오란다팬에 8덩이씩 엇갈리게 넣습니다.

21 반죽의 표면이 마르지 않도록 밀폐된 공간에서 2차 발효합니다.

22 반죽의 가장 높은 부분이 팬 높이에 닿으면 2차 발효가 완료된 것입니다.

23 180도 예열한 오븐에서 20~25분 정도 굽습니다. 빵의 윗면이 황금갈색이 나면 적당합니다.

24 구워낸 빵은 팬을 잡고 가볍게 내리쳐 가스를 뺀 후 바로 꺼내주세요. 완전히 식으면 밀봉 포장합니다.

통밀식빵

울퉁불퉁한 반죽이

부드러운 식빵으로

되기까지

통밀식빵

밀기울과 배아를 따로 분리하지 않고,

통째로 빻아 가루로 만든 것이 '통밀가루'입니다.

다루기 까다로워 제빵성은 떨어지나

섬유질과 비타민, 무기질이 풍부해

영양학적으로 우수한 재료입니다.

'건강에 좋은 것을 좀 더 맛있게 즐길 수 없을까?'

거칠거칠한 통밀식빵은 늘 도전과도 같은 숙제였습니다.

냉장 숙성으로 반죽에 힘을 주어

식감을 개선해 보기도 하고

배합을 이것저것 짜 맞춰 보기도 하며

다양한 시도 끝에 완성한 레시피입니다.

통밀가루는 백밀가루와 달리 입자가 거칩니다.

울퉁불퉁한 표면적을 수분이 골고루 감싸고

글루텐을 적절히 잡으면 부드러운 식빵이 완성됩니다.

단점이라면 반죽이 질어 다루기 어렵다는 점!

덧가루를 충분히 사용하고 만들어 보세요.

Ingredients

분량

통밀식빵 3개

반죽

통밀가루 400g

설탕 26g

버터 35g

소금 6g

인스턴트 드라이이스트 6g

분유 8g

물 140g

달걀 1개

우유 160g

- 버터는 실온에 두어 부드러운 상태로 사용합니다.
- 우유와 달걀은 반죽 시 냉장고에서 꺼낸 차가운 것을 사용합니다.
- 물은 여름에는 약 25~27도, 겨울에는 약 35~37도가 적당합니다.

소도구

저울

스크래퍼

볼이나 뚜껑이 있는 용기

큐브팬(10×10×9.5cm)과 뚜껑 3개

비닐

온도계

1 믹싱볼에 분량의 통밀가루, 설탕, 버터, 소금, 인스턴트 드라이이스트, 분유를 넣습니다.

• 통밀가루는 제조사에 따라 수분 함량에 차이가 있습니다. 레시피를 기준으로 물 양을 적절히 조절하세요.

2 다른 볼에 분량의 물, 우유, 달걀을 넣고 ①의 믹싱볼에 부어 저속으로 반죽기를 돌립니다. 날가루가 보이지 않으면 반죽기를 멈추고 중속으로 속도를 올려 다시 반죽합니다. 이때 구수한 풍미를 느낄 수 있습니다.

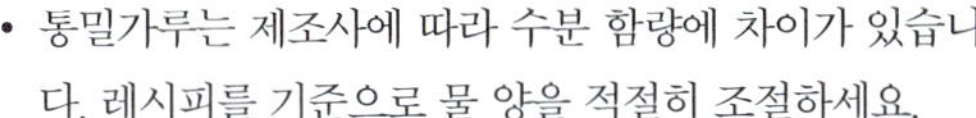

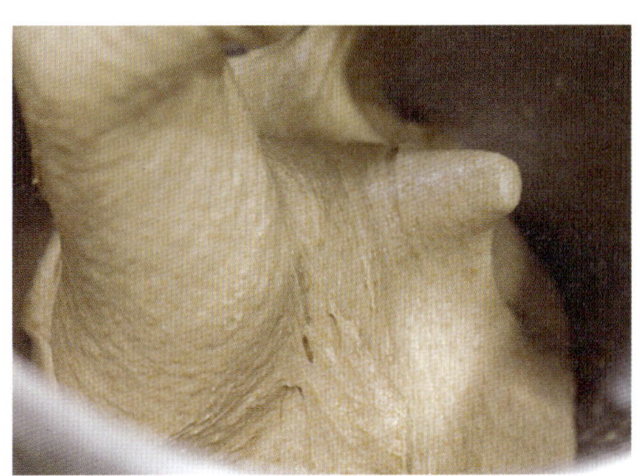

3 글루텐 90%로 반죽합니다. 들러붙은 반죽이 한 덩이가 되고 윤기가 난다 싶을 때 반죽기를 멈추면 됩니다.

• 애초 재료 배합 자체도 질고, 통밀가루의 글루텐 함량도 높지 않아 더욱 질다는 느낌이 들 것입니다. 반죽 시간도 다른 반죽에 비해 깁니다.

반죽이 상당히 질어 늘어뜨리면 금세 늘어납니다. 만질 때 손에 덧가루를 충분히 묻히고 다루세요.

반죽을 조금 떼어내 늘렸을 때 매끈하고 탄력이 있어야 합니다.

4 작업대의 덧가루를 걷어내고 동글리기 하여 표면을 매끈하게 정리합니다.

5 볼(용기)에 덧가루를 뿌리고 반죽을 넣은 후 다시 윗면에도 덧가루를 뿌려 들러붙지 않게 합니다. 그런 다음 표면이 마르지 않도록 비닐을 씌워 직사광선이 없는 실온에 그대로 둡니다(1차 발효).

6 반죽이 처음 부피의 2배로 부풀면 볼(용기)에서 꺼내 펀칭을 합니다. 이렇게 함으로써 반죽 속에 가스를 빼내고 힘 있는 반죽으로 만들 수 있습니다.

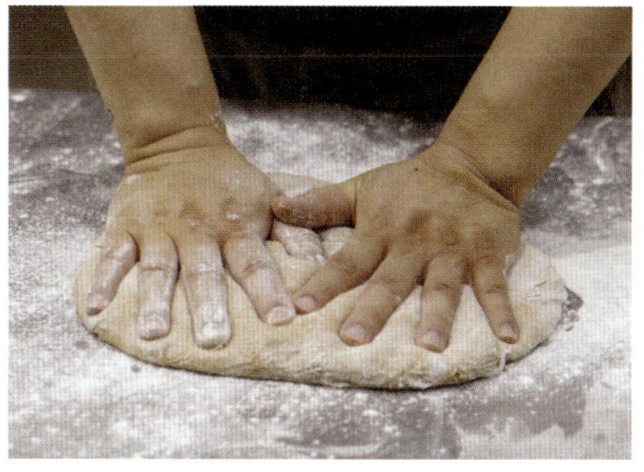

7 작업대에 덧가루를 뿌리고 반죽의 매끈한 면이 아래로 가도록 놓습니다. 그런 다음 손으로 눌러 가스를 뺍니다.

8 반죽을 위에서 중앙으로 1/3 접은 후 손으로 눌러 가스를 뺍니다.

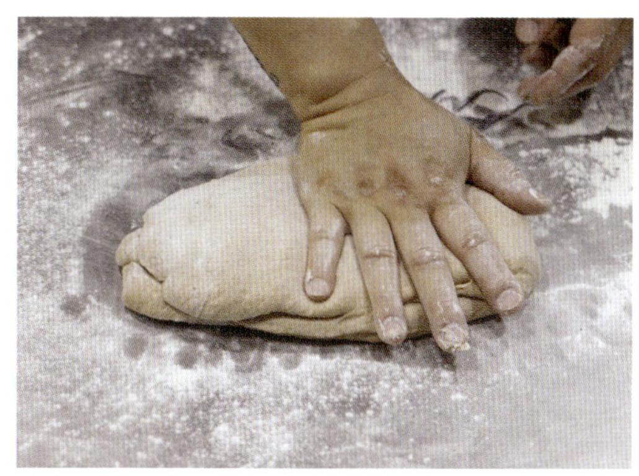

9 반죽을 아래에서 중앙으로 1/3 접은 후 손으로 눌러 가스를 뺍니다.

10 반으로 접어 가스를 뺍니다.

II 또 한 번 반으로 접고 동글리기를 합니다. 그런 다음 볼(용기)에 넣고 1차 발효를 계속 진행합니다.

I2 반죽이 처음 부피의 3~3.5배, 펀칭 후 부피의 2~2.5배로 부풀면 1차 발효가 완료된 것입니다. 발효 전후를 비교해 보세요.

13 작업대에 덧가루를 뿌리고 반죽의 매끈한 면이 위로 가도록 놓은 다음 스크래퍼를 이용하여 250g씩 분할합니다.

• 큐브팬의 뚜껑을 덮지 않고 굽고 싶을 경우 반죽을 280g으로 분할합니다.

14 작업대의 덧가루를 걷어내고 동글리기를 합니다.

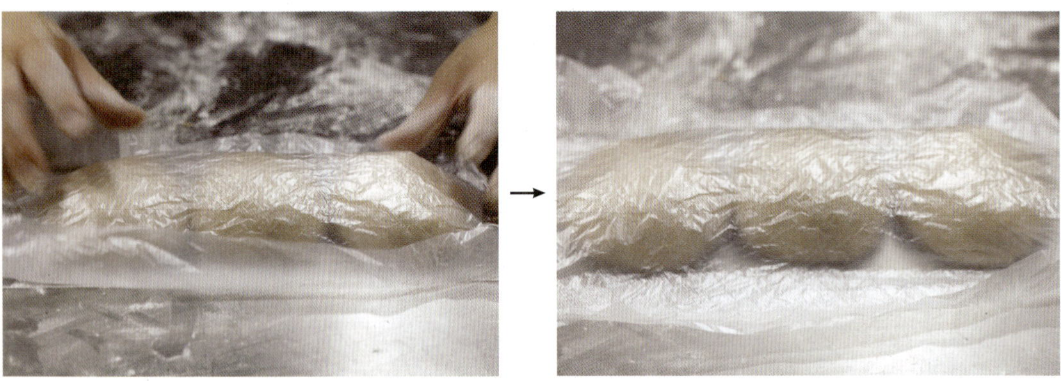

15 반죽이 마르지 않도록 비닐을 덮어 여름에는 10~15분, 겨울에는 20~25분 중간 휴지합니다.

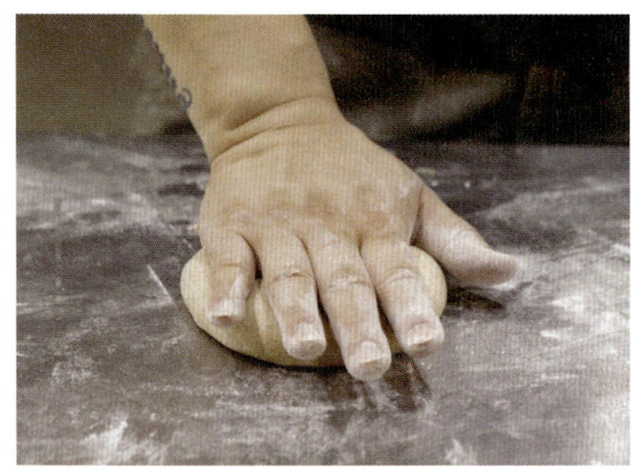

16 중간 휴지한 반죽은 매끈한 면이 위로 가도록 놓고 윗면에 덧가루를 뿌린 후 손으로 가볍게 눌러 가스를 뺍니다.

17 작업대의 덧가루를 걷어내고 다시 동글리기를 합니다.

18 2차 발효 및 굽는 과정 반죽이 터지지 않도록 뒷면을 꼬집어 줍니다.

19 성형한 반죽을 큐브팬에 넣고 밑면이 뜨지 않도록 가볍게 누릅니다.

20 이 상태로 반죽의 표면이 마르지 않도록 밀폐된 공간에서 2차 발효합니다. 발효 중간에 표면이 마르면 분무기로 가볍게 물을 뿌려 표면의 촉촉함을 유지합니다.

21 반죽의 가장 높은 부분이 팬 높이의 85%까지 올라오면 2차 발효가 완료된 것입니다. 뚜껑을 덮지 않고 구울 경우 반죽의 가장 높은 부분이 팬 높이보다 1cm까지 올라오면 발효가 완료된 것입니다.

22 180도 예열한 오븐에서 30~32분 정도 굽습니다. 뚜껑을 살짝 열어 보았을 때 윗면이 전체적으로 황금색이 나면 적당합니다.

23 구워낸 식빵은 20~30cm 높이에서 떨어뜨려 가스를 뺀 후 뚜껑을 열어 바로 팬에서 꺼내주세요. 그런 다음 식힘
망에서 완전히 식으면 밀봉 포장합니다.

2차 발효는 언제 가장 적당할까요?

"풀면 식빵만 봐도 만든 사람의 내공을 알 수 있다"는 말이 있습니다.

식빵 중에 난이도가 높은 것이

뚜껑을 닫고 굽는 풀면 식빵(큐브 식빵 포함)입니다.

반죽이 어디까지 부풀지를 정확히 예측할 수 있어야

제대로 된 결과물을 낼 수 있으니 여간 까다로운 빵이 아닙니다.

실험은 글루텐 90%로 잡은 통밀식빵 반죽입니다.

2차 발효 정도에 따라 결과물이 어떻게 변화하는지 알아보겠습니다.

2차 발효의 정도에 따라 달라지는 결과물① 반죽

발효 부족 팬 높이의 70%까지 2차 발효

발효 적당 팬 높이의 85%까지 2차 발효

발효 과잉 팬 높이의 90%까지 2차 발효

2차 발효의 정도에 따라 달라지는 결과물② 완성 빵

발효 부족 상태의 큐브 식빵
윗면이 팬 면적보다 많이 부족합니다.
발효 부족으로 식감이 퍽퍽하고 보기에도 허술해 보입니다.

적당한 발효 상태의 큐브 식빵
빵 모서리가 각 지지 않고 부드럽게 둥근 사각형입니다.
잘 만든 큐브 식빵의 전형입니다.

발효 과잉 상태의 큐브 식빵
팬에 반죽이 여유 공간 없이 꽉 들어 찼습니다.
뚜껑을 닫고 굽는 식빵은 뚜껑을 열고 구운 것과 달리
반죽이 도망갈 공간이 없지요.
팬 구석구석 파고들어 날이 선 모서리가 나옵니다.
가장자리가 떡지게 됩니다.
보통 이렇게 날 선 풀먼 식빵이나 큐브 식빵을
잘 만든 빵으로 알고 있는데,
실제로 발효가 과한 상태라는 것을 꼭 숙지하세요!

왼쪽부터 발효 부족, 발효 적당, 발효 과잉 반죽의 결과물

완벽한 발효 타이밍으로 잘 만든 큐브 식빵

치아바타

CIABATTA

이스트의 날숨이 만든

안도의 빵

가만히 보고 만지고 느끼고

조심스럽게 먹습니다

BAKINGPAPA
무반죽 치아바타

이스트의

날숨이 만든

편안한 빵

모차르트는 '음악은 음표에 존재하는 것이 아니라
음표와 음표 사이에 있는 것'이라고 했습니다.
빵 만드는 제게 진심으로 와닿는 말입니다.
보이지 않는 것이 보이는 것을 의미 있게 만들어준다는 뜻으로 들렸습니다.
반죽을 하지 않아야 완성이 되는
무반죽치아바타에 잘 어울리는 말이기도 합니다.
이스트의 날숨이 만든 속 편한 빵입니다.

Ingredients

분량

치아바타 4개

반죽

t65 490g

소금 8g

인스턴트 드라이이스트 3g

물 420g

• 물은 여름에는 약 18~20도, 겨울에는 약 22~25도가 적당합니다.
• t65 대신 일반 강력분을 사용해도 됩니다.

소도구

저울

스크래퍼

볼이나 뚜껑이 있는 용기

나무 패널

캔버스 천

실리콘 페이퍼

온도계

I 용기에 분량의 밀가루, 소금, 인스턴트 드라이이스트를 넣습니다.

• 뚜껑이 있는 플라스틱 용기는 치아바타나 바게트처럼 진 반죽을 만들 때 유용합니다.

2 분량의 물을 넣습니다.

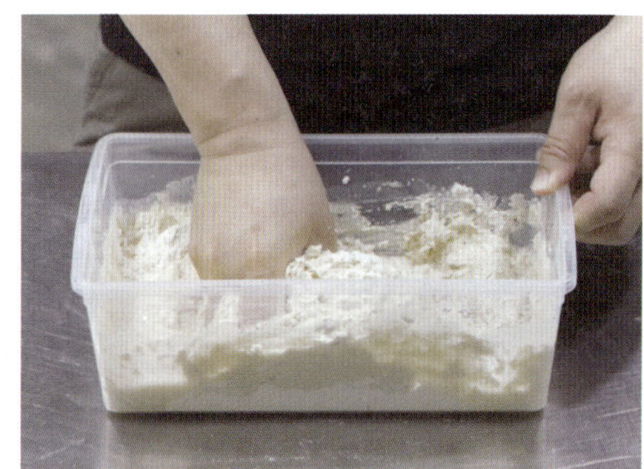

3 손으로 조물조물 섞습니다.

4 날가루가 보이지 않으면 완성입니다.

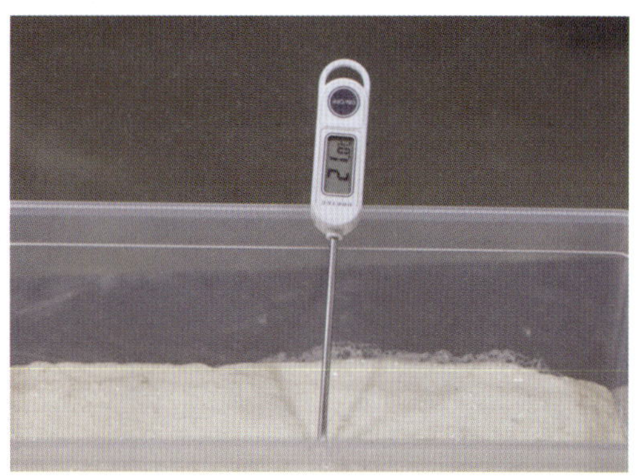

반죽의 온도는 21~24도가 적당합니다. 이 상태로 1시간 정도 둡니다.

● 1시간이 지나면 반죽의 부피가 1.5배 정도로 부풀어 오릅니다. 눈에 확 띌 정도는 아니지요. 그러면 '폴딩'을 합니다. 폴딩 (folding)은 말 그대로 접어주는 동작입니다. 이렇게 반죽이 질 경우에는 식빵 반죽처럼 펀칭(punching)을 하긴 어렵습니다. 버터가 들어가지 않은 힘없는 반죽은 손으로 누르면 떡이 되기 십상이죠. 그래서 폴딩을 합니다. 보통 반죽의 겉과 속의 온도차가 3도 정도인데, 접는 과정을 통해 온도를 균일하게 할 수 있습니다. 또 접는 과정에서 이스트 활동으로 모인 이산화탄소를 빼내고 다시 채워 글루텐 구조를 단단하게 할 수 있지요. 이것이 무반죽법의 핵심입니다.

5 손에 물을 묻혀 반죽이 들러붙지 않게 합니다.

6 ⑤의 반죽을 두 손으로 한 움큼 쥐고 전체의 1/3만큼 접습니다.

7 용기의 방향을 180도 회전시켜 접히지 않은 반죽이 위로 가게 합니다. 그런 다음 다시 위쪽의 반죽을 두 손으로 한 움큼 쥐고 전체의 1/3만큼 접습니다.

8 용기를 90도 회전합니다. 반죽의 가운데 부분을 들었다 놓으면서 동그랗게 모읍니다. 같은 방법으로 한 번 더 반복합니다.

9 반죽이 처음보다 매끈해졌습니다. 이 상태로 뚜껑을 덮고 1시간 정도 둡니다.

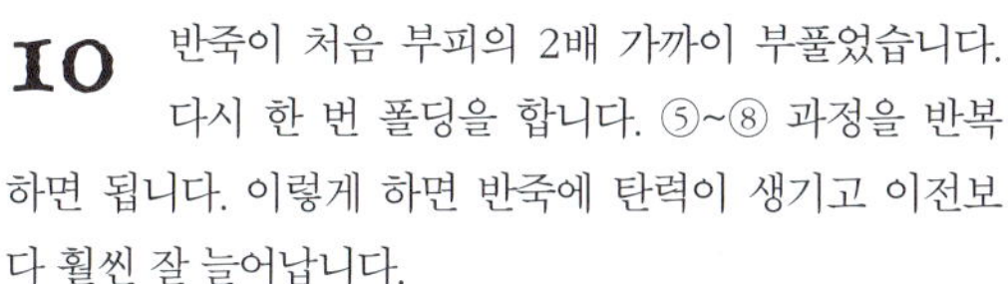

10 반죽이 처음 부피의 2배 가까이 부풀었습니다. 다시 한 번 폴딩을 합니다. ⑤~⑧ 과정을 반복하면 됩니다. 이렇게 하면 반죽에 탄력이 생기고 이전보다 훨씬 잘 늘어납니다.

● 지금까지 폴딩을 2회 했습니다. 강력분을 사용하여 무반죽 치아바타를 만들 경우 여기서 폴딩을 멈추어도 됩니다. 이 레시피에서 사용한 밀가루는 프랑스산 t65입니다. 강력분보다 글루텐 함량이 낮아 잘 끊어지는 반죽이니 폴딩을 한 번 더 하는 게 좋습니다. 뚜껑을 덮고 1시간 정도 그대로 둡니다.

11 반죽이 처음 부피의 2.5배 정도로 부풀었습니다.
마지막 폴딩을 합니다. ⑤~⑧ 과정을 반복하면
됩니다.

12 반죽의 늘어짐이 처음과는 판이하게 달라졌습
니다. 뚜껑을 덮고 계속 발효를 진행합니다.

13 반죽이 처음 부피의 3~3.5배로 부풀면 1차 발효
가 완료된 것입니다.

14 작업대에 덧가루를 충분히 뿌립니다.

15 반죽 위에도 덧가루를 뿌립니다.

• 수분 함량 85% 되는 진 반죽이므로 덧가루를 충분히
사용해야 손에 들러붙지 않습니다.

16 스크래퍼를 이용하여 용기의 가장자리를 긁습니다.

17 용기를 뒤집어 반죽을 꺼냅니다.

18 반죽의 윗면에도 덧가루를 뿌립니다.

19 스크래퍼를 이용하여 퍼진 반죽을 모읍니다.

20 스크래퍼를 이용하여 반죽을 4덩이로 분할합니다.

21 분할한 반죽을 캔버스 천으로 옮기며 여분의 덧가루를 털어냅니다.

22 양손가락으로 반죽을 눌러 두께를 일정하게 하고 가스를 골고루 뺍니다.

23 반죽이 옆으로 퍼지지 않도록 캔버스 천을 접어 두툼한 경계선을 만듭니다.

24 반죽이 마르지 않도록 천으로 잘 덮어 2차 발효를 합니다.

25 손으로 누른 자국이 없어지고 반죽이 2배 정도
부풀면 2차 발효가 완료된 것입니다.

- 반죽 표면에 덧가루를 골고루 뿌려 옮기는 도중 들러
  붙어서 망치는 일이 없도록 합니다. 나무 패널(없으면
  종이 상자를 적당한 크기로 잘라 준비)을 이용하여 반
  죽을 실리콘 페이퍼를 깐 나무 패널로 옮깁니다.

26 230도 예열한 오븐에 10~15분 정도 굽습니다.
표면이 갈색이 나면 적당합니다.

- 반죽을 오븐에 넣을 때는 나무 패널을 오븐 끝까지 넣
  은 후 살짝 기울여 실리콘 페이퍼가 미끄러지게 합니
  다. 그러면 오븐 바닥에 실리콘 페이퍼와 치아바타 반
  죽만 남습니다.

구워낸 빵은 완전히 식은 다음 종이 포장해 주세요. 하드 계열 빵은 이렇게 해야 겉면의 파삭함이 오래갑니다.

● 무쇠솥에 굽기

1 센 불에 무쇠솥과 뚜껑을 달굽니다.

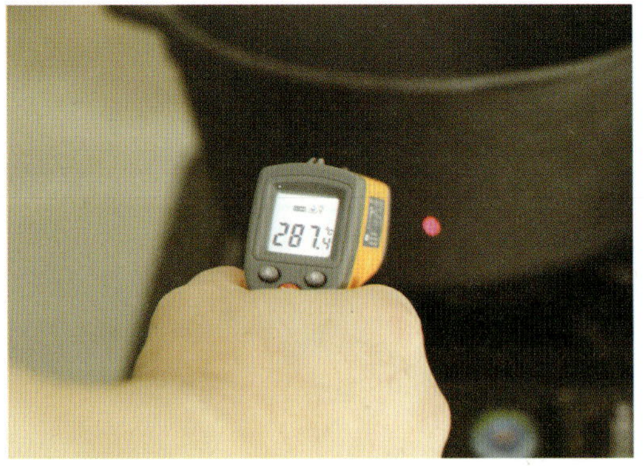

2 25~30분 달구면 280~330도 정도로 온도가 올라 갑니다. 무쇠솥은 천천히 달궈지고 온도가 오래 유지되어 하드 계열 빵을 구울 때 유용합니다. 전기 오븐보다 수분 손실이 적어 완성한 빵의 속살이 촉촉하다는 것도 장점입니다.

3 반죽을 실리콘 페이퍼나 종이 포일 위에 올린 후 달군 무쇠솥에 넣습니다. 이때 굉장히 뜨겁고 무거우니 조심해야 합니다.

4 뚜껑을 덮고 15~20분 정도 그대로 둡니다. 이렇게 무쇠솥의 열기로만 빵을 굽습니다.

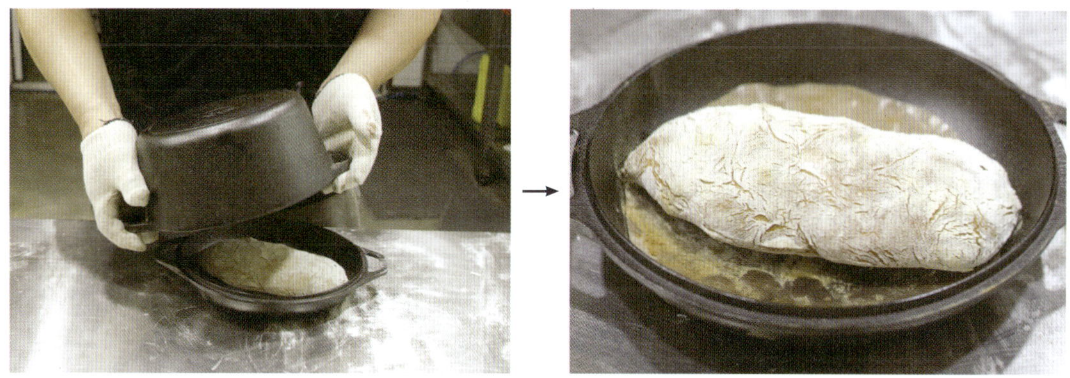

5 직화가 아니라서 색이 진하지 않습니다. 은은한 갈색이 나면 완성입니다.

● 돌가마에 굽기

1 가마 입구에 참나무 장작을 넣고 토치로 장작에 불을 붙입니다.

빵이 순식간에 익을 듯한 화력입니다. 하지만 지금은 때가 아닙니다. 장작이 타올랐다가 꺼져 숯이 될 즈음 반죽을 넣어야 합니다.

2 참나무 장작이 숯이 될 즈음 끌개를 이용하여 숯을
가마 뒤쪽으로 밀어 넣습니다.

3 그런 다음 발효가 끝난 반죽을 넣습니다.

불과 3분 만에 빵이 한껏 부풀어 오릅니다.

10분 내외로 빵을 완성했습니다.

돌가마에 구운 치아바타는 색이 화력만큼 강렬합니다. 수업 시간 돌가마 치아바타 시연과 시식을 하는데 많은 분들이 '이제껏 먹어본 치아바타 중 최고의 맛'이라고 합니다. 은은하게 내뿜는 참나무 숯의 훈연 향이 풍미를 더합니다. 이렇게 강력한 화력으로 짧게 구우면 수분 손실이 적어 속은 촉촉하고 겉은 파삭한 빵이 됩니다.

왼쪽부터 무쇠솥에 구운 치아바타, 전기오븐에 구운 치아바타, 돌가마에 구운 치아바타

BAKINGPAPA
비가치아바타

쫀득함과 풍미가 돋보인다

'비가(biga)'는 주로 파스타 용 밀가루를 생산하는 이탈리아에서 글루텐 함량이 낮은 밀가루에

탄성을 높이기 위해 사용한 전 반죽을 말합니다. 중국에서 쫀득함과 찰기를 주기 위해

사용한 탕종과 비슷하죠. 비가는 밀가루와 물의 비율이 100:50~65입니다. 상당히 되직한 반죽입니다.

이렇게 반죽이 되직하면 글루텐 형성이 더디게 되지요.

반대로 진 반죽을 전 반죽으로 사용하기도 합니다. 폴리시(polish)라고 하지요.

비가를 사용하든, 폴리시를 사용하든 빵의 풍미 개선, 산화 방지, 글루텐 형성을 돕는 것은 공통적입니다.

볼륨감은 비가로 만든 빵이 더 좋고, 빵 내부의 기공은 폴리시로 만든 빵이 조금 더 좋습니다.

믹싱으로 글루텐을 잡고 전 반죽 비가를 이용한 치아바타입니다.

앞서 소개한 무반죽치아바타와 안팎이 모두 다릅니다. 유심히 관찰해 보세요.

Ingredients

분량

비가치아바타 4개

비가

강력분 180g

인스턴트 드라이이스트 1g

물 110g

- 물은 여름에는 약 18~20도, 겨울에는 약 25도가 적당합니다.

반죽

t65 500g

소금 7g

인스턴트 드라이이스트 3g

비가 200g

물 430g

- 물은 여름에는 약 15~18도, 겨울에는 약 22~25도가 적당합니다.

소도구

저울

스크래퍼

볼이나 뚜껑이 있는 용기

나무 패널

캔버스 천

실리콘 페이퍼

비닐

온도계

1 비가를 만듭니다. 볼에 분량의 강력분, 인스턴트 드라이이스트, 물을 넣고 날가루가 보이지 않을 정도로 손으로 섞습니다. 그런 다음 표면이 마르지 않도록 비닐을 씌워 실온에서 12~15시간 정도 두고 반죽이 처음 부피의 3~4배로 부풀면 사용합니다.

2 믹싱볼에 분량의 t65, 소금, 인스턴트 드라이이스트, 비가를 넣고 물은 따로 볼에 담습니다.

3 ②의 믹싱볼에 물을 붓고 저속으로 반죽기를 돌립니다. 날가루가 보이지 않으면 반죽기를 멈추고 중속으로 속도를 올려 다시 반죽합니다.

4 글루텐 90%로 반죽합니다. 반죽이 한 덩이가 되고 윤기가 난다 싶을 때 반죽기를 멈추면 됩니다. 이때 반죽의 온도는 21~24도가 적당합니다.

반죽이 무척 진 상태입니다.

5 용기에 덧가루를 뿌리고 반죽을 넣어 1차 발효를 합니다.

6 반죽이 처음 부피의 2배로 부풀면 폴딩을 합니다.

7 반죽을 두 손으로 한 움큼 쥐고 위에서 아래로 1/3만큼 접습니다.

8 용기를 180도 회전하여 다시 위에서 아래로 1/3만큼 접습니다.

9 용기를 90도 회전하여 반죽의 가운데 부분을 들었다 놓으면서 동그랗게 모으는 동작을 2회 반복합니다.

폴딩을 완료했습니다.

IO 반죽이 처음 부피의 3배로 부풀면 1차 발효가 완료된 것입니다.

II 작업대와 반죽 위에 덧가루를 뿌리고, 스크래퍼를 이용하여 용기의 가장자리를 긁습니다.

I2 작업대에 용기를 뒤집어 반죽을 꺼냅니다. 반죽의 윗면에도 덧가루를 뿌려주세요.

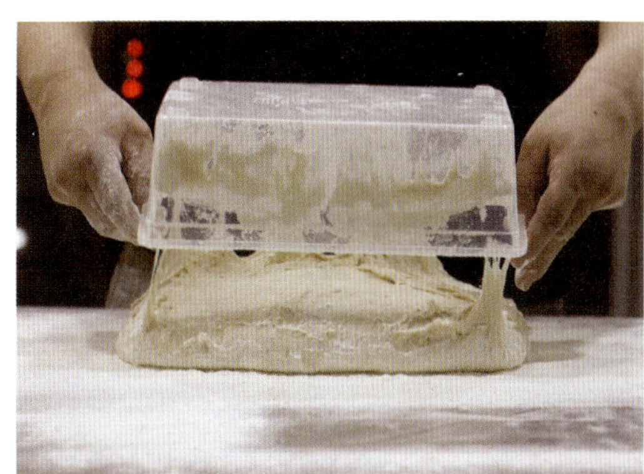

I3 스크래퍼를 이용하여 동서남북으로 퍼진 반죽을 가운데로 모읍니다.

14 스크래퍼를 이용하여 반죽을 4덩이로 분할합니다.

15 분할한 반죽을 캔버스 천으로 옮기면서 여분의 덧가루를 털어냅니다. 반죽이 옆으로 퍼지지 않도록 캔버스 천을 접어 두툼한 경계선을 만듭니다.

16 양손가락으로 가볍게 눌러 두께를 일정하게 하고 가스를 뺍니다. 그런 다음 반죽이 마르지 않도록 천으로 잘 덮어 2차 발효를 합니다.

17 반죽이 처음 부피의 2배로 부풀면 2차 발효가 완료된 것입니다. 반죽 표면에 덧가루를 고루 뿌려서 옮기는 도중 들러붙어 망치는 일이 없도록 합니다.

18 나무 패널(없으면 종이 박스를 적당한 크기로 잘라 준비)을 이용하여 반죽을 실리콘 페이퍼를 간 나무 패널로 옮깁니다.

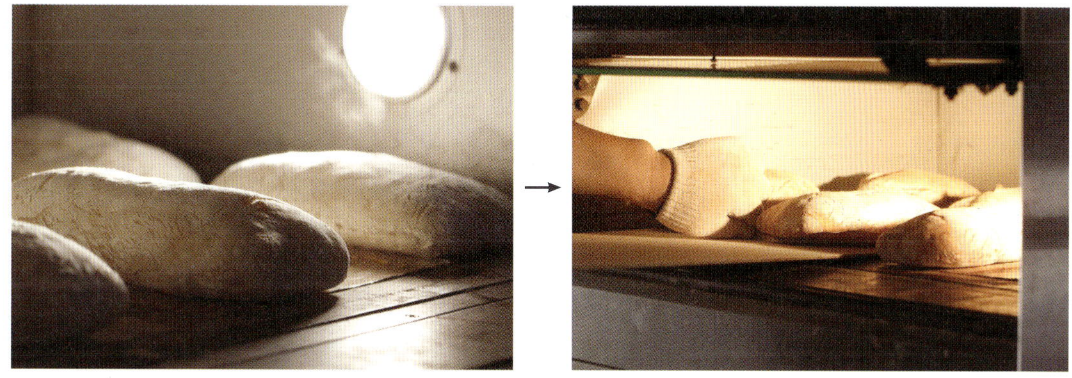

19 230도 예열한 오븐에서 10~12분 정도 굽습니다. 표면의 덧가루 색이 갈색이 나면 적당합니다. 이렇게 오일이 들어가지 않아 딱딱한 하드크러스트 치아바타는 완전히 식은 후 종이 포장해야 눅눅해지지 않습니다.

• 치아바타나 바게트는 완성 후 5시간 내 먹는 것이 정석입니다. 아무리 전 반죽을 넣어도 맛 보존에는 한계가 있습니다.

화이트치아바타

담백한 맛에 중독

특별하지도 않은데 자꾸 눈길 가는 것이 있습니다.

마치 숨을 쉬듯 자연스럽게 스며드는

수수하고 담백한 것들인데요.

빵으로 말하면 화이트치아바타가 그런 느낌입니다.

계속 집어먹게 됩니다.

폴딩 과정에 부재료를 추가해 먹는 재미를 줬습니다.

샌드위치를 만들거나 브런치에 곁들일

식전 빵으로 아주 좋습니다.

Ingredients

분량

화이트 치아바타 4개

반죽

강력분 500g

소금 7g

인스턴트 드라이이스트 7g

물 365g

올리브오일 100g

부재료

할라피뇨 50g

슬라이스 블랙 올리브 100g

- 물은 여름에는 약 15~18도, 겨울에는 약 22~25도가 적당합니다.

소도구

저울

스크래퍼

볼이나 뚜껑이 있는 용기

나무 패널

캔버스 천

실리콘 페이퍼

온도계

1 믹싱볼에 분량의 강력분, 소금, 인스턴트 드라이이스트를 넣습니다.

2 다른 볼에 분량의 오일과 물을 넣고 ①의 믹싱볼에 부어 저속으로 반죽기를 돌립니다. 날가루가 보이지 않으면 반죽기를 멈추고 중속으로 속도를 올려 다시 반죽합니다.

3 글루텐 80%로 반죽합니다. 반죽이 한 덩이가 되고 점성이 생기면 반죽기를 멈춥니다. 올리브오일의 함량이 높아 글루텐 80%임에도 표면이 다소 거칩니다. 반죽 온도는 21~24도가 적당합니다.

반죽이 기본식빵 반죽보다 훨씬 질고 다른 치아바타 류의 반죽보다 되직합니다.

4 용기에 덧가루를 뿌리고 반죽을 넣어 1차 발효를 합니다.

5 반죽이 처음 부피의 1.5배로 부풀면 작업대에 덧가루를 뿌리고 반죽을 붓습니다. 반죽 표면에도 적당히 덧가루를 뿌리고 손으로 가볍게 눌러 가스를 뺍니다.

6 반죽 위에 올리브와 할라피뇨를 올리고 반으로 접습니다. 그런 다음 표면을 가볍게 눌러 평평하게 만듭니다.

7 올리브와 할라피뇨를 다시 올리고 반으로 접습니다.

8 손으로 눌러 평평하게 만듭니다.

9 다시 올리브와 할라피뇨를 올립니다.

10 반으로 접습니다.

11 반죽을 용기에 넣고 계속 발효를 진행합니다.

12 반죽이 처음 부피 3배로 부풀면 1차 발효가 완료된 것입니다.

13 작업대와 반죽 위에 덧가루를 뿌리고 스크래퍼를 이용하여 용기의 가장자리를 긁습니다.

14 용기를 뒤집어 반죽을 꺼내고, 반죽의 윗면에도 덧가루를 뿌립니다.

15 반죽을 양손바닥으로 지그시 눌러 가스를 빼고 가로 30cm, 세로 20cm 사각형으로 만듭니다.

16 스크래퍼를 이용하여 반죽을 4덩이로 분할합니다.

17 분할한 반죽을 그대로 캔버스 천에 올립니다. 반죽이 옆으로 퍼지지 않도록 캔버스 천을 접어 두툼한 경계선을 만듭니다.

18 반죽이 마르지 않도록 천으로 잘 덮어 2차 발효를 합니다.

19 반죽이 처음 부피의 2배로 부풀면 2차 발효가
완료된 것입니다. 반죽 표면에 덧가루를 골고루
뿌려 옮기는 도중 들러붙어 망치는 일이 없도록 합니다.

20 나무 패널(없으면 종이 박스를 적당한 크기로 잘라 준비)을 이용하여 반죽을 실리콘 페이퍼를 깐 나무 패널로
옮깁니다.

21 230도 예열한 오븐에서 10~12분 정도 굽습니다. 표면의 덧가루 색이 살짝 갈색이 나면 적당합니다. 오일이 들
어가 말랑한 소프트치아바타는 완전히 식은 후 밀봉 포장해야 촉촉함이 오래갑니다.

블랙치아바타

쫀득한 빵에 어울리는 오징어먹물의 감칠맛

블랙치아바타

치아바타는 하드크러스트 치아바타와 소프트 치아바타 두 종류입니다.

국내에선 압도적으로 소프트 치아바타가 인기죠.

겉과 속이 말랑말랑한 치아바타를 만드는 일은 아주 간단합니다.

기존 치아바타 레시피에 오일을 추가하면 됩니다.

소프트 치아바타에 오징어먹물을 넣어 조리빵처럼 만들었습니다.

오징어먹물의 감칠맛이 치아바타의 쫀득함과 어우러져

많이들 좋아하는 인기 아이템입니다.

Ingredients

분량

블랙치아바타 4개

반죽

강력분 500g

소금 4g

인스턴트 드라이이스트 7g

물 425g

오징어먹물 20g

올리브오일 25g

부재료

흰색 치즈 75g

노란색 치즈 75g

- 물은 여름에는 약 15~18도, 겨울에는 약 22~25도가 적당합니다.
- 치즈의 종류는 취향에 따라 자유롭게 선택하세요.

소도구

저울

스크래퍼

볼이나 뚜껑이 있는 용기

나무 패널

캔버스 천

실리콘 페이퍼

온도계

1 믹싱볼에 분량의 강력분, 소금, 인스턴트 드라이이스트를 넣습니다.

2 다른 볼에 분량의 물, 오징어먹물, 오일을 넣고 ①의 믹싱볼에 부어 저속으로 반죽기를 돌립니다. 날가루가 보이지 않으면 반죽기를 멈추고 중속으로 속도를 올려 다시 반죽합니다.

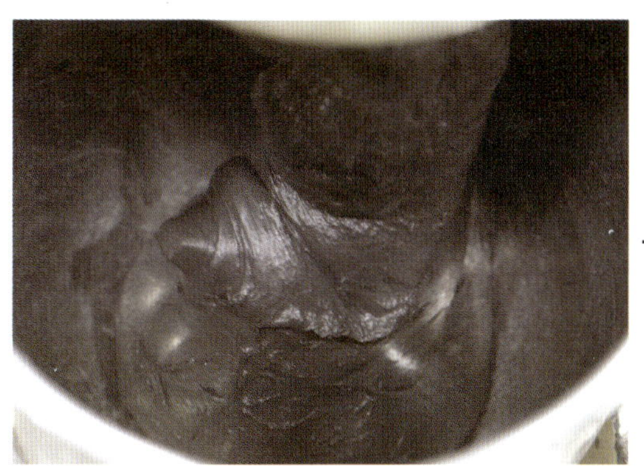

3 글루텐 90%로 반죽합니다. 반죽이 한 덩이가 되고 탄력이 있으며 윤기가 흐르기 시작하면 반죽기를 멈춥니다. 반죽의 온도는 21~24도가 적당합니다.

반죽의 질기가 기본식빵 반죽보다 훨씬 질지만, 덧가루를 사용하면 큰 무리 없이 다룰 수 있습니다.

4 용기에 덧가루를 뿌리고 반죽을 넣어 1차 발효를 합니다.

5 반죽이 처음 부피의 1.5배로 부풀면 작업대에 덧가루를 뿌리고 반죽을 붓습니다. 반죽 표면에도 덧가루를 적당히 뿌리고 손으로 가볍게 눌러 가스를 뺍니다.

6 준비한 치즈를 깍둑 썬 다음 1/3을 반죽 위에 올리고 반으로 접습니다.

그런 다음 손으로 표면을 가볍게 눌러 평평하게 합니다.

또 한 번 깍둑 썬 치즈의 1/3을 올리고 반으로 접습니다.

손으로 가볍게 눌러 평평하게 합니다.

남은 치즈를 모두 올려 반으로 접습니다.

7 용기에 넣고 발효를 계속 진행합니다.

8 반죽이 처음 부피의 3배로 부풀면 1차 발효가 완료된 것입니다.

9 작업대와 반죽 위에 덧가루를 뿌리고 스크래퍼를 이용하여 용기의 가장자리를 긁습니다.

10 용기를 뒤집어 반죽을 꺼내고, 반죽의 윗면에도 덧가루를 뿌립니다.

11 반죽을 양손바닥으로 지그시 눌러 가스를 빼고 가로 30cm, 세로 20cm 사각형으로 만듭니다.

12 스크래퍼를 이용하여 반죽을 4덩이로 분할합니다.

13 분할한 반죽을 그대로 캔버스 천에 올립니다. 반죽이 옆으로 퍼지지 않도록 캔버스 천을 접어 두툼한 경계선을 만듭니다.

14 반죽이 마르지 않도록 천으로 잘 덮어 2차 발효를 합니다.

15 반죽이 처음 부피의 2배로 부풀면 2차 발효가 완료된 것입니다. 반죽 표면에 덧가루를 골고루 뿌려 옮기는 도중 들러붙어 망치는 일이 없도록 합니다.

16 나무 패널(없으면 종이 박스를 적당한 크기로 잘라 준비)을 이용하여 반죽을 실리콘 페이퍼를 깐 나무 패널로 옮깁니다.

17 230도 예열한 오븐에서 12~15분 정도 굽습니다. 표면의 덧가루 색이 갈색빛이 나면 적당합니다. 오일이 들어가 말랑한 소프트 치아바타는 완전히 식은 후 밀봉 포장해야 촉촉함이 오래갑니다.

BAKINGPAPA

화이트치즈롤

뽀송한 감촉과

순백의 색감으로

'힐링 베이킹'

베이킹으로 힐링을 한다고들 말합니다.

외로울 때, 힘들 때, 쓸쓸할 때

계량하고, 반죽하고, 봉긋하게 구워지는 빵을 보며 행복을 느낀다고요.

무한정 말랑말랑하고 뽀송한 감촉을 원할 때 추천하는

새하얀 치즈롤입니다.

슬라이스 치즈 대신 롤치즈를 넣어도 되고

취향에 따라 견과류를 넣거나

건포도, 말린 크랜베리 등 다양한 재료를 첨가해 응용할 수 있습니다.

우유가 들어가지 않았는데도 우유 맛을 느낄 수 있습니다.

아마도 뽀얀 색이 연상 작용을 일으켜

뇌로 하여금 착각을 불러일으키게 만드는 것 같습니다.

뽀송한 감촉과 순백의 색감, 중독성 있는 맛 때문에

자꾸 손이 가는 빵입니다.

Ingredients

분량

화이트치즈롤 19개

반죽

강력분 350g

설탕 20g

버터 35g

소금 5g

인스턴트 드라이이스트 5g

물 165g

달걀 2개

슬라이스 치즈 5장

- 버터는 실온에 두어 부드러운 상태로 사용합니다.
- 달걀은 반죽 시 냉장고에서 꺼낸 차가운 것을 사용합니다.
- 물은 여름에는 약 25도, 겨울에는 약 33~35도가 적당합니다.
- 슬라이스 치즈는 실온에 두어 부드러운 상태로 사용합니다.

소도구

저울

스크래퍼

볼이나 뚜껑이 있는 용기

오븐팬

비닐

온도계

1 믹싱볼에 분량의 강력분, 설탕, 버터, 소금, 인스턴트 드라이이스트를 넣습니다.

2 다른 볼에 분량의 물, 달걀을 넣고 ①의 믹싱볼에 부어 저속으로 반죽기를 돌립니다. 날가루가 보이지 않으면 반죽기를 멈추고 중속으로 속도를 올려 다시 반죽합니다.

3 글루텐 90%로 반죽을 합니다. 반죽이 전체적으로 매끈하고 윤기가 나기 시작하면 반죽기를 멈추면 됩니다.

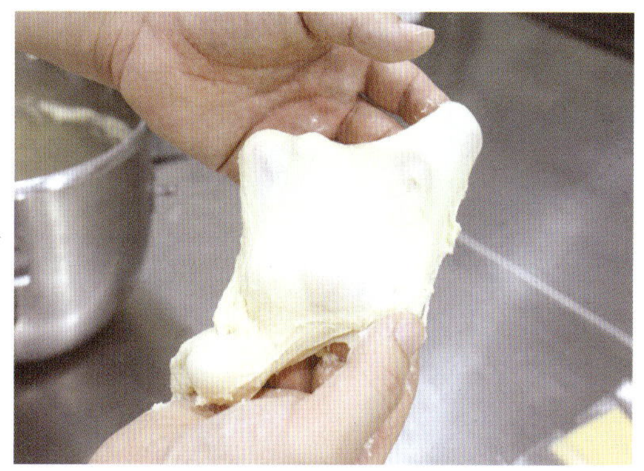

반죽을 조금 떼어내 늘렸을 때 얇고 탄력 있게 늘어나면 적당합니다.

4 작업대에 반죽을 붓고, 그 위에 슬라이스 치즈 분량
의 1/2을 올립니다.

5 스크래퍼를 이용하여 자르고 가운데로 모읍니다.
동서남북 각 방향으로 한 번씩 모아주면 됩니다.

6 남은 슬라이스 치즈를 반죽 위에 올리고, 스크래퍼를 이용하여 같은 방법으로 자르고 모읍니다. 이렇게 2~3회 반복하면 재료가 골고루 잘 섞입니다.

7 이때 반죽은 기본식빵 반죽보다 다소 진 상태입니다.

8 작업대의 덧가루를 걷어낸 후 동글리기 하여 표면을 매끈하게 정리합니다.

9 볼(용기)에 덧가루를 뿌리고 반죽을 넣은 후 다시 윗면에도 덧가루를 뿌려 들러붙지 않게 합니다. 그런 다음 표면이 마르지 않도록 비닐을 씌워 직사광선이 없는 실온에 둡니다(1차 발효).

10 반죽이 처음 부피의 2배로 부풀면 볼(용기)에서 꺼내어 펀칭을 합니다.

11 작업대에 덧가루를 뿌리고 반죽의 매끈한 면이 아래로 가도록 놓은 후 양손으로 눌러 가스를 뺍니다.

12 이번에는 반죽을 위에서 아래로 1/3 접은 후 손으로 눌러 가스를 뺍니다.

13 다시 아래에서 위로 1/3 접은 후 손으로 눌러 가스를 뺍니다.

14 옆으로 반 접은 후 손으로 눌러 가스를 뺍니다.

 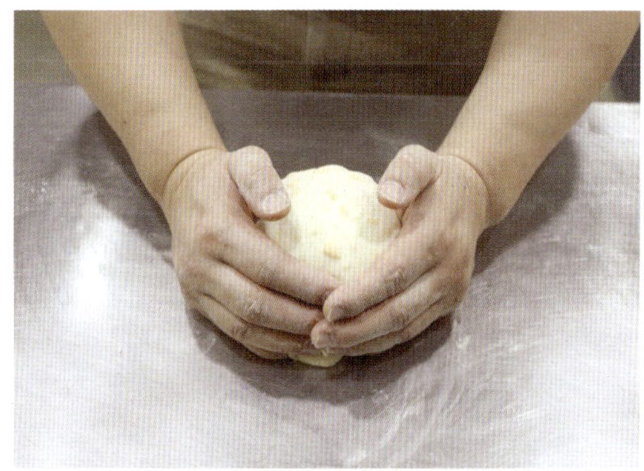

15 다시 반으로 접고 작업대의 덧가루를 걷어낸 후 동글리기를 합니다. 펀칭을 마친 반죽은 볼(용기)에 넣어 1차 발효를 계속 진행합니다.

16 반죽이 처음 부피 3~3.5배, 펀칭 후 부피의 2~2.5배로 부풀면 1차 발효가 완료된 것입니다. 발효 전후를 비교해 보세요.

17 작업대에 덧가루를 뿌리고 반죽의 매끈한 면이 위로 가도록 놓은 후 스크래퍼로 40g씩 분할하여 동글리기를 합니다.

18 보통 동그랗게 성형한 빵은 동글리기 후 바로 오븐팬에 올리지만, 치즈가 들어있는 이런 반죽의 경우 보다 견고하게 모양을 잡기 위해 다시 한 번 동글리기를 합니다.

19 그런 다음 이음매 부분을 꼬집어 잘 여밉니다.

20 성형한 반죽을 오븐팬에 일정한 간격으로 놓습니다.

21 이 상태로 밀폐된 공간에서 2차 발효합니다. 발효 중간에 표면이 마르면 분무기로 가볍게 물을 뿌려 촉촉함을 유지합니다.

22 반죽이 처음 부피 2.5배로 부풀면 2차 발효가 완료된 것입니다.

23 140도 예열한 오븐에 12분 정도 굽습니다. 전체적으로 오븐스프링이 올라오고 빵 겉면에 색이 나지 않도록 잘 지켜보면서 구우세요.

24 구워낸 빵은 팬째로 20~30cm 높이에서 아래로 떨어뜨려 가스를 뺍니다.

25 하얗게 구운 데다 치즈가 들어있어 뜨거울 때 만지면 모양이 망가지기 쉬우니 되도록 손대지 않는 것이 좋습니다. 오븐팬 그대로 식혀 밀봉 포장하세요.

BAKINGPAPA
블랙치즈롤

정성 가득 맛 최고!

힘들어도 자꾸 만들게 되지요

만들어서 재미있는 빵과 실제로 사람들이 좋아하는 빵은
조금 다른 것 같습니다.

치즈롤은 남녀노소 누구나 좋아하지만
만드는 사람 입장에선 분할량이 작아
무척 성가신 빵이지요.
집에서 베이킹을 할 때 식빵이 단연 인기 있는 이유는
한 번에 구울 수 있다는 점이 가장 큽니다.
만들기 쉬운 호떡이 길거리 대표 음식이 된 것도
비슷한 이유일 겁니다.
손 많이 가는 빵은 대중성이 떨어집니다.
그럼에도 불구하고 단과자의 감칠맛을 놓치긴 아깝죠.
힘들어도 맛만큼 최고인 '블랙치즈롤'입니다.
오징어먹물로 고소한 맛을 더했습니다.

Ingredients

분량

블랙치즈롤 19개

반죽

강력분 350g

설탕 35g

버터 35g

소금 2g

인스턴트 드라이이스트 5g

물 155g

오징어먹물 15g

달걀 2개

슬라이스 치즈 5장

- 슬라이스 치즈는 실온에 두어 부드러운 상태로 사용합니다.
- 버터는 실온에 두어 부드러운 상태로 사용합니다.
- 달걀은 반죽 시 냉장고에서 꺼낸 차가운 것을 사용합니다.
- 물은 여름에는 약 25도, 겨울에는 약 33~35도가 적당합니다.

소도구

저울

스크래퍼

볼이나 뚜껑이 있는 용기

오븐팬

비닐

온도계

I 믹싱볼에 분량의 강력분, 설탕, 버터, 소금, 인스턴 트 드라이이스트를 넣습니다. 다른 볼에 분량의 물, 오징어먹물, 달걀을 넣습니다.

2 가루 재료가 담긴 믹싱볼에 액체 재료를 부어 저속 으로 반죽기를 돌립니다. 날가루가 보이지 않으면 반죽기를 멈추고 중속으로 속도를 올려 다시 반죽합니다.

3 글루텐 90%로 반죽을 합니다. 반죽이 전체적으로 매끈하고 윤기가 나기 시작하면 반죽기를 멈추면 됩니다.

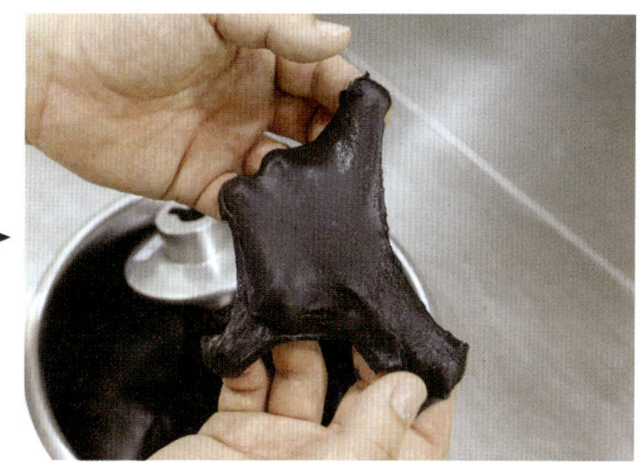

반죽을 조금 떼어내 늘렸을 때 얇고 탄력 있게 늘어나면 적당합니다.

4 작업대에 반죽을 붓고 그 위에 슬라이스 치즈를 분 량의 절반 만큼 올립니다.

5 스크래퍼를 이용하여 자르고 가운데로 모읍니다.

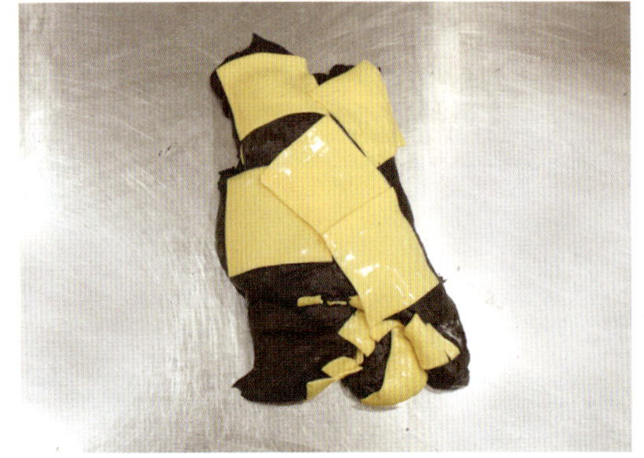

6 남은 슬라이스 치즈를 반죽 위에 올립니다.

7 스크래퍼를 이용하여 자르고 다시 모읍니다. 이런 과정을 2~3회 반복하면 재료가 골고루 잘 섞입니다.

반죽의 질기는 기본식빵 반죽과 비슷합니다.

8 작업대의 덧가루를 걷어내고 동글리기 하여 표면을 매끈하게 정리합니다.

9 볼(용기)에 덧가루를 뿌리고 반죽을 넣은 후 다시 윗면에도 덧가루를 뿌려 들러붙지 않게 합니다. 그런 다음 표면이 마르지 않도록 비닐을 씌워 직사광선이 없는 실온에 둡니다(1차 발효).

10 반죽이 처음 부피의 2배로 부풀면 볼(용기)에서 꺼내어 펀칭을 합니다.

11 작업대에 덧가루를 뿌리고 반죽의 매끈한 면이 아래로 가도록 놓은 후 양손으로 눌러 가스를 뺍니다.

12 이번에는 반죽을 위에서 아래로 1/3 접은 후 손으로 눌러 가스를 뺍니다.

13 다시 아래에서 위로 1/3 접은 후 손으로 눌러 가스를 뺍니다.

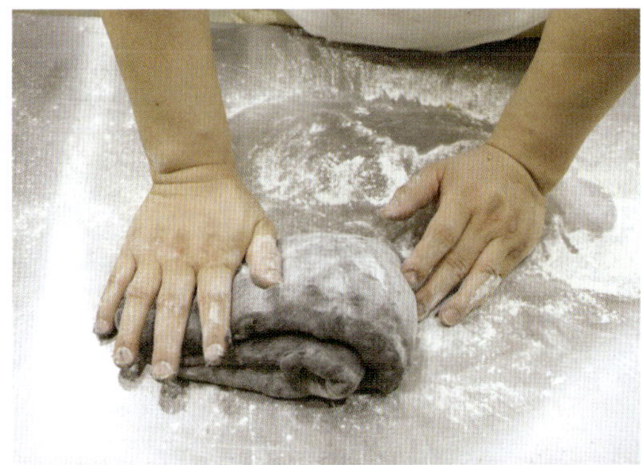

14 옆으로 반 접은 후 손으로 눌러 가스를 뺍니다.

15 다시 반으로 접고 작업대의 덧가루를 걷어낸 후 동글리기를 합니다. 펀칭을 마친 반죽은 볼(용기)에 넣어 1차 발효를 계속 진행합니다.

16 반죽이 처음 부피 3~3.5배, 펀칭 후 부피의 2~2.5배로 부풀면 1차 발효가 완료된 것입니다. 발효 전후를 비교해 보세요.

17 작업대에 덧가루를 뿌리고 반죽의 매끈한 면이 위로 가도록 놓은 후 스크래퍼로 40g씩 분할합니다.

18 다시 동글리기를 합니다.

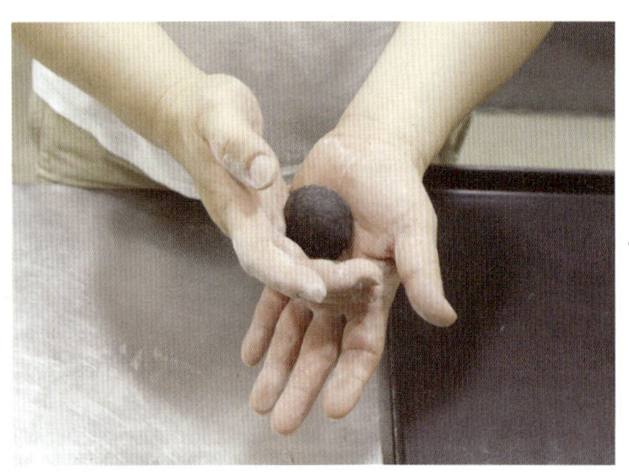

19 보통 동그랗게 성형한 빵은 동글리기 후 바로 오븐팬에 올리지만, 치즈가 들어있는 이 반죽의 경우 보다 견고하게 모양을 잡기 위해 다시 한 번 동글리기를 합니다.

20 그런 다음 이음매 부분을 꼬집어 잘 여밉니다.

21 성형을 마친 반죽을 오븐팬에 일정한 간격으로 놓습니다.

22 이 상태로 밀폐된 공간에서 2차 발효합니다. 발효 중간에 표면이 마르면 분무기로 가볍게 물을 뿌려 촉촉함을 유지합니다.

23 반죽이 처음 부피의 2.5배로 부풀면 2차 발효가 완료된 것입니다.

24 190도 예열한 오븐에 10분 정도 굽습니다. 튀어나온 치즈에 빛깔이 나오면 오븐에서 꺼내세요.

25 구워낸 빵은 팬째로 20~30cm 높이에서 아래로 떨어뜨려 가스를 뺍니다.

26 치즈가 들어있어 매우 부드럽습니다. 냉판으로 옮기는 도중 모양이 망가질 수 있으니 오븐팬 그대로 식힌 후 밀봉 포장하세요.

호밀감자치아바타

치아바타

본연의 맛 즐기기

호밀의 구수함과 감자의 담백함을
함께 맛볼 수 있는 치아바타입니다.
호밀은 마트에서 쉽게 구할 수 있는 재료는 아니라
다소 생소할 수 있지만 특유의 향 때문에
꼭 전하고 싶습니다.
바쁠 땐 호밀 대신 통밀가루나 강력분을 사용해도 됩니다.
이왕이면 제대로 만들어 그 맛을 느껴보고
괜찮다면 호밀의 양도 늘려보세요.
밀가루 양을 줄이고 전체 가루 무게의 최대 75%까지
호밀의 양을 늘릴 수 있습니다.
치아바타 본연의 맛을 즐길 줄 아는 사람이라면
당연히 좋아할 만한 빵입니다.

Ingredients

분량

호밀감자치아바타 4개

반죽

강력분 375g

호밀 가루 125g

소금 7g

인스턴트 드라이이스트 7g

삶은 감자 200g

물 380g

올리브오일 40g

• 물은 여름에는 약 15~18도, 겨울에는 약 22~25도가 적당합니다.

소도구

저울

스크래퍼

볼이나 뚜껑이 있는 용기

나무 패널

캔버스 천

실리콘 페이퍼

온도계

1 믹싱볼에 분량의 강력분, 호밀 가루, 소금, 인스턴트 드라이이스트, 삶은 감자를 넣습니다.

2 다른 볼에 분량의 물과 오일을 넣고 ①의 믹싱볼에 부어 저속으로 반죽기를 돌립니다. 날가루가 보이지 않으면 반죽기를 멈추고 중속으로 속도를 올려 다시 반죽합니다.

3 글루텐 90%로 반죽합니다. 반죽이 한 덩이가 되고 탄력이 증가하면 반죽기를 멈춥니다. 호밀 가루가 들어가 표면이 다소 거칠어 보입니다. 반죽 온도는 21~24도가 적당합니다.

4 반죽의 질기가 기본식빵 반죽과 비슷합니다. 용기에 덧가루를 뿌리고 반죽을 넣어 1차 발효합니다.

5 반죽이 처음 부피의 3배로 부풀면 1차 발효가 완료된 것입니다. 작업대에 덧가루를 뿌리고 반죽 위에도 덧가루를 뿌립니다.

6 스크래퍼를 이용하여 용기의 가장자리를 긁습니다.

7 용기를 뒤집어 반죽을 꺼내고, 반죽 윗면에도 덧가루를 뿌립니다.

8 반죽을 양손바닥으로 지그시 눌러 가스를 빼고 가로 30cm, 세로 20cm 사각형으로 만듭니다.

9 스크래퍼를 이용하여 반죽을 4덩이로 분할합니다.

10 분할한 반죽을 그대로 캔버스 천에 올립니다. 반죽이 옆으로 퍼지지 않도록 캔버스 천을 접어 두툼한 경계선을 만듭니다.

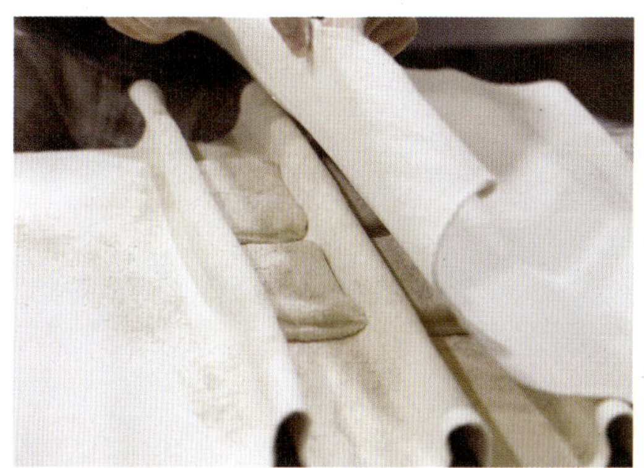

11 반죽이 마르지 않도록 천으로 잘 덮어 2차 발효를 합니다.

12 반죽이 처음 부피의 2배로 부풀면 2차 발효가 완료된 것입니다. 반죽 표면에 덧가루를 골고루 뿌려서 옮기는 도중 들러붙어 망치는 일이 없도록 합니다.

13 나무 패널(없으면 종이 박스를 적당한 크기로 잘라 준비)을 이용하여 반죽을 실리콘 페이퍼를 깐 나무 패널로 옮깁니다.

14 220도 예열한 오븐에서 15분 정도 굽습니다. 표면의 덧가루 색이 갈색이 나면 적당합니다.

오일이 들어가 말랑한 소프트 치아바타는 완전히 식은 후 밀봉 포장해야 촉촉함이 오래갑니다.

마 늘 푸 가 스

푸가스를 즐기는 두 가지 방법

푸가스(Fougasse)는 프랑스 프로방스 지방의 전통 빵입니다.

기원은 고대 로마의 '파니스 포카치우스'라는 납작빵에서 시작되었는데,

시간이 지남에 따라 이탈리아의 포카치아, 카탈로니아의 포가사 등

여러 갈래로 종류가 많아지다가 프로방스 지역에서 만든 빵을

'푸가스'로 명칭하며 우리에게 알려졌다고 합니다.

주로 나뭇잎 모양으로 성형을 합니다.

장작 화덕에서 빵을 굽던 시절에는 이렇게 납작한 빵은

오븐 온도를 체크하기 위한 수단으로 쓰였습니다.

얇은 빵을 넣고 구워지는 시간과 색을 체크한 다음

두툼한 캄파뉴 같은 빵을 구운 것이죠.

푸카스를 즐기는 두 가지 방법입니다.

하나는 정통 스타일로 구워 올리브오일과 발사믹 식초를

곁들여 먹는 것이고요,

다른 하나는 소스를 발라 조리빵 형태로 먹는 법입니다.

Ingredients

분량

마늘푸가스 4개

반죽

강력분 400g

설탕 20g

소금 7g

인스턴트 드라이이스트 7g

물 300g

올리브오일 20g

소스

올리브오일 100g

설탕 125g

다진 당근 50g

다진 마늘 50g

마요네즈 70g

소금 1g

마무리

파슬리 적당량

- 밀가루는 중력분을 사용해도 됩니다.
- 물은 계절에 관계없이 약 25~30도가 적당합니다.

소도구

저울

스크래퍼

볼이나 뚜껑이 있는 용기

실리콘 붓

오븐팬

밀대

칼

도마

스푼

비닐

온도계

1 믹싱볼에 분량의 강력분, 설탕, 소금, 인스턴트 드라
이이스트를 넣습니다.

2 다른 볼에 분량의 물과 오일을 넣고 ①의 믹싱볼에
부어 저속으로 반죽기를 돌립니다. 날가루가 보이
지 않으면 반죽기를 멈추고 중속으로 속도를 올려 다시
반죽합니다.

3 글루텐 80%로 반죽합니다. 반죽이 한 덩이가 되고
점성이 생기면 반죽기를 멈춥니다. 오일의 함량이
높아 글루텐 80%임에도 표면이 다소 거칩니다. 이때 반
죽 온도는 중요하지 않습니다.

4 반죽의 질기가 기본식빵 반죽보다 질고 비가치아바
타 반죽보다 되직한 상태입니다. 덧가루를 조금 사
용하면 어렵지 않게 다룰 수 있습니다. 용기에 덧가루를
뿌리고 반죽을 넣어 1차 발효를 합니다.

5 반죽이 처음 부피의 3배로 부풀면 1차 발효가 완료된 것입니다.

6 작업대에 덧가루를 뿌리고 반죽 위에도 덧가루를 뿌린 다음 스크래퍼를 이용하여 용기의 가장자리를 긁습니다.

7 용기를 뒤집어 반죽을 꺼내고, 반죽의 윗면에도 덧가루를 뿌립니다.

8 스크래퍼를 이용하여 반죽을 180g씩 분할합니다.

9 동글리기를 합니다.

10 동글리기를 마친 반죽은 비닐을 덮어 여름에는 10~15분, 겨울에는 20~25분 중간 휴지합니다. .

11 마늘 소스를 만듭니다. 먼저 볼에 분량의 올리브 오일과 설탕을 넣고 잘 저으면 걸쭉한 액체 상태가 됩니다. 여기에 분량의 다진 당근, 다진 마늘, 소금, 마요네즈를 넣고 골고루 섞으면 됩니다.

12 중간 휴지한 반죽을 윗면에 덧가루를 묻히고 밀대를 이용하여 길이 25cm 정도로 밀어줍니다.

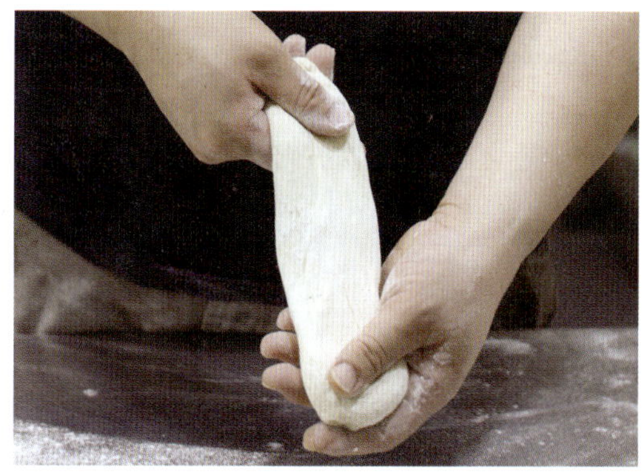

13 그런 다음 손으로 가볍게 30cm 정도로 늘리세요.

14 밀대를 이용하여 위쪽은 동그랗게 밀고 아래쪽은 손으로 당겨 폭을 좁게 만듭니다.

15 성형을 마치면 적당한 간격으로 팬에 올리고 실리콘 붓을 이용하여 마늘 소스를 바릅니다.

16 이 상태로 종이박스나 스티로폼 박스 같은 밀폐된 공간에 두어 2차 발효합니다. 발효 중간에 표면이 마르면 분무기로 가볍게 물을 뿌려 촉촉함을 유지합니다.

17 반죽이 처음 부피의 2배로 부풀면 2차 발효가 완료된 것입니다.

18 220도 예열한 오븐에서 15분 정도 굽습니다. 윗면이 연하게 갈색빛이 나면 적당합니다.

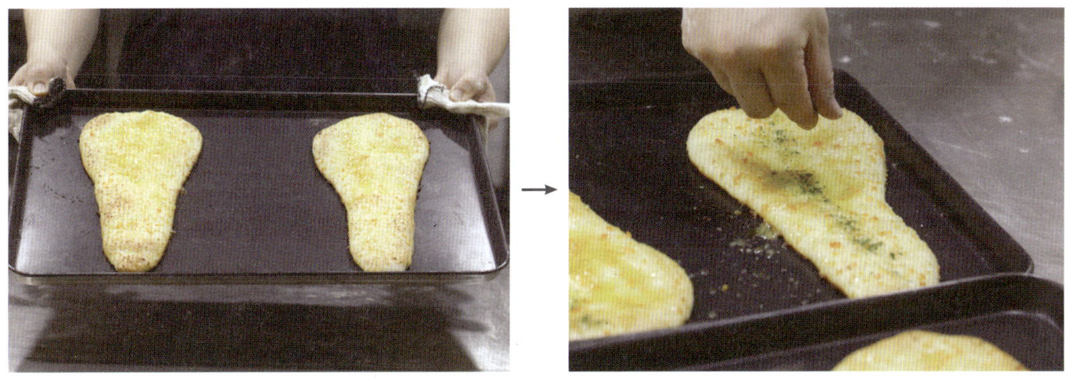

19 구워낸 빵은 파슬리를 적당량 뿌리고 완전히 식으면 밀봉 포장합니다.

바질 치아바타

샌드위치와

치아바타를

하나로!

시골에서 살다 보니 빈 땅만 보이면
자꾸 뭔가를 심게 됩니다.
관리도 잘 못하고 식구도 없어 수확물을
다 먹지도 못하면서 괜한 욕심을 부리는 것이지요.
이럴 때 핑계는 꼭 있습니다.
공짜 햇볕이 아까워서, 때맞춰 내린 빗물을
흘러 보내기 아쉬워서 욕심인 줄 알면서
자꾸 씨를 뿌립니다.
뿌린 씨에서 싹이 날 때는 얼마나 기쁘던지요.
하지만 기쁨도 잠깐입니다.
무럭무럭 자라는 식물을 등지고 바삐 살기에
여념이 없습니다.
그런데도 식물은 섭섭하지도 않나 봅니다.
그렇게 수확한 바질로 만든 바질페스토와
바질치아바타는 얼마나 맛있던지요.
무엇과도 비교할 수 없는 맛입니다.

Ingredients

분량

바질치아바타 6개

반죽

강력분 450g

박력분 50g

설탕 20g

소금 7g

인스턴트 드라이이스트 7g

다진 생바질 12g(말린 바질 4g)

파슬리 2g

물 400g

올리브오일 40g

부재료

채 썬 치즈 330g

베이컨 60g

마무리

올리브오일 적당량

- 밀가루는 중력분을 사용해도 됩니다.
- 파슬리는 취향에 따라 생략해도 됩니다.
- 물은 여름에는 약 15~18도, 겨울에는 약 22~25도가 적당합니다.

소도구

저울

스크래퍼

볼이나 뚜껑이 있는 용기

오븐팬

실리콘 붓

밀대

칼

도마

온도계

1 믹싱볼에 분량의 강력분, 박력분, 설탕, 소금, 인스턴트 드라이이스트, 바질, 파슬리를 넣습니다.

2 다른 볼에 분량의 물과 오일을 넣고 ①의 믹싱볼에 붓고 저속으로 반죽기를 돌립니다. 날가루가 보이지 않으면 반죽기를 멈추고 중속으로 속도를 올려 다시 반죽합니다.

3 글루텐 80%로 반죽합니다. 반죽이 한 덩이가 되고 점성이 생기면 반죽기를 멈춥니다. 오일의 함량이 높아 글루텐 80%임에도 표면이 다소 거칩니다. 반죽 온도는 21~24도가 적당합니다.

4 반죽이 기본식빵 반죽보다 질고 비가치아바타 반죽보다는 되직한 상태입니다. 용기에 덧가루를 뿌리고 반죽을 넣어 1차 발효를 합니다.

5 반죽이 처음 부피의 3배로 부풀면 1차 발효가 완료
된 것입니다.

6 작업대에 덧가루를 뿌리고 반죽 위에도 덧가루를
뿌린 다음 스크래퍼를 이용하여 용기의 가장자리를
긁습니다.

7 용기를 뒤집어 반죽을 꺼내고, 반죽의 윗면에도 덧
가루를 뿌립니다.

8 스크래퍼를 이용하여 반죽을 150g씩 6덩이로 분할
합니다.

9 동글리기를 합니다.

IO 동글리기를 마친 반죽은 비닐을 씌워 여름에는 5~15분, 겨울에는 15~25분 중간 휴지합니다.

II 중간 휴지한 반죽은 위쪽으로 살짝 덧가루를 뿌린 후 밀대를 이용하여 길이 20cm 정도로 밀어 줍니다.

I2 반죽의 윗면에 준비한 치즈를 올립니다. 반죽 한 개당 25g 정도가 적당합니다.

I3 반죽을 아래에서 위로 1/3만큼 접습니다.

I4 반죽을 위에서 아래로 1/3만큼 접습니다.

I5 밀대를 이용하여 균일하게 밀어 가로 8cm, 세로 15cm 정도의 사각형으로 만듭니다.

16 성형한 반죽을 적당한 간격으로 팬에 올리고 반죽이 마르지 않도록 밀폐된 공간에 두어 2차 발효를 합니다. 발효 중간에 표면이 마르면 분무기로 가볍게 물을 뿌려 촉촉함을 유지합니다.

17 반죽이 처음 부피의 2배로 부풀면 2차 발효가 완료된 것입니다. 실리콘 붓을 이용하여 오일을 바릅니다.

18 베이컨을 2cm 간격으로 썰어 성형한 반죽 위에 올립니다.

19 그런 다음 치즈를 반죽 하나당 30g씩 올립니다.

20 200도 예열한 오븐에서 15분 정도 굽습니다. 표면의 치즈가 녹아내리고 빵에 색이 나면 적당합니다.

21 구워낸 빵은 꺼낸 즉시 실리콘 붓을 이용하여 오일을 살짝 바릅니다. 오일이 들어가 말랑한 소프트 치아바타는 완전히 식은 후 밀봉 포장해야 촉촉함이 오래갑니다.

허브롤

울퉁불퉁 단과자 하면 정교하고 단정한 매무새가 생각납니다.

비슷한 재료에 비슷한 배합으로 만들었는데 어떤 것은 단팥빵이라 하고,

못생겨도 또 어떤 것은 식빵이라고 하지요.

성형 과정에서 이름에 걸맞은 본질이 보입니다.

맛은 좋아 그래서 빵마다 어울리는 외형을 가지고 있는 거고요.

동글동글 마냥 귀엽다고 생각하고 만든 허브롤이 예상과 달리 울퉁불퉁 못생겼습니다.

의도했던 모양이 아니라 폐기하려고 했는데 한입 먹고 나니 생각이 달라졌습니다.

모두가 좋아할 맛입니다.

Ingredients

분량

허브롤 12개

반죽

강력분 330g

허브믹스 가루 34g

설탕 44g

버터 36g

소금 6g

인스턴트 드라이이스트 6g

물 80g

우유 100g

달걀 2개

부재료

크림치즈 50g

피자치즈 400g

마무리

살구 잼(또는 꿀) 적당량

파슬리 가루 적당량

- 버터는 실온에 두어 부드러운 상태로 사용합니다.
- 우유와 달걀은 반죽 시 냉장고에서 꺼낸 차가운 것을 사용합니다.
- 물은 여름에는 약 27도, 겨울에는 약 38~40도가 적당합니다.
- 집에서 허브믹스를 만들 땐 강력분 200g에 바질·타임·말린 마늘·말린 양파를 각각 5g씩 넣고 잘 섞어 하루 정도 두면 됩니다.

소도구

저울

스크래퍼

볼이나 뚜껑이 있는 용기

오븐팬

가위

실리콘 붓

비닐

칼

온도계

분무기

1 믹싱볼에 분량의 강력분, 허브믹스 가루, 설탕, 버터, 소금, 인스턴트 드라이이스트를 넣습니다.

2 다른 볼에 분량의 물, 우유, 달걀을 넣고 ①의 믹싱볼에 부어 저속으로 반죽기를 돌립니다. 날가루가 보이지 않으면 반죽기를 멈추고 중속으로 속도를 올려 다시 반죽합니다.

 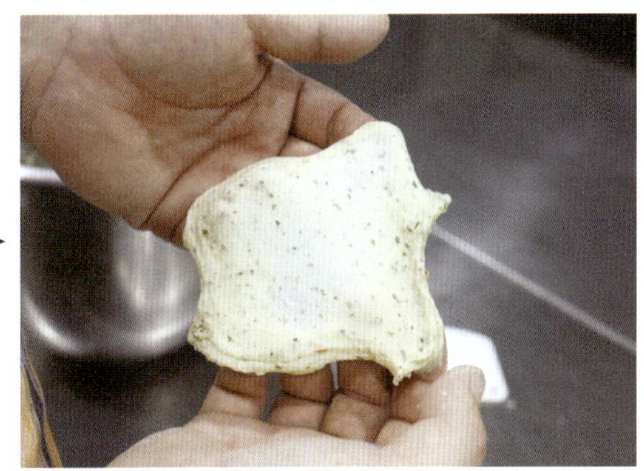

3 글루텐 90%로 반죽을 합니다. 반죽이 한 덩이가 되고 탄력이 있으며 윤기가 나기 시작하면 반죽기를 멈추면 됩니다.

반죽을 조금 떼어내 늘렸을 때 얇고 탄력 있게 늘어나면 적당합니다. 반죽의 질기는 기본식빵 반죽과 비슷합니다.

4 동글리기 하여 표면을 매끈하게 정리합니다.

5 볼(용기)에 덧가루를 뿌리고 반죽을 넣은 후 다시 윗면에도 덧가루를 뿌려 들러붙지 않게 합니다. 그런 다음 표면이 마르지 않도록 비닐을 씌워 직사광선이 없는 실온에 둡니다(1차 발효).

6 반죽이 처음 부피의 3~3.5배로 부풀면 1차 발효가 완료된 것입니다. 발효 전후를 비교해 보세요.

7 작업대에 덧가루를 뿌리고 반죽의 매끈한 면이 위로 가도록 놓은 후 스크래퍼로 60g씩 분할하여 동글리기 합니다.

8 동글리기를 한 반죽은 휴지 없이 다시 한 번 꼼꼼히 동글리기를 하여 성형합니다.

그런 다음 뒷면의 이음매 부분을 꼬집어 주세요.

9 성형을 마친 반죽은 오븐팬에 일정한 간격으로 놓습니다.

10 오븐팬 그대로 밀폐된 공간에 두어 2차 발효를 합니다. 발효 중간 표면이 마르면 분무기로 가볍게 뿌려 표면의 촉촉함을 유지합니다.

11 반죽이 처음 부피의 2배 정도로 부풀면 2차 발효가 완료된 것입니다.

I2 가위를 이용하여 반죽의 윗부분을 열십자(+)로 자릅니다. 이때 깊이는 반죽의 1/3 정도가 적당합니다.

I3 가위집 속에 가로 세로 각각 1cm 크기의 크림치즈를 넣습니다.

- 크림치즈는 짜는 주머니로 짜면서 잘랐고, 칼을 이용해 큐브 모양으로 썰어도 됩니다.

I4 반죽에 토핑용 치즈가 잘 붙도록 분무기로 물을 뿌리고 그 위에 피자치즈를 듬뿍 올립니다.

15　190도 예열한 오븐에서 12분 정도 굽습니다. 치즈가 녹아내리고 노릇하게 색이 나면 적당합니다.

16　구워낸 빵은 팬째로 20~30cm 높이에서 떨어뜨려 가스를 뺍니다.

17　붓을 이용하여 따뜻한 물에 푼 살구 잼을 바르거나 꿀을 살짝 바릅니다. 그런 다음 파슬리 가루를 뿌리면 완성! 오븐팬 그대로 완전히 식힌 후 밀봉 포장하세요.

크루아상

CROISSANT

캉캉춤을 추는 무희처럼 겹겹이 아름다운…

크루아상으로 가는 길

크루아상의 시작은 3절 3회 접기부터

밀대로 밀어 만든 크루아상은 제가 운영하고 있는 베이킹타운을 이끈 효자 아이템입니다.

이런 수업이 국내에 흔치 않기도 하고 초보자도 만족할 만큼

괜찮은 결과물을 낼 수 있다는 점에서 주목을 받았던 것 같습니다.

뭔가 특별한 비법이 있을 것 같지만 사실 그렇진 않습니다.

속버터를 녹지 않게 3절 3회 접기 한 반죽으로 성형을 한 것이 비법이라면 비법일까요?

도전해 보세요.

누구라도 멋진 크루아상을 만들 수 있습니다.

Ingredients

분량

3절 3회 접기 반죽 2회 분량

반죽

강력분 500g

버터 25g

소금 9g

인스턴트 드라이이스트 8g

물 300g

버터(밀어 펴기용) 250g

설탕 50g

· 물은 여름에는 약 20도, 겨울에는 약 27~30도가 적당합니다.

소도구

저울

스크래퍼

밀대

붓

비닐

온도계

I 믹싱볼에 분량의 강력분, 버터, 소금, 인스턴트 드라이이스트를 넣습니다.

2 다른 볼에 분량의 물을 넣고 ①의 믹싱볼에 부어 저속으로 반죽기를 돌립니다. 날가루가 보이지 않으면 반죽기를 멈추고 중속으로 속도를 올려 다시 반죽합니다.

3 글루텐 50~60%로 반죽합니다. 반죽이 한 덩이가 되고 전체적으로 거칠어 보이면 반죽기를 멈춥니다.

반죽을 조금 떼어내 늘렸을 때 거칠게 뜯어집니다.

반죽의 질기는 기본식빵 반죽보다 되직합니다.

4 둥글리기 하여 표면을 정리합니다.

5 볼에 덧가루를 뿌리고 반죽을 넣은 후 다시 윗면에도 덧가루를 뿌려 들러붙지 않게 합니다. 그런 다음 표면이 마르지 않도록 비닐을 씌워 직사광선이 없는 실온에 둡니다(1차 발효).

6 반죽이 처음 부피의 2~2.5배로 부풀면 1차 발효가 완료된 것입니다.

발효 전후를 비교해 보세요.

7 작업대에 덧가루를 뿌리고 반죽의 매끈한 면이 위로 가도록 놓은 후 스크래퍼로 2등분 합니다. 그런 다음 작업대의 덧가루를 걷어내고 동글리기를 합니다.

8 밀대를 이용하여 가로 18cm, 세로 28cm 타원형으로 만듭니다. 그런 다음 비닐로 싸서 냉동실에 20분 정도 냉기를 먹입니다.

9 냉장 상태의 밀어 펴기용 버터를 125g씩 2덩이로 나누고, 버터를 비닐로 감싼 다음 밀대로 두드려서 폅니다. 부드러워지면 밀대를 이용하여 가로 12cm, 세로 16cm 사각형을 만듭니다.

IO 작업대에 덧가루를 뿌리고 냉동 휴지한 반죽을 놓고 성형한 버터를 중앙에 올립니다. 이때 반죽의 길이가 짧으면 반죽을 살짝 밀어 길이를 맞춥니다.

II 반죽을 접어 버터를 감쌉니다. 버터가 보이지 않도록 꼼꼼히 싸주세요.

I2 밀대를 이용하여 윗면을 꾹꾹 눌러 버터와 반죽이 고루 분포할 수 있게 합니다.

I3 밀대를 굴려가며 길이 40cm가 될 때까지 밀어주세요.

I4 눈대중으로 반죽을 3등분 하여 접습니다. 접으면서 반죽 윗면의 덧가루는 붓으로 잘 털어 내세요.

3절 접기 1회가 끝났습니다. 비닐에 잘 싸서 냉장고에 15~25분 휴지합니다.

I5 냉장 휴지한 반죽을 꺼내어 3절 접기를 한 방향에서 90도 회전합니다. 그런 다음 반죽 전체를 밀대로 꾹꾹 눌러 버터와 반죽이 고루 분포할 수 있게 합니다.

16 밀대로 길이가 35cm 될 때까지 밀어주세요.

17 눈대중으로 반죽을 3등분하여 접습니다. 접으면서 반죽 윗면의 덧가루는 붓으로 잘 털어 내세요.

3절 접기 2회가 끝났습니다. 다시 비닐에 잘 싸서 냉장고에 15~25분 휴지합니다.

18 냉장 휴지한 반죽을 꺼내어 처음 3절 접기를 한 방향에서 90도 회전합니다. 반죽 전체를 밀대로 꾹꾹 눌러 버터와 반죽이 고루 분포할 수 있게 합니다.

19 밀대로 길이가 30cm 될 때까지 밀어주세요. 그런 다음 눈대중으로 반죽을 3등분하여 접습니다. 접으면서 반죽 윗면의 덧가루는 붓으로 잘 털어 내세요.

3절 접기 3회 완성입니다!

BAKINGPAPA
크루아상

멋진 크루아상의

성공 포인트는

반죽 속 버터를

녹지 않게 이끄는 것

크루아상

3절 3회 접기가 다 끝날 때까지
반죽 속 버터가 녹지 않았다 하더라도
곧 고비가 옵니다. 바로 '재단'이지요.
레시피에 적힌 길이에 너무 집착을 하면
자꾸 반죽에 손을 대게 되고,
그러는 사이 층을 이루어야 할 밀어 펴기용 버터는 녹아서
반죽으로 스며들고 맙니다.
그러면 겹겹이 층이 아름다운 크루아상은 온데간데없고
버터롤이 구워지겠지요.
재단 사이즈는 그저 참고용이라고 생각하세요.
길이가 좀 덜 나와도 무시하고 베이킹을 할 때
제대로 된 크루아상을 만들 수 있습니다.

Ingredients

분량

크루아상 5~6개

재료

3절 3회 접기 반죽 1개(p. 364 3절 3회 접기 참조)

코팅 물

달걀 1개

물 60g

소도구

저울

스크래퍼

밀대

붓

실리콘 붓

파이 커터

자

오븐팬

볼

온도계

• 붓은 덧가루를 털어낼 때 사용하고, 실리콘 붓은 달걀물을 바를
때 사용합니다.

1 3절 3회 접기를 마친 반죽을 냉장실에서 30분 정도 휴지한 다음 꺼내어 재단 후 성형을 합니다. 반죽을 접은 방향으로 놓고 밀대로 꾹꾹 눌러 버터와 반죽이 고루 분포할 수 있게 합니다.

2 반죽을 세로 방향으로 28cm 정도 밀어 폅니다.

3 반죽을 90도 회전하여 다시 세로로 26cm 될 때까지 밀어줍니다. 그러는 사이 앞서 28cm로 늘린 부분은 25~26cm로 줄어듭니다. 가로 세로 각각 26cm의 정사각형이 되면 적당합니다.

4 자와 커터를 이용하여 반죽의 아랫부분을 반듯하게 자르고, 자른 면을 기준으로 위쪽으로 24cm 높이의 윗면도 함께 자릅니다.

5 자를 이용하여 밑변 8cm, 높이 24cm의 이등변삼각형을 재단하고 자릅니다.

6 삼각형을 자르는 중간중간 반죽에 묻은 덧가루를 붓으로 잘 털어주세요. 자, 이제 본격적으로 성형에 들어갑니다.

7 잘라놓은 삼각형 밑변의 중앙을 1cm 정도 자릅니다.

8 그런 다음 반죽을 가볍게 잡아당겨서 늘립니다. 총 길이가 28cm 정도 될 때까지 늘리면 적당합니다.

9 자른 밑변을 벌려 돌돌 말아주세요.

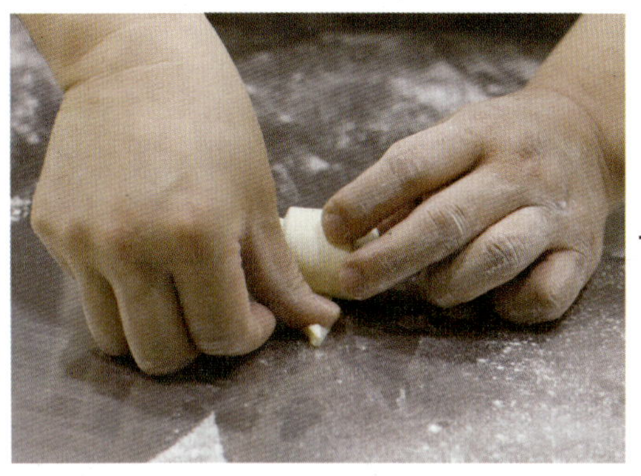

IO 반죽의 끝 2cm 부분에서 손으로 납작하게 누른 다음 끝까지 말아줍니다.

완성!

II 오븐팬에 일정한 간격을 유지하며 성형한 크루아상을 올립니다.

I2 분량의 달걀과 물을 섞어 달걀물을 만들고 반죽 위에 골고루 바릅니다. 이 상태로 밀폐된 공간에 두어 2차 발효를 합니다. 발효 중간에 표면이 마르면 분무기로 가볍게 물을 뿌려 촉촉함을 유지합니다.

I3 반죽이 처음 밀어 펴기 한 두께의 3배로 부풀면 2차 발효가 완료된 것입니다.

I4 반죽 위에 다시 한 번 달걀물을 바릅니다.

15 190도 예열한 오븐에서 20분 정도 구워주세요.

16 구워낸 빵은 팬째로 20cm 높이에서 아래로 떨어뜨려 가스를 뺍니다. 완전히 식으면 종이 포장하여 파삭함과 촉촉함을 유지시켜 주세요.

뺑 오 쇼 콜 라

크루아상

춤을 추다

한쪽 끝은 반죽 속에서 중심을 잡고
다른 쪽 끝은 캉캉 춤을 추는 물랭루주의 무희처럼
레이스에 파묻힌 다리를 높이 쳐드는….
빵오쇼콜라는 바로 이런 느낌의 빵입니다.
이 빵을 강한 힘으로 일률적으로 눌러 펴는 파이롤러로 만들면
아쉬움이 많이 남지요.
그때그때 상황에 따라 힘 조절을 해가며 밀대질을 해야
제대로 된 빵오쇼콜라를 만들 수 있습니다.
이렇게 말입니다.

Ingredients

분량

뺑오쇼콜라 5개

재료

3절 3회 접기 반죽 1개(p. 364 3절 3회 접기 만들기 참조)

부재료

초코스틱 15개

코팅 물

달걀 1개

물 60g

소도구

저울

자

밀대

붓

파이 커터

오븐팬

볼

실리콘 붓

온도계

- 붓은 덧가루를 털어낼 때 사용하고, 실리콘 붓은 달걀물을 바를 때 사용합니다.

1 3절 3회 접기 한 반죽을 냉장실에서 30분 정도 휴지한 다음 꺼내어 재단 후 성형을 합니다. 접은 방향으로 반죽을 놓고 그 위를 밀대로 꾹꾹 눌러 버터와 반죽이 고루 분포할 수 있게 합니다. 그런 다음 위쪽으로 18cm 높이가 되도록 밀어 펴주세요.

2 반죽을 90도 회전하여 다시 위쪽으로 42cm 될 때까지 밀어줍니다. 가로 17cm, 세로 42cm 직사각형이 되면 적당합니다.

3 자와 커터를 이용하여 반죽의 아랫부분을 반듯하게 잘라냅니다.

4 자른 면을 기준으로 위쪽으로 15cm 높이의 윗면도 함께 자릅니다.

5 폭 8cm 간격으로 반죽을 재단하고 자릅니다. 자르는 중간중간 반죽에 묻은 덧가루를 붓으로 잘 털어 주세요.

6 성형한 반죽의 끝부분에 초코스틱을 하나씩 놓습니다.

7 초코스틱이 보이지 않을 때까지 맙니다.

8 곧바로 두 번째 초코스틱을 놓고 보이지 않을 때까지 맙니다.

9 같은 방법으로 세 번째 초코스틱을 놓고 끝까지 맙니다.

IO 돌돌 만 끝부분이 오븐팬 바닥에 닿도록 하여 올립니다.

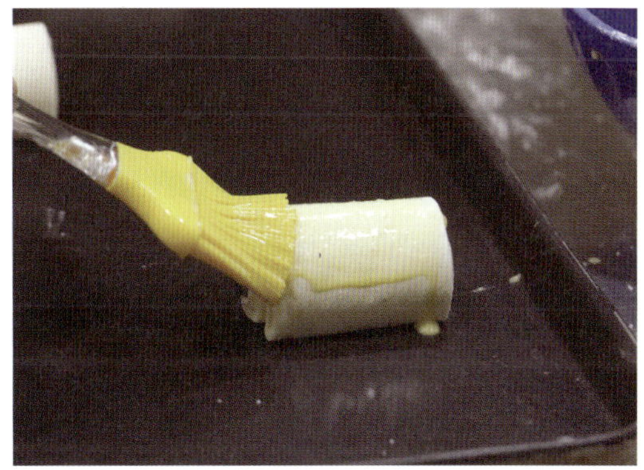

II 분량의 달걀과 물을 섞어 달걀물을 만들고 반죽 위에 골고루 바릅니다. 이 상태로 밀폐된 공간에 두어 2차 발효를 합니다. 발효 중간에 표면이 마르면 분무기로 가볍게 물을 뿌려 촉촉함을 유지합니다.

I2 반죽이 처음 밀어 펴기 한 두께의 3배로 부풀면 2차 발효가 완료된 것입니다. 반죽 위에 다시 한 번 달걀물을 바릅니다. 2차 발효가 완료된 상태에서는 표면이 뜯기지 않도록 조심조심 붓질을 합니다.

I3 190도 예열한 오븐에서 20분 정도 윗면이 갈색이 될 때까지 구워주세요. 그런 다음 팬째로 완전히 식힌 후 종이 포장하면 파삭함과 촉촉함을 유지할 수 있습니다.

몽
블
랑

페이스트리 고지에서 만난

맛있는 봉우리

우리가 사는 세상에는 여러 몽블랑이 존재합니다.
우선 만년필에 있고요. 프랑스와 이탈리아 국경에 있는
산맥 이름도 몽블랑입니다.
베이킹에서도 몽블랑이 있습니다.
밤 페이스트를 이용한 케이크입니다.
그리고 3절 3회 접기 한 반죽을 돌돌 말아 만든
이 페이스트리의 이름도 '몽블랑'입니다.
봉긋 솟아오른 산 형상의 페이스트리 몽블랑은
밀어 펴기를 하는 테크닉보다
발효 타이밍과 성형의 완성도가 더 중요합니다.
바닥은 평지처럼 평평하지만 돌돌 말린
버터 층은 오븐스프링을 일으켜
봉우리처럼 솟아올라야 합니다.
먹을 때는 시럽을 듬뿍 발라 촉촉하게 즐기세요.

Ingredients

분량

몽블랑 3개

재료

3절 3회 접기 반죽 1개(p. 364 3절 3회 접기 만들기 참조)

담금용 시럽

설탕 500g

물 500g

장식용

다진 피스타치오 적당량

소도구

저울

밀대

붓

파이 커터

자

무스 틀(지름 12cm) 3개

오븐팬

냄비

볼

온도계

I 무스 틀 안쪽에 분량 외 버터를 바릅니다.

2 시럽을 만듭니다. 냄비에 분량의 설탕과 물을 넣고 스푼으로 저어 골고루 섞은 다음 중불에서 끓입니다. 설탕이 다 녹으면 5분 정도 더 끓여 투명한 시럽으로 만듭니다. 완전히 식으면 사용합니다.

• 시럽의 색을 진하게 만들고 싶다면 끓일 때 캐러멜 시럽 1큰술, 또는 메이플 시럽 1~2큰술을 추가하세요.

3 3절 3회 접기 한 반죽을 냉장실에서 30분 정도 휴지한 다음 꺼내어 재단 후 성형합니다. 접은 방향으로 반죽을 놓고 그 위를 밀대로 꾹꾹 눌러 버터와 반죽이 고루 분포할 수 있게 합니다. 그런 다음 위쪽으로 18cm 높이만큼 밀어 펴주세요.

4 반죽을 90도 회전하여 다시 위쪽으로 42cm 될 때까지 밀어줍니다. 가로 17cm, 세로 42cm 직사각형이 되면 적당합니다.

5 자와 커터를 이용하여 반죽의 아랫부분을 반듯하게 잘라냅니다. 자른 면을 기준으로 위쪽으로 15cm 높이의 윗부분도 함께 자릅니다.

6 5cm 간격으로 반죽을 재단하고 자릅니다.

이때 반죽에 묻은 덧가루를 붓으로 잘 털어주세요.

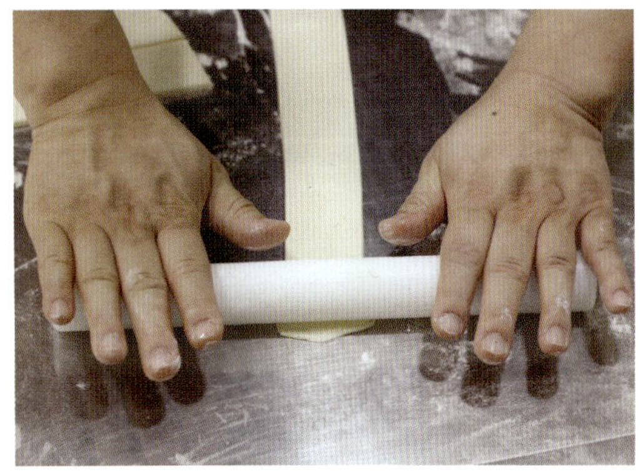

7 밀대를 이용하여 반죽의 한쪽 끝을 납작하게 만든 다음 그 부분에 물을 묻힙니다. 이렇게 하면 말았을 때 반죽끼리 서로 잘 붙습니다.

8 그런 다음 가운데에 손가락을 넣고 도넛 모양으로 돌돌 말아주세요. 안쪽 원의 지름이 3~3.5cm 정도 여유가 있어야 모양이 망가지지 않습니다.

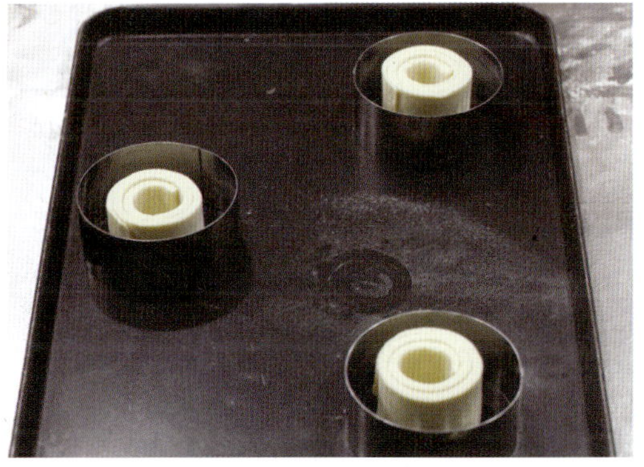

9 무스 틀 중앙에 성형한 반죽을 넣고 2차 발효를 합니다.

10 반죽이 무스 틀의 90% 정도 부풀면 2차 발효가 완료된 것입니다.

11 185도 예열한 오븐에서 30~35분 정도 윗면이 갈색이 될 때까지 구워주세요. 구워낸 빵은 곧바로 팬에서 분리한 뒤 식힘망에서 식힙니다.

12 완전히 식은 몽블랑을 만들어 놓은 시럽에 담갔다 뺍니다. 속까지 촉촉한 식감을 원한다면 담갔다 빼기를 3회 반복합니다.

• 시럽 만들기가 성가시면 꿀 또는 살구 잼을 따뜻한 물과 2:1의 비율로 풀어 윗면에 발라줘도 됩니다.

13 빵 위에 잘게 다진 피스타치오를 적당히 뿌리면 완성입니다.

'바닥은 평지, 가운데는 봉오리!' 이것이 제대로 만든 몽블랑입니다.

BAKINGPAPA
초코크루아상

크루아상의

위풍당당한 변주

크루아상의 가장 큰 단점은
유통 기한이 짧다는 점입니다.
반죽 사이 끼워 넣은 버터가 공기층을 만들어
처음엔 파삭하지만 시간이 지날수록
점점 눅눅해집니다.
맛이라는 것이 그렇습니다.
대놓고 촉촉하면 오히려
그 점이 매력 포인트가 되기도 하는데요.
그래서 파삭함이 매력인 크루아상에
초콜릿 코팅을 했습니다.
나중에 닥칠 눅눅함을 촉촉함으로
이겨낼 수 있습니다.

Ingredients

분량

초코크루아상 6개(큰 것 4개+자투리 2개)

재료

3절 3회 접기 반죽 1개(p. 364 3절 3회 접기 만들기 참조)

코팅

초콜릿 500g

코코아 가루 적당량

달걀물(달걀 1개+물 60g)

• 코팅용 초콜릿은 용기에 담아 전자레인지에 넣고 1분간 녹인 후
 꺼내어 스푼으로 젓습니다. 이 과정을 다 녹을 때까지 반복해서
 준비합니다.

소도구

저울

밀대

붓

파이 커터

자

오븐팬

볼

체

실리콘 붓

온도계

분무기

• 붓은 덧가루를 털어낼 때 사용하고, 실리콘 붓은 달걀물을 바를
 때 사용합니다.

1 3절 3회 접기 한 반죽을 냉장실에서 30분 정도 휴지한 다음 꺼내어 재단 후 성형을 합니다. 접은 방향으로 반죽을 놓고 그 위를 밀대로 꾹꾹 눌러 버터와 반죽이 고루 분포할 수 있게 합니다.

2 위쪽으로 높이 28cm 정도가 되도록 밀어서 펴주세요.

3 반죽을 90도 회전하여 다시 위쪽으로 26cm 될 때까지 밀어줍니다. 그러는 사이 앞서 28cm로 늘린 면은 25~26cm로 자연스럽게 줄어듭니다.

가로 세로 각각 26cm의 정사각형이 되면 적당합니다.

 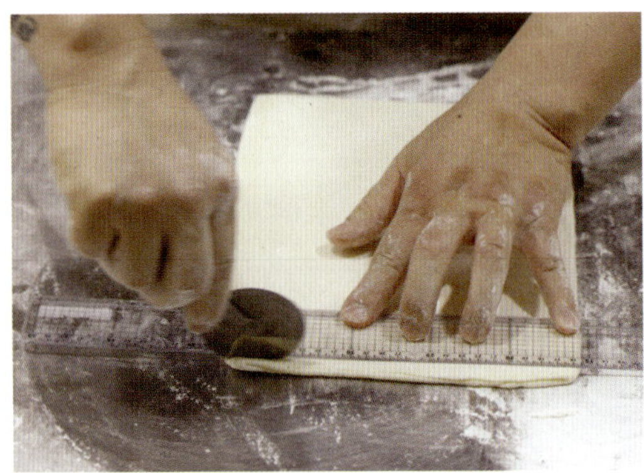

4 자와 커터를 이용하여 반죽의 아랫부분을 반듯하게 자르고, 자른 면을 기준으로 위쪽으로 24cm 높이의 윗면도 자릅니다.

5 그런 다음 밑변 8cm, 높이 24cm의 이등변삼각형을 재단 후 자릅니다. 자르는 중간중간 반죽에 묻은 덧가루를 붓으로 잘 털어주세요.

6 반죽을 가볍게 잡아당겨 총 길이 28cm 정도 될 때까지 늘리세요.

7 밑변을 양옆으로 당겨 9~10cm 정도로 늘립니다.

8 성형한 반죽의 끝부분에 초코스틱을 하나 놓습니다.

9 돌돌 말아주세요.

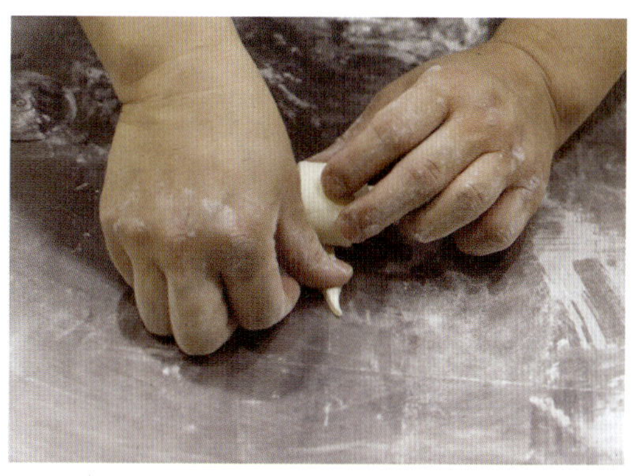

10 반죽 끝 2cm 부분에서는 손으로 납작하게 누른 다음 끝까지 말아줍니다.

완성!

11 오븐팬에 일정한 간격을 유지하며 성형한 크루 아상 반죽을 올립니다.

12 분량의 달걀과 물을 섞어 달걀물을 만들고 반죽 위에 골고루 바릅니다. 이 상태로 밀폐된 공간에 두어 2차 발효를 합니다. 발효 중간에 표면이 마르면 분무기로 가볍게 물을 뿌려 촉촉함을 유지합니다.

13 반죽이 처음 밀어 펴기 한 두께의 3배로 부풀면
2차 발효가 완료된 것입니다.

14 반죽 위에 다시 한 번 달걀물을 바릅니다.

15 190도 예열한 오븐에서 20분 정도 구워주세요. 구워낸 빵은 팬째로 20cm 높이에서 아래로 떨어뜨려 가스를 뺍니다.

16 완전히 식으면 녹인 초콜릿을 부어 코팅을 합니다.

17 초콜릿 코팅이 굳을 때까지 기다렸다가 코코아 가루를 뿌리면 완성입니다.

초
콜
릿
빵

반죽 대신

스펀지를 활용하다

달콤하고 사르르 녹는 초콜릿빵입니다.

초콜릿 코팅이 외형적으로 빵의 완성도를 높여주고

단맛을 올려줄 뿐 아니라

빵 속의 수분을 오래 유지할 수 있게 합니다.

매끈한 광택은 초콜릿을 녹였다 식혔다 하는

템퍼링 과정을 통해 가능합니다.

여전히 글루텐을 잘 못 잡겠다는 독자들이 있을 것 같아

이번에는 스펀지를 활용했습니다.

반죽을 대충 해도 폭신한 식감을 얻을 수 있습니다.

대신 시간과 노력이 필요합니다.

Ingredients

분량

초콜릿빵 8개

반죽

스펀지 223g

강력분 210g

코코아 가루 35g

설탕 70g

버터 50g

소금 5g

인스턴트 드라이이스트 5g

물 90g

달걀 2개

초콜릿칩 80g

부재료

호두분태 150g

코팅용 초콜릿 600g

- 호두분태는 180도 예열한 오븐에 5분 정도 굽고 2분 정도 지나면 한 번 뒤섞어 사용하세요.
- 스펀지는 p. 416 스펀지 만드는 법을 참조하세요.
- 버터는 실온에 두어 부드러운 상태로 사용합니다.
- 우유와 달걀은 반죽 시 냉장고에서 꺼낸 차가운 것을 사용합니다.
- 물은 여름에는 약 27도, 겨울에는 약 38~40도가 적당합니다.

소도구

저울

스크래퍼

볼이나 뚜껑이 있는 용기

오븐팬

철망

전자레인지용 용기

스푼

비닐

온도계

분무기

1 믹싱볼에 분량의 스펀지, 강력분, 코코아 가루, 설탕, 버터, 소금, 인스턴트 드라이이스트를 넣습니다.

2 다른 볼에 분량의 물, 달걀을 넣고 ①의 믹싱볼에 부어 저속으로 반죽기를 돌립니다. 날가루가 보이지 않으면 반죽기를 멈추고 중속으로 속도를 올려 다시 반죽합니다.

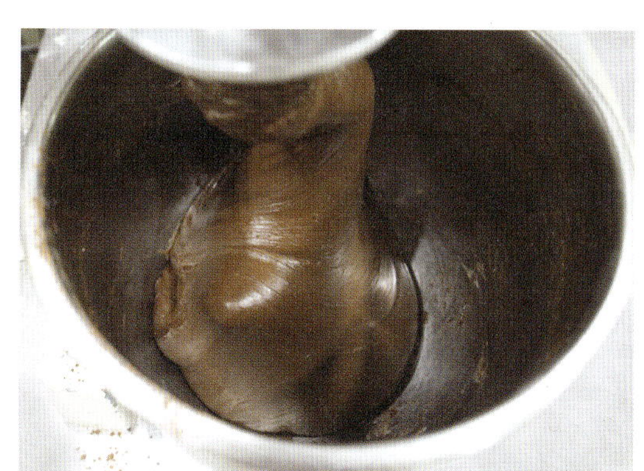

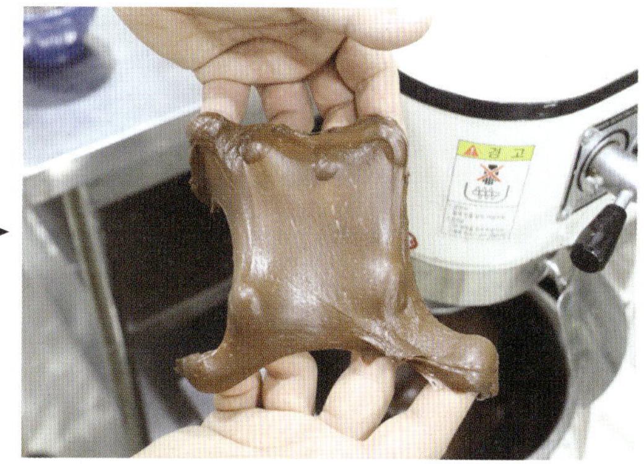

3 글루텐 90%로 반죽합니다. 반죽이 한 덩이가 되고 탄력이 있으며 윤기가 나기 시작할 때 반죽기를 멈추면 됩니다.

반죽을 조금 떼어내 늘렸을 때 탄력 있고 얇게 늘어납니다.

4 초콜릿칩을 넣고 10~15초 정도 저속으로 섞습니다.

반죽의 질기는 기본식빵 반죽보다 진 상태입니다. 하지만 글루텐을 덜 잡아 손에 쉽게 묻어나고 잘 늘어집니다.

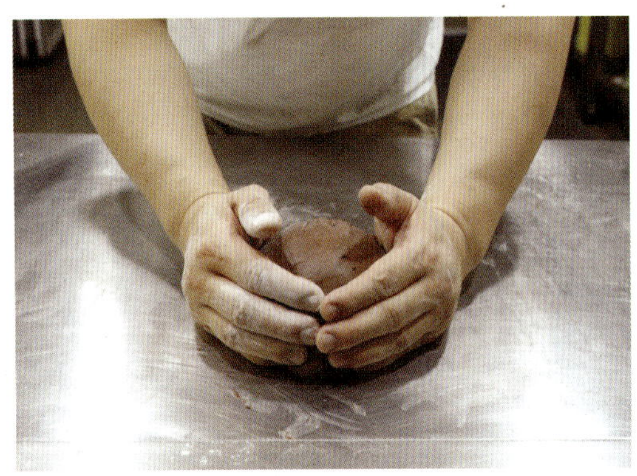 

5 작업대의 덧가루를 걷어내고 동글리기 하여 표면을 매끈하게 정리합니다.

6 볼(용기)에 덧가루를 뿌리고 반죽을 넣은 후 다시 윗면에도 덧가루를 뿌려 들러붙지 않게 합니다. 그런 다음 표면이 마르지 않도록 비닐을 씌워 직사광선이 없는 실온에 둡니다(1차 발효).

7 반죽이 처음 부피의 2배로 부풀면 진 반죽에 힘을 주고 봉긋하게 만들기 위해 펀칭을 합니다.

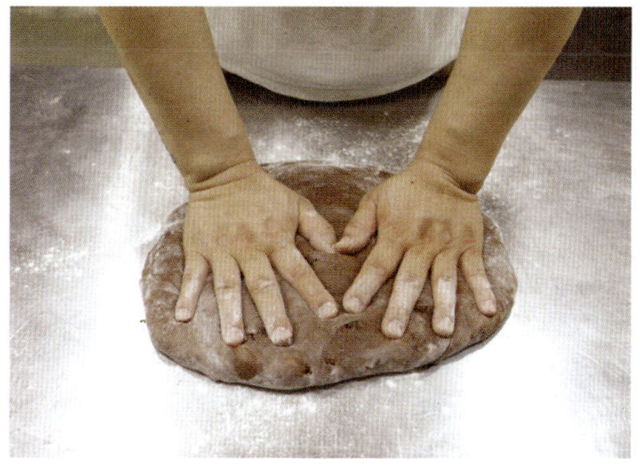

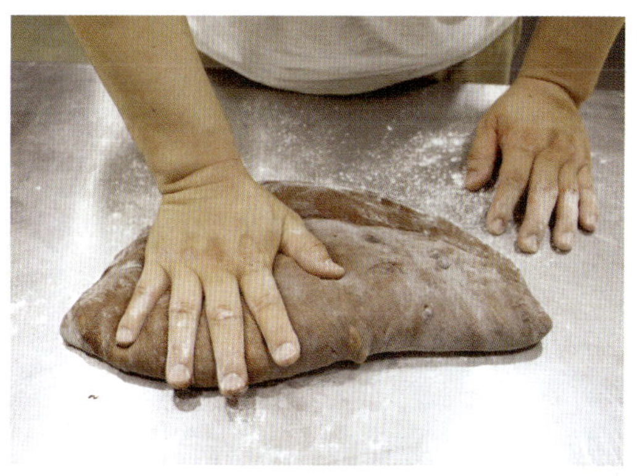

8 작업대에 덧가루를 뿌리고 반죽의 매끈한 면이 아래로 가도록 부은 후 손으로 지그시 눌러 가스를 뺍니다.

9 반죽을 위에서 아래로 1/3을 접어 손으로 눌러 가스를 뺍니다.

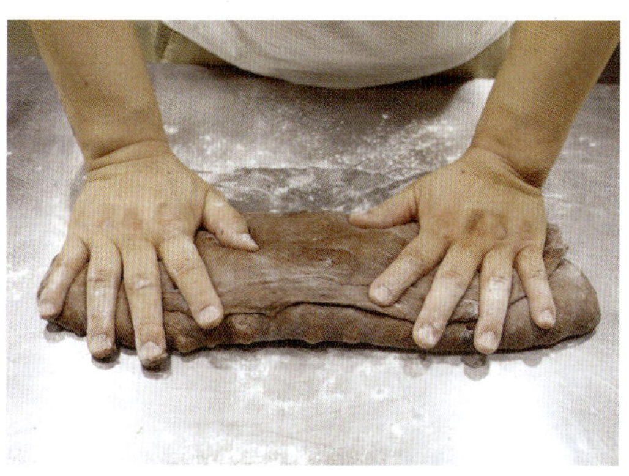

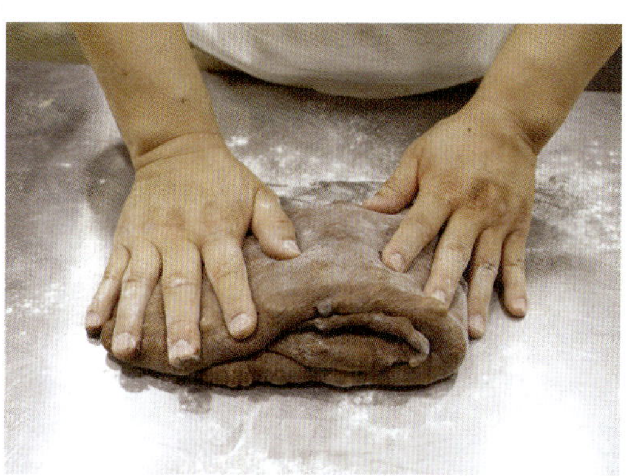

10 이번에는 반죽을 아래에서 위로 1/3을 접어 가스를 뺍니다.

11 반으로 접어 가스를 뺍니다.

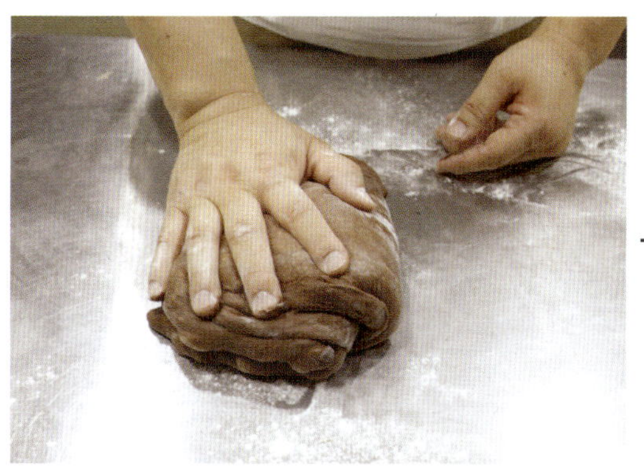

12 반죽을 한 번 더 반으로 접어 가스를 빼고, 작업대의 덧가루를 걷어낸 다음 동글리기 합니다. 펀칭을 마친 반죽은 볼(용기)에 넣어 1차 발효를 계속 진행합니다.

I3   반죽이 처음 부피의 3~3.5배, 펀칭 후 부피의 2~2.5배 정도로 부풀면 1차 발효가 완료된 것입니다. 발효 전후를 비교해 보세요.

I4   작업대에 덧가루를 뿌리고 반죽의 매끈한 면이 위로 가도록 놓은 후 스크래퍼로 100g씩 분할합니다.

I5   동글리기를 합니다.

I6   반죽이 마르지 않도록 비닐을 덮어 여름에는 10~15분, 겨울에는 20~25분 중간 휴지합니다.

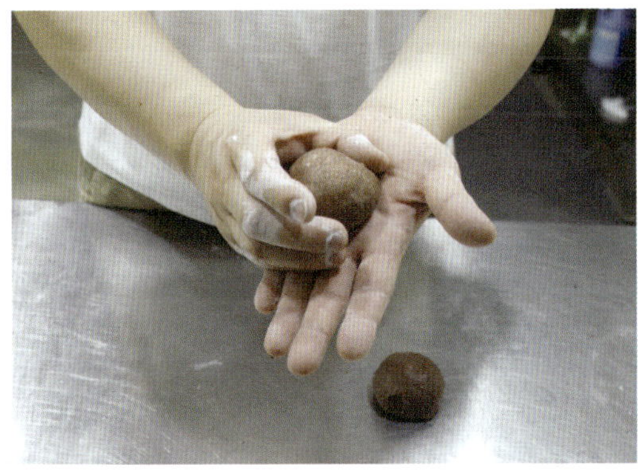

17 휴지가 끝난 반죽은 다시 꼼꼼하게 동글리기를 하며 성형합니다.

18 분무기를 이용하여 빵 표면이 젖을 정도로 물을 뿌립니다.

19 작업대에 호두분태를 펼쳐놓고, 성형한 반죽 한 덩이를 들어 촉촉한 윗면이 호두분태에 닿도록 올린 후 양손으로 가볍게 눌러서 골고루 묻힙니다.

20 성형을 마친 반죽을 오븐팬에 일정한 간격으로 놓습니다.

21 오븐팬 그대로 밀폐 공간에 두어 2차 발효를 합니다. 발효 중간 표면이 마르면 분무기로 가볍게 뿌려 표면의 촉촉함을 유지합니다.

22 반죽이 처음 부피의 2.5배 정도로 부풀면 2차 발효가 완료된 것입니다.

23 180도 예열한 오븐에서 15분 정도 굽습니다. 호두에 색이 날 때까지 구우면 적당합니다.

24 구워낸 빵은 팬째로 20~30cm 높이에서 떨어뜨려 가스를 뺀 후 그 상태로 식혀주세요.

25 코팅용 초콜릿을 만듭니다. 분량의 초콜릿을 듬성듬성 잘라 내열용기에 담은 후 전자레인지로 1분 돌려 녹입니다. 가장자리부터 녹기 시작하니 스푼을 이용하여 골고루 섞어주세요.

26 다시 전자레인지에 1분 돌려 잘 섞습니다. 이 과정을 초콜릿이 완전히 녹을 때까지 반복합니다.

27 완전히 식은 빵은 아래에 팬을 받치고 철망 위에 올려놓습니다.

28 녹인 초콜릿을 빵 윗면에 부어 코팅합니다. 코팅 용 초콜릿이 부족할 경우 빵을 들어 윗면을 찍 어도 됩니다. 이때 호두가 떨어지지 않도록 조심히 다루 세요.

엇! 기껏 예쁘게 붙인 호두가 초콜릿 코팅 때문에 사라졌 습니다.

29 철망째 들어 가볍게 내리칩니다. 이렇게 하면 호두의 울퉁불퉁한 모양이 멋스럽게 살아납니다.

• 초콜릿 빵은 날씨가 더우면 겉이 녹아내려 지저분해지니 비닐 밀봉 포장보다 종이 포장이 적절합니다.

실패 없고 풍미 좋은

스펀지 만들기

스펀지 법('중종법'이라고도 합니다)은 재료와 도구의 상태가 지금처럼 좋지 않던 때 사용한 제빵 기술입니다. 브리오슈처럼 버터 배합이 높은 빵에 사용하면 믹싱 시간을 줄일 수 있고 발효도 잘 되어 빵 결이 부드러워집니다.

방법은 분량의 밀가루 중 50~70%에 해당하는 양에 이스트와 물을 섞어 반죽하고, 처음 부피의 4~5배 정도로 과발효를 합니다. 그런 다음 본반죽에 넣고 섞으면 됩니다. 이 과발효 과정이 생각보다 어렵습니다. 자칫 판단을 잘못하면 과발효가 지나쳐 도리어 본반죽에 해를 끼칠 수 있거든요. 이럴 경우 반죽에서 시큼한 냄새가 나거나 식감이 퍼석한 빵이 됩니다. 실패 없고 풍미 좋은 스펀지 만드는 방법입니다.

Ingredients

반죽

강력분 140g

소금 1g

인스턴트 드라이이스트 2g

물 80g

I 믹싱볼에 분량의 강력분, 소금, 인스턴트 드라이이
스트를 넣고, 끝으로 분량의 물을 넣어 저속으로 반
죽기를 돌립니다.

2 날가루가 보이지 않으면 중속으로 속도를 올려 반죽기를 돌립니다.

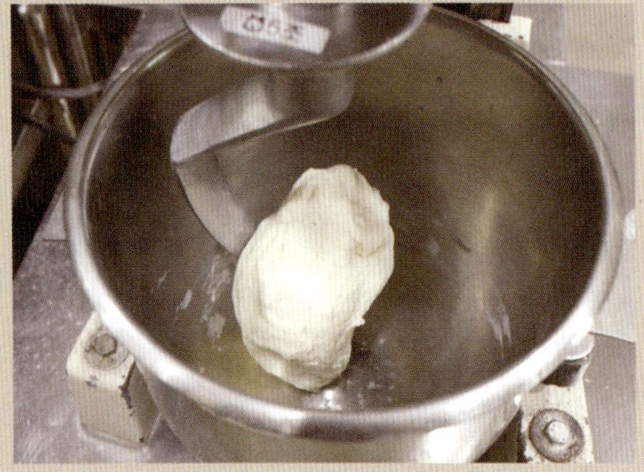

3 탄성이 생길 때까지 반죽기를 돌립니다.

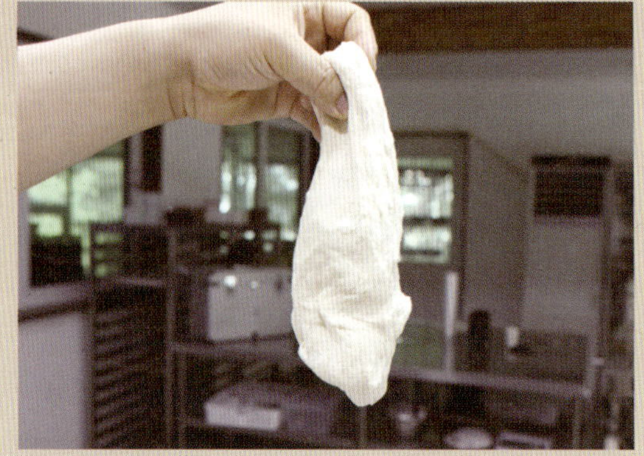

4 반죽을 꺼내 늘려보면 되직한 상태입니다.

5 동글리기를 하여 모양을 정리합니다.

6 반죽을 볼(용기)에 넣고 표면이 마르지 않도록 비닐을 씌운 후 발효합니다.

7 반죽이 처음 부피의 2배로 부풀면 완성입니다.

BAKINGPAPA
햄
치
즈
크
루
아
상

크루아상 샌드위치 생각날 때

치즈와 햄을 끼워 넣은 크루아상에 톡톡 알갱이가 씹히는
홀그레인 머스터드 소스를 곁들였습니다.
굵게 간 겨자씨에 소금, 식초, 향신료 등을 섞어 만든 소스로
버터의 느끼함을 잡고 햄 특유의 훈제 향이 보통의 크루아상을
한층 고급스러운 맛으로 업그레이드해줍니다.
부드러운 크루아상 샌드위치가 생각날 때 만들어 먹기 좋습니다.

Ingredients

분량

크루아상(자투리 포함) 6개

재료

3절 3회 접기 반죽 1개(p. 364 3절 3회 접기 만들기 참조)

부재료

슬라이스 햄 3장

슬라이스 치즈 3장

홀그레인 머스터드 적당량

코팅 물

달걀 1개

물 60g

마무리

슬라이스 치즈 6장

파슬리 적당량

꿀(또는 살구 잼) 적당량

소도구

저울

밀대

붓

실리콘 붓

파이 커터

자

오븐팬

칼

온도계

- 붓은 덧가루를 털어낼 때 사용하고, 실리콘 붓은 달걀물을 바를 때 사용합니다.

I 슬라이스 햄과 치즈를 반으로 잘라서 준비합니다.

2 3절 3회 접기 한 반죽을 냉장실에서 30분 정도 휴지한 다음 꺼내어 재단 후 성형을 합니다. 3절 접기 한 방향으로 반죽을 놓고 그 위를 밀대로 꾹꾹 눌러 버터와 반죽이 고루 분포할 수 있게 합니다.

3 밀대를 굴려가며 위쪽으로 28cm 정도의 높이로 밀어 펴주세요.

4 반죽을 90도 회전하여 다시 위쪽으로 26cm가 될 때까지 밀어줍니다. 그러는 사이 28cm로 늘린 부분은 25~26cm로 줄어듭니다.

가로 세로 각각 26cm의 정사각형이 되면 적당합니다.

5 자와 커터를 이용하여 반죽의 아랫부분을 반듯하게 자르고, 자른 면을 기준으로 위쪽으로 24cm 높이의 윗면도 자릅니다.

6 그런 다음 밑변 8cm, 높이 24cm의 이등변삼각형으로 재단 후 자릅니다. 재단 후에는 반죽에 묻은 덧가루를 붓으로 잘 털어주세요.

7 반죽을 가볍게 잡아당겨 총 길이가 26~27cm 정도 될 때까지 늘리세요.

8 밑변을 양옆으로 당겨 10~11cm 정도로 늘립니다.

9 반죽 위에 슬라이스 치즈 1장을 올리고, 홀그레인 머스터드를 적당히 바른 다음 슬라이스 햄으로 덮 습니다.

10 돌돌 말아주세요.

11 반죽의 끝 2cm 부분에서는 손으로 납작하게 누 른 다음 끝까지 말아줍니다.

12 오븐팬에 일정한 간격을 유지하며 성형한 크루 아상을 올립니다. 그런 다음 분량의 달걀과 물 을 섞어 달걀물을 만들고 반죽 위에 골고루 바릅니다. 이 상태로 밀폐된 공간에 두어 2차 발효를 합니다. 발효 중 간에 표면이 마르면 분무기로 가볍게 물을 뿌려 촉촉함을 유지합니다.

13 반죽이 처음 밀어 펴기 한 두께의 2.5배로 부풀면 2차 발효가 완료된 것입니다.

14 190도 예열한 오븐에서 20분 정도 구워주세요.

15 구워낸 빵은 뜨거울 때 슬라이스 치즈를 한 장씩 더 올리고 다시 오븐에 넣습니다.

16　3~5분간 더 구워 냅니다.

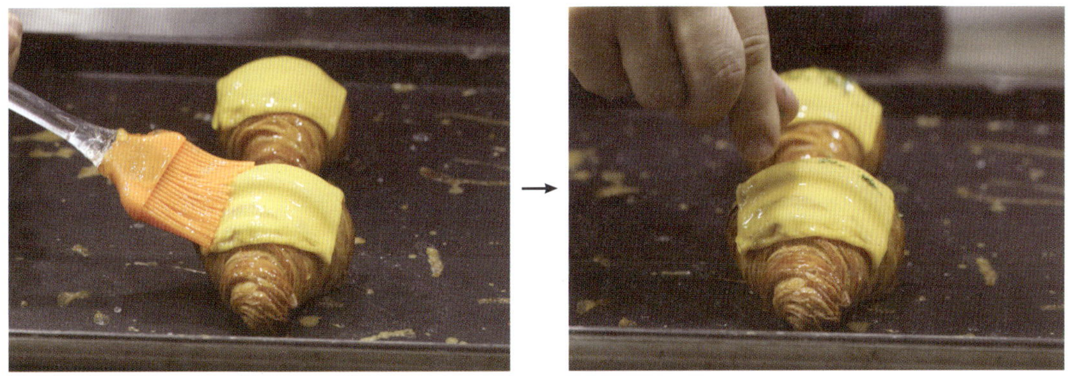

표면에 꿀(또는 살구 잼)과 뜨거운 물을 2:1의 비율로 섞어 바른 다음 파슬리를 뿌리면 완성!

크루아상
안쪽의
버터가
깨졌을 때

밀어 펴기용 버터가 너무 차가우면 반죽을 밀어 펴는 과정에서 버터가 깨질 수 있습니다. 살짝 금이 간 정도라면 상관없지만 사진처럼 금이 가고 완전히 분리되었다면 어느 부분에는 버터가 없고 어느 부분에는 버터가 너무 많이 뭉쳐서 고른 층이 형성되지 않습니다.

버터가 깨진 상태로 성형한 반죽입니다.

버터가 깨진 상태로 2차 발효한 반죽입니다. 군데군데 버터 덩어리가 보입니다.

이런 상태로 구우면 안쪽의 버터가 밖으로 흘러내려 팬에 고입니다.

완성한 크루아상입니다. 우리가 익히 보아 온 크루아상과 많이 다르지요?

● 버터가 깨지지 않으려면
버터 온도가 반죽 온도보다 높아야 합니다

빵 안쪽을 보세요. 왼쪽은 버터가 깨진 크루아상이고 오른쪽은 제대로 잘 만든 크루아상입니다. 버터가 깨진 크루아상은 딱딱하고 질겅질겅 씹히는 식감에 맛도 느끼합니다. 잘 된 크루아상은 보기에도 파삭하고 맛도 부드럽습니다.

빵 속의 버터가 깨지지 않게 하려면 반죽에 버터를 감쌀 때 버터의 온도가 반죽 온도보다 높아야 합니다. 그래야 반죽의 냉기로 버터가 굳어 깨지지 않습니다.

아몬드크루아상

제빵과 제과, 환상의 콜래보레이션

잘 말은 크루아상에 과자 토핑을 올려 구웠습니다.
토핑 올린 빵을 만들 때 신경 써야 할 것이
토핑 무게에도 쉽게 주저앉지 않는 튼튼한 베이스입니다.
그리고 2차 발효를 일반 크루아상보다 조금 짧게 하면
비주얼이 더 잘 살아납니다.
맛도 훌륭합니다.
좀 망쳐도, 결과물의 완성도가 맘에 들지 않아도
맛에서만큼 부족함이 없는 것이
바로 이 '아몬드크루아상'입니다.

Ingredients

분량

아몬드크루아상(자투리 포함) 6개

재료

3절 3회 접기 반죽 1개(p. 364 3절 3회 접기 만들기 참조)

아몬드크림

아몬드 가루 50g

박력분 10g

버터 50g

설탕 50g

달걀 1개

코팅 물

달걀 1개

물 60g

토핑

슬라이스 아몬드 적당량

슈가파우더 적당량

• 버터는 실온에 두어 부드러운 상태로 사용합니다.

소도구

저울

밀대

붓

파이 커터

자

오븐팬

핸드믹서

고무주걱

짜는 주머니

일자 모양 깍지

체

온도계

I 아몬드크림을 만듭니다. 볼에 분량의 버터와 설탕을 넣고 핸드믹서로 골고루 섞습니다.

2 ①에 분량의 달걀을 넣고 부드럽게 섞일 정도로 휘핑합니다.

3 분량의 아몬드 가루와 박력분을 체에 쳐서 버터혼합물에 넣고 고무주걱으로 골고루 섞습니다.

4 3절 3회 접기를 마친 반죽을 냉장실에서 30분 정도 휴지한 다음 꺼내어 재단 후 성형을 합니다.

5 3절 접기 한 방향으로 반죽을 놓고 그 위를 밀대로 꾹꾹 눌러 버터와 반죽이 고루 분포할 수 있게 합니다.

6 밀대를 굴려가며 위쪽으로 28cm 정도의 높이로 밀어 펴주세요.

7 반죽을 90도 회전하여 다시 위쪽으로 26cm 될 때까지 밀어줍니다. 그러는 사이 앞서 28cm로 늘린 부분은 25~26cm로 줄어듭니다. 가로 세로 각각 26cm의 정사각형이 되면 적당합니다.

중간중간 반죽에 묻은 덧가루를 붓으로 잘 털어주세요.

8 자와 커터를 이용하여 반죽의 아랫부분을 반듯하게 자르고, 자른 면을 기준으로 위쪽으로 24cm 높이로 윗면도 자릅니다.

9 그런 다음 밑변 8cm, 높이 24cm의 이등변삼각형을 재단 후 자릅니다.

IO 잘라놓은 삼각형 밑변의 중앙을 1cm 정도 자릅니다.

II 반죽을 가볍게 잡아당겨 늘립니다. 총 길이가 28cm 정도 될 때까지 늘리면 적당합니다.

I2 이번에는 자른 밑변을 벌려 돌돌 말아줍니다.

I3 양옆을 가볍게 누르며 계속 돌돌 말아줍니다.

14 반죽 끝 2cm 부분에서는 손으로 납작하게 누른 다음 끝까지 말아줍니다.

15 오븐팬에 일정한 간격을 유지하며 성형한 크루 아상 반죽을 올립니다. 그런 다음 분량의 달걀과 물을 섞어 달걀물을 만들고 반죽 위에 골고루 바릅니다. 이 상태로 밀폐된 공간에 두어 2차 발효를 합니다. 발효 중간에 표면이 마르면 분무기로 가볍게 물을 뿌려 촉촉함 을 유지합니다.

16 반죽이 처음 밀어 펴기 한 두께의 2.5배로 부풀 면 2차 발효가 완료된 것입니다.

17 짜는 주머니에 일자 모양 깍지를 끼고 아몬드 크림을 담습니다.

18 크루아상이 다 덮을 정도로 얇게 크림을 짭니다.

19 그런 다음 슬라이스 아몬드를 적당히 뿌립니다.

20 190도 예열한 오븐에서 20분 정도 구워주세요. 구워낸 빵은 팬째로 20cm 높이에서 아래로 떨어뜨려 가스를 뺍니다.

21 완전히 식으면 슈가파우더를 듬뿍 뿌려주세요.

• 아몬드크루아상은 충전물이 올라가 있어 내부가 촘촘합니다.

BAKINGPAPA
투 톤 크 루 아 상

전문가다운

기지를

발휘하고 싶을 때

생각나는

'투톤(two tone)'

크루아상은 제빵보다 제과에 가깝습니다.

제과 감각이 없으면 멋지게 소화하기 어려운 아이템이죠.

기존의 투톤크루아상은 초코 면만 부각시켰지,

날카로운 선의 섬세함은 간과한 면이 있습니다.

그래서 상당히 둔탁한 느낌의 빵들이 많이 보이는데요.

이 부분에 공을 들여 우아미를 극대화했습니다.

절제된 반죽, 완벽한 밀어 펴기,

보일 듯 말 듯 드러나는 초코반죽,

철저하게 계산한 재단 사이즈 등

완벽한 투톤크루아상을 전합니다.

Ingredients

분량

투톤크루아상 6개

재료

3절 3회 접기 반죽 1개(p. 364 3절 3회 접기 만들기 참조)

초코반죽

강력분 84g

설탕 16g

버터 16g

소금 1g

인스턴트 드라이이스트 1g

코코아 가루 16g

물 66g

소도구

저울

스크래퍼

밀대

붓

파이 커터

자

오븐팬

볼

비닐

온도계

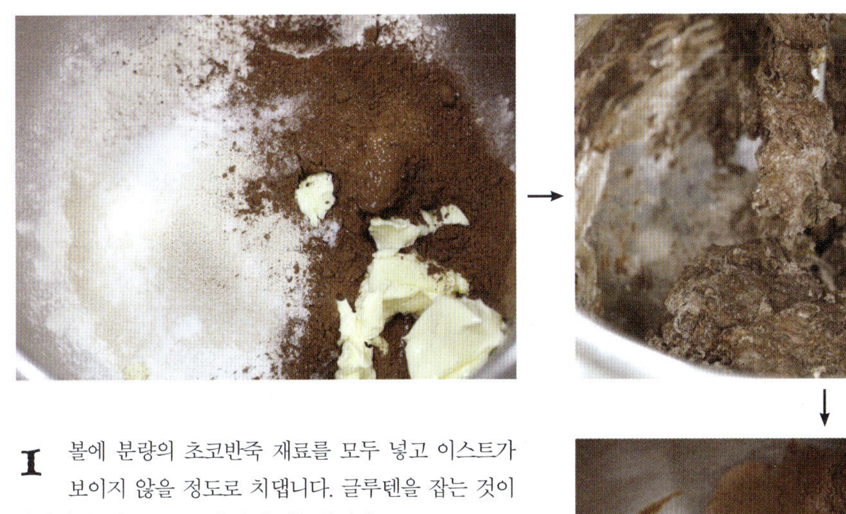
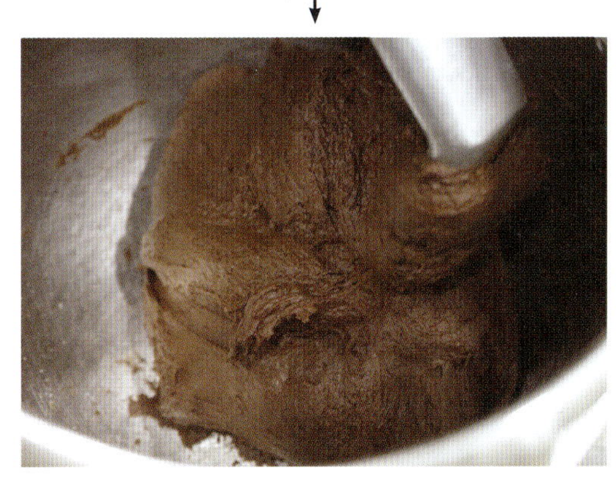

1 볼에 분량의 초코반죽 재료를 모두 넣고 이스트가 보이지 않을 정도로 치댑니다. 글루텐을 잡는 것이 아니니 손 반죽으로도 충분히 가능합니다.

2 가볍게 동글리기를 한 다음 밀대를 이용하여 가로 세로 각각 18cm 정도로 밀어주세요.

3 초코반죽을 비닐로 잘 싸서 냉장 보관합니다.

4 3절 3회 접기 한 반죽을 냉장실에서 30분 정도 휴지한 다음 꺼내어 접은 방향으로 반죽을 놓고 그 위를 초코반죽으로 덮습니다. 초코반죽의 크기가 작으면 밀대로 밀어서 크기를 맞추세요.

5 밀대로 꾹꾹 눌러 초코반죽과 크루아상 반죽이 고르게 분포하도록 합니다.

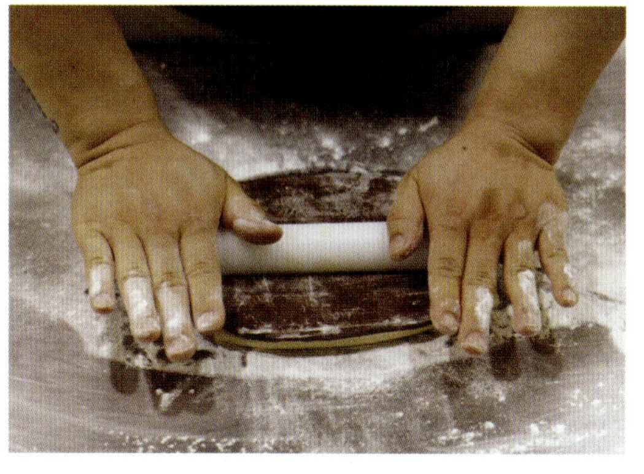

6 서로 잘 밀착되도록 밀대를 굴려가며 밉니다.

7 반죽을 뒤집은 뒤 커터로 여분의 초코반죽을 잘라냅니다.

8 다시 뒤집어서 세로로 28cm 정도 밀어 펴주세요.

9 그런 다음 반죽을 90도 회전하여 다시 세로로 26cm 될 때까지 밀어줍니다. 그러는 사이 28cm 로 늘린 면은 25~26cm로 줄어듭니다. 가로 세로 각각 26cm의 정사각형이 되면 적당합니다.

10 자와 커터를 이용하여 반죽의 아랫부분을 반 듯하게 자르고, 자른 면을 기준으로 위쪽으로 24cm 높이의 윗면도 자릅니다. 그런 다음 밑변 8cm, 높 이 24cm인 이등변삼각형을 재단 후 자릅니다. 자르는 중 간중간 반죽에 묻은 덧가루를 붓으로 잘 털어주세요.

II 이제 본격적인 성형에 들어갑니다. 반죽을 가볍게 잡아당겨 총 길이가 26~27cm 정도 될 때까지 늘리세요. 너무 잡아당겨서 초코반죽에 상처가 나지 않도록 주의하세요.

I2 밑변을 양옆으로 당겨 약 10~11cm 정도로 늘립니다.

I3 그런 다음 돌돌 말아주세요.

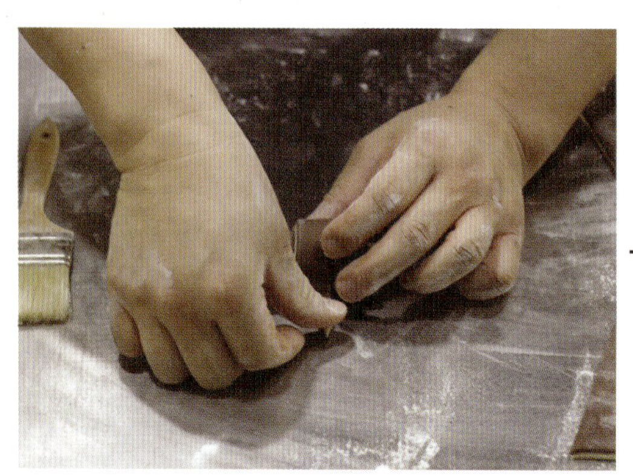

I4 반죽의 끝 2cm 부분에서는 손으로 납작하게 누른 다음 끝까지 말아줍니다.

완성!

15 오븐팬에 일정한 간격을 유지하며 성형한 크루 아상을 올립니다.

16 이 상태로 밀폐된 공간에 두어 2차 발효를 합니 다. 발효 중간에 표면이 마르면 분무기로 가볍게 물을 뿌려 촉촉함을 유지합니다.

17 반죽이 처음 밀어 펴기 한 두께의 2배로 부풀면 2차 발효가 완료된 것입니다.

• 모양 유지를 위해 기본 크루아상보다 2차 발효 시간을 짧게 합니다.

18 190도 예열한 오븐에서 20분 정도 구워주세요. 구워낸 빵은 팬째로 20cm 높이에서 아래로 떨 어뜨려 가스를 뺍니다. 완전히 식으면 종이 포장하여 파 삭함과 촉촉함을 유지시켜 주세요.

• 초코반죽의 광택을 살리기 위해 살구 잼과 따뜻한 물 을 걸쭉하게 섞어 발라도 좋습니다.

바게트

BAGUETTE

열정이 부른 멋진 피날레

바게트, 너의 이름을 부른다

BAKINGPAPA
하 드 롤

씹을수록 고소하다

추억의 하드롤

30년 전만 해도 빵집에는 단팥빵, 소보로빵, 크림빵…
이렇게 달고 말랑말랑한 빵이 주를 이루었습니다.
그런 분위기에 처음으로 하드롤이 나오자
얼마나 신선하던지요.
비단 제 얘기만은 아닐 겁니다.
그땐 '돌빵'이라 부르며
이 담백하고 딱딱한 빵을 생크림에
찍어 먹는 행위를 유행처럼 즐겼습니다.
요즘은 하드 계열 빵의 종류가 무척 다양해져
하드롤이 추억의 빵처럼 느껴지기도 합니다.
추억도 되살릴 겸 하드롤 고유의 씹을수록
고소한 감칠맛을 느껴보세요.

Ingredients

분량

하드롤 14개

반죽

강력분 500g

설탕 10g

버터 15g

소금 7g

인스턴트 드라이이스트 7g

물 325g

• 물은 여름에는 약 15도, 겨울에는 약 25도가 적당합니다.

소도구

저울

스크래퍼

볼이나 뚜껑이 있는 용기

오븐팬

비닐

온도계

1 믹싱볼에 분량의 강력분, 설탕, 버터, 소금, 인스턴트 드라이이스트를 넣습니다.

2 다른 볼에 분량의 물을 담고 ①의 믹싱볼에 부어 저속으로 반죽기를 돌립니다. 날가루가 보이지 않으면 반죽기를 멈추고 중속으로 속도를 올려 다시 반죽합니다.

3 글루텐 80%로 반죽을 합니다. 반죽이 한 덩이가 되고 탄력이 있으며 전체적으로 매끈해질 때 반죽기를 멈추면 됩니다.

반죽의 질기는 기본식빵 반죽보다 되직하며 손에 묻어나지 않습니다.

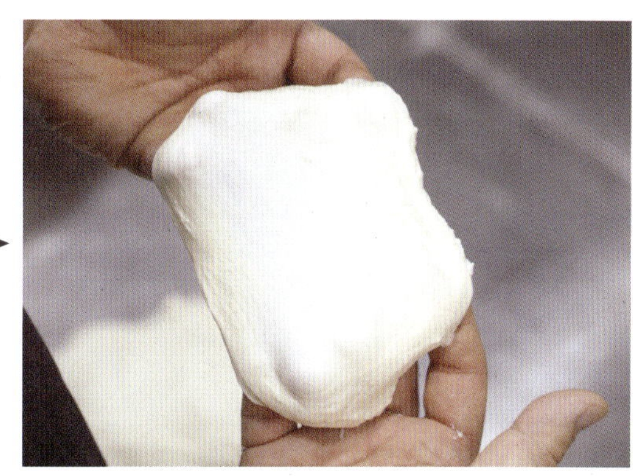

반죽을 조금 떼어내 늘렸을 때 매끈하게 늘어납니다.

4 동글리기 하여 표면을 매끈하게 정리합니다.

5 볼(용기)에 덧가루를 뿌리고 반죽을 넣은 후 다시 윗면에도 덧가루를 뿌려 들러붙지 않게 합니다. 그런 다음 표면이 마르지 않도록 비닐을 씌워 직사광선이 없는 실온에 둡니다(1차 발효). 반죽이 처음 부피의 2배로 부풀면 볼(용기)에서 꺼내 펀칭합니다.

- 펀칭은 부풀어 오른 반죽의 가스를 빼는 행위로 반죽에 힘을 줍니다.

6 작업대에 덧가루를 뿌리고 반죽의 매끈한 면이 위로 가도록 놓은 후 양손으로 눌러 가스를 뺍니다.

7 반죽을 위에서 중앙으로 1/3 접습니다.

8 다시 아래에서 중앙으로 1/3 접고 손으로 눌러 가스를 뺍니다.

9 반으로 접어 가스를 뺍니다.

10 다시 반으로 접고 작업대의 덧가루를 걷어낸 후 동글리기를 합니다.

11 반죽을 볼(용기)에 넣고 1차 발효를 계속 진행합니다.

I2 반죽이 처음 부피의 3~3.5배, 펀칭 후 부피의 2~2.5배로 부풀면 1차 발효가 완료된 것입니다. 발효 전후를 비교해 보세요.

I3 작업대에 덧가루를 뿌리고 반죽의 매끈한 면이 위로 가도록 놓습니다. 그런 다음 스크래퍼를 이용해 60g씩 분할합니다.

I4 하드롤은 동글리기가 성형입니다. 꼼꼼하게 동글리기 한 뒤 뒷면을 꼬집어 주세요.

15 성형한 반죽을 오븐팬에 일정한 간격으로 올리고 반죽이 마르지 않도록 밀폐된 공간에서 2차 발효합니다. 발효 중간에 표면이 마르면 분무기로 가볍게 물을 뿌려 촉촉함을 유지합니다.

16 반죽이 처음 부피의 2~2.5배로 부풀면 2차 발효가 완료된 것입니다. 윗면에 칼집을 2개 내거나 열십자(+)로 가위집을 냅니다.

17 190도 예열한 오븐에서 15~20분간 굽습니다. 빵의 윗면이 갈색이 나면 적당합니다.

폴리시바게트

평등 그 이상으로

대중적인

숏(short) 바게트

은은한 과일향의 폴리시(polish)를 사용한 바게트입니다.
촉촉한 속살과 알통처럼 불끈 튀어나온
딱딱한 겉면이 독특한 형태를 이룬 바게트는
베이킹을 좀 한다는 사람에게는 제대로
잘 만들고 싶은 아이템입니다.
길게 구울수록 파삭한 크럼(crumb)과
촉촉한 속살이 잘 살아나
한때 제빵사들 사이에서는
'누가 더 길게 굽는지' 경연이 벌어지기도 했다고 합니다.
프랑스에선 프랑스혁명 이후 이런 바게트에
정치적 의미를 부여해 길이를 80cm 이하로,
무게를 300g으로 제한했습니다.
대표 주식인 바게트에 길이를 정함으로써
'평등의 상징'으로 삼은 거죠.
하지만 이런 평등도 집에서 가정용 오븐으로 구울 때는
깨질 수밖에 없습니다.
누가 뭐라 해도 우리에게는 40~50cm 길이가
짧은 바게트가 적당합니다.

Ingredients

분량

폴리시바게트 3개

폴리시

강력분 100g

물 100g

인스턴트 드라이이스트 1~2꼬집

반죽

강력분 350g

박력분 150g

폴리시 150g

소금 7g

인스턴트 드라이이스트 7g

물 375g

• 물은 여름에는 약 15도, 겨울에는 약 25도가 적당합니다.

소도구

저울

스크래퍼

볼이나 뚜껑이 있는 용기

오븐팬

캔버스 천

나무 패널

비닐

온도계

●

폴리시(polish)는 대표적인 사전 반죽으로 하드 계열 빵의 풍미를 개선하고 밀가루의 산화를 지연합니다. 밀가루와 물을 1:1로 하고, 여기에 이스트를 아주 조금 넣어 만듭니다. 수분이 많아 반죽의 안정을 이끌고 바게트 속살에도 좋은 영향을 미칩니다.

1 폴리시를 만듭니다. 볼에 분량의 밀가루와 이스트, 물을 넣고 날가루가 보이지 않을 정도로 섞은 후 표면이 마르지 않도록 비닐을 덮어 실온에 8~12시간 두면 됩니다. 반죽이 처음 부피의 4배 정도 부풀면 사용하세요. 잘 만든 폴리시는 은은한 과일 향이 납니다. 시큼한 냄새가 나면 완성품의 풍미가 좋지 않으니 오래 발효시키지 않도록 주의하세요.

2 믹싱볼에 분량의 강력분, 박력분, 폴리시, 소금, 인스턴트 드라이이스트를 넣고, 물은 따로 볼에 담습니다.

3 ②의 믹싱볼에 물을 부어 저속으로 반죽기를 돌립니다. 날가루가 보이지 않으면 반죽기를 멈추고 중속으로 속도를 올려 다시 반죽합니다.

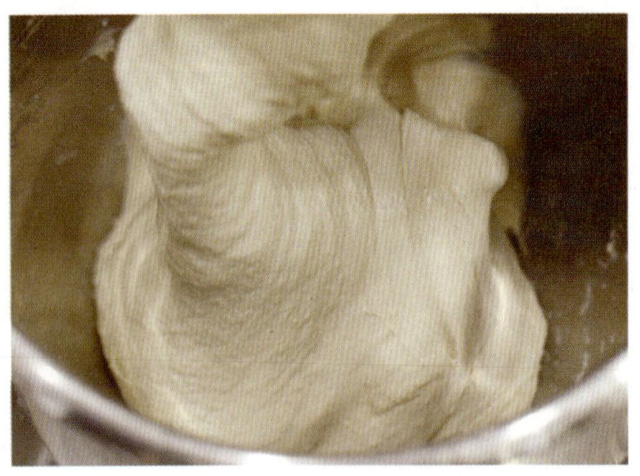

4 글루텐 70~80%로 반죽합니다. 반죽이 한 덩이가 되고 탄력이 있으며 전체적으로 매끈해지면 반죽기를 멈추면 됩니다.

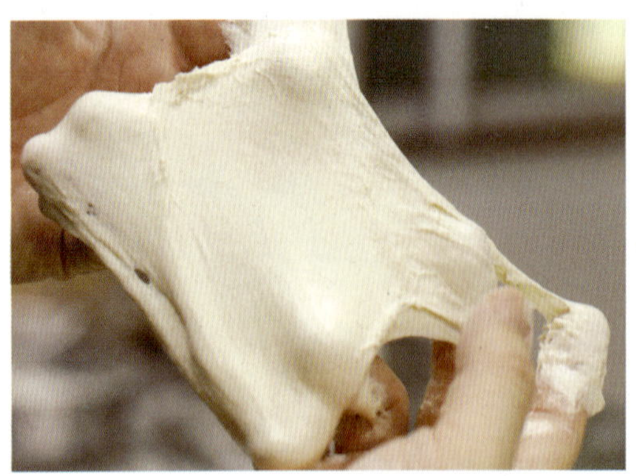

반죽을 조금 떼어내 늘렸을 때 매끈하게 늘어납니다.

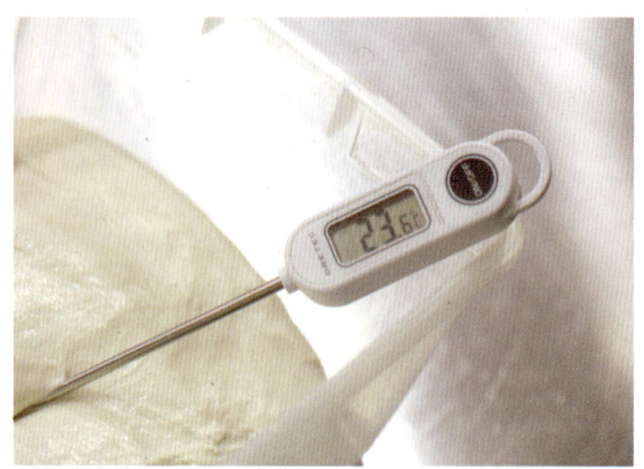

이때 반죽 온도는 21~24도가 적당합니다.

5 용기에 덧가루를 뿌리고 반죽을 넣은 후 다시 윗면에도 덧가루를 뿌려 들러붙지 않게 합니다. 그런 다음 표면이 마르지 않도록 비닐을 씌워 직사광선이 없는 실온에 둡니다(1차 발효).

6 30분이 지나면 폴딩을 합니다. 반죽을 동서남북으로 돌려가며 끊어지지 않게 들었다 접으면 됩니다.

폴딩을 통해 반죽이 보다 탱탱해졌습니다.

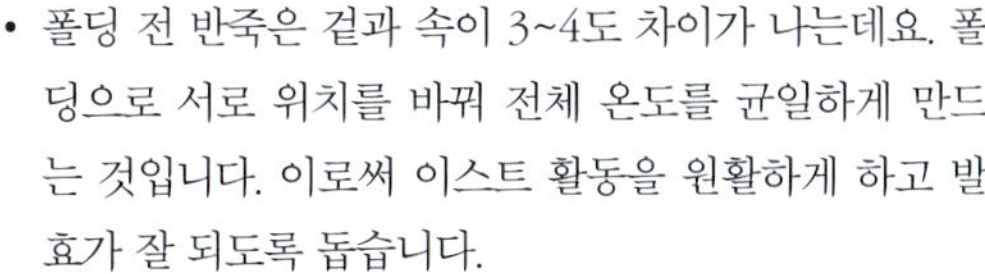

- 폴딩 전 반죽은 겉과 속이 3~4도 차이가 나는데요. 폴딩으로 서로 위치를 바꿔 전체 온도를 균일하게 만드는 것입니다. 이로써 이스트 활동을 원활하게 하고 발효가 잘 되도록 돕습니다.

7 용기에 반죽을 넣고 실온에서 1차 발효를 계속 진행합니다.

8 반죽이 처음 부피의 3~3.5배로 부풀면 1차 발효가 완료된 것입니다.

9 작업대와 반죽 위에 덧가루를 뿌리고, 스크래퍼를 이용하여 용기의 가장자리를 긁습니다.

IO 용기를 뒤집어 반죽을 꺼낸 후 반죽의 윗면에도 덧가루를 뿌려 주세요. 그런 다음 스크래퍼를 이용해 350g씩 분할합니다.

II 분할한 반죽을 위에서 아래로 접습니다.

I2 그런 다음 아래에서 위로 접습니다.

I3 반죽을 90도 돌려 위에서 아래로, 아래에서 위로 한 번씩 더 접습니다. 동서남북 사방으로 각각 한 번씩 접으면 됩니다.

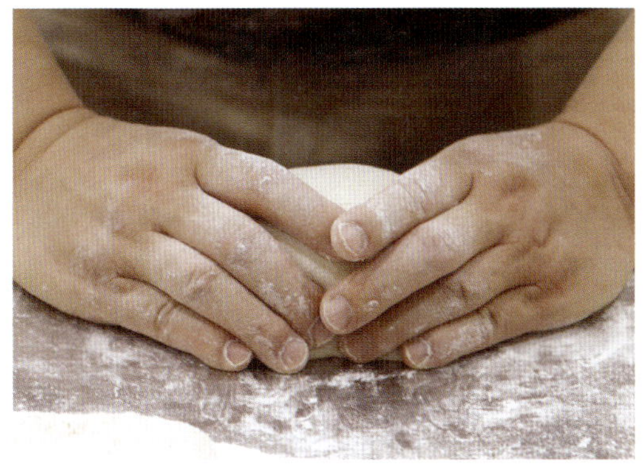

14 반죽을 앞뒤로 밀어가며 가볍게 늘려 가스를 뺍니다.

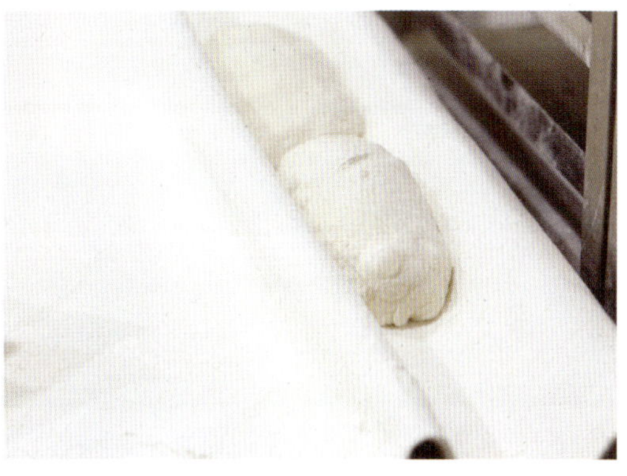

15 캔버스 천에 덧가루를 뿌리고 반죽을 올립니다. 반죽이 옆으로 퍼지지 않도록 천을 접어 두툼한 경계선을 만듭니다. 표면이 마르지 않도록 여분의 천으로 덮어 5~15분 중간 휴지합니다.

16 작업대에 중간 휴지한 반죽을 윗면이 아래로 가도록 놓습니다. 그런 다음 손바닥으로 가볍게 눌러 가스를 뺍니다.

17 이번에는 반죽을 위에서 아래로 1/3 접고 손바닥으로 누릅니다. 같은 방법으로 한 번 더 반복합니다.

18 마지막 남은 1/3을 접고 손바닥 끝으로 이음매를 붙이면서 누릅니다.

19 반죽을 양손으로 가볍게 늘려 40~50cm가 되도록 합니다. 이때 무리해서 늘리면 반죽이 망가질 수 있으니 가능한 만큼만 늘리세요.

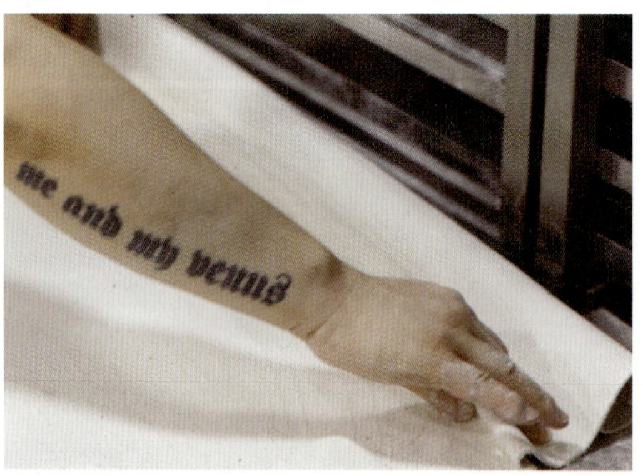

20 성형한 반죽을 캔버스 천에 올리고 천으로 덮어 2차 발효를 합니다.

21 반죽이 처음 부피의 2배 정도 부풀면 2차 발효가 완료된 것입니다.

22 나무 패널 위에 실리콘 페이퍼를 깔고 반죽을 옮긴 후 반죽 윗면에 일자에 가까운 사선으로 칼집을 냅니다.

• 나무 패널이 없을 때는 종이 상자를 적당한 크기로 잘라서 사용합니다.

23 220도 예열한 오븐에 반죽을 넣고 스팀을 쐬준 후 20분 정도 굽습니다. 빵의 윗면이 진한 갈색이 나면 적당합니다.

- 스팀 기능이 없는 오븐에서 하드 계열 빵을 굽는 요령은 p. 482 천연발효종바게트 만들기를 참조하세요.

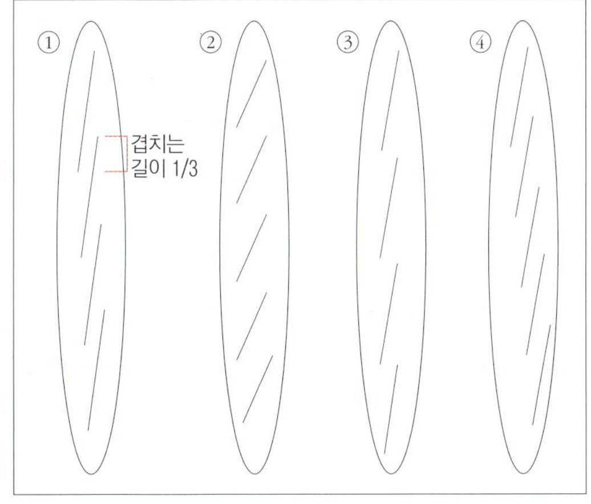

tip

바게트에 칼집 내기

① 가장 이상적인 칼집입니다. 일자에 가까운 사선이되 칼집과 칼집 사이가 서로 1/3씩 겹쳐야 합니다.

② 사선을 이렇게 넣으면 굽는 과정에서 칼집이 누워 바게트 느낌이 잘 살아나지 않습니다.

③ 칼집과 칼집이 서로 겹치지 않으면 구웠을 때 마치 칼집을 하나만 넣은 듯 서로 구분이 없어집니다.

④ 칼집이 반죽의 중앙을 벗어나면 배배 꼬인 바게트가 만들어집니다.

내 손으로 직접 키우는

천연 발효종

최근에는 이스트를 사용하지 않은 빵이 눈길을 끌지요.
이스트 대신 천연 발효종을 사용하는데요.
이 천연 발효종을 집에서도 직접 키울 수 있습니다.
발효의 원리를 알고 시간과 정성을 들이면
누구라도 가능합니다.

상태 좋은 천연 발효종

내 손으로 직접 키우는 천연 발효종

STEP 1 1차 발효종 만들기

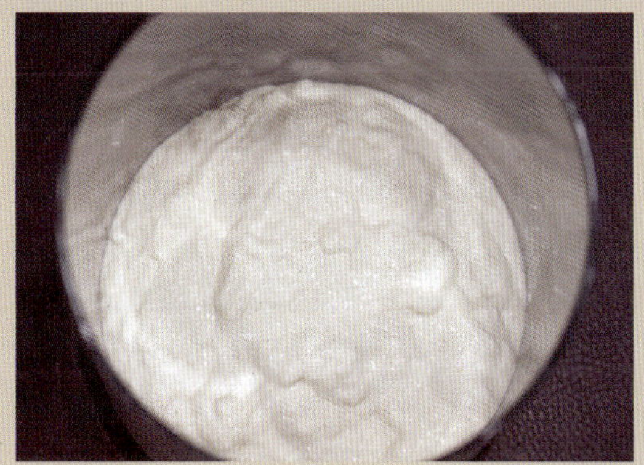

볼에 강력분 200g과 25도의 물 200g을 담고 날가루가 보이지 않을 정도로 휘휘 젓습니다. 그런 다음 표면이 마르지 않도록 비닐이나 랩을 씌워서 실온에 그대로 둡니다. 이 밀가루물이 곧 1차 발효종이 됩니다.

• 천연 발효종의 베이스가 될 밀가루 물은 밀가루가 최소 200g은 되어야 균 배양이 원활합니다. 용기에 랩을 씌울 때는 몇 군데 구멍을 뚫어 주세요.

↓ 12~18시간 경과 후

밀가루 속 살아있는 효모로 공기 중 박테리아를 비롯한 여러 균들이 접근해 효모와 균이 함께 번식을 합니다. 그 결과 실내 조건에 따라 빠르면 12시간, 늦으면 18시간(혹은 그 이상) 사이 밀가루물(1차 발효종)의 부피가 2배 정도 부풀어 오릅니다.

• 초보자가 쉽게 따라할 수 있도록 일부러 진행 속도가 더딘 강력분을 사용했습니다.

STEP 2 2차 발효종 만들기

더 이상 부풀지 않으면 1차 발효종에 먹이를 줍니다. 볼
에 밀가루 200g과 25도 물 200g을 섞은 후 여기에 1차
발효종 200g을 넣고 섞습니다. 이것이 곧 2차 발효종으
로 밀가루:물:1차 발효종의 비율이 1:1:1입니다. 남은 1
차 발효종은 버립니다.

↓ 12시간 경과 후

2차 발효종이 2배로 부풀면서 거품이 보글보글하고 시큼한 냄새도 강해집니다. 효모가 밀가루 속 당분을 먹고, 이산화탄
소, 알코올, 산을 배출하기 때문입니다. 이때부터 반죽은 차츰 산성으로 변하고 자연 살균 작용이 일어납니다. 보글거리는
거품 속에 잡균의 시체가 가득하다고 생각하면 됩니다.

STEP 3 3차 발효종 만들기

다시 볼에 밀가루 200g과 25도의 물 200g을 섞은 후, 2차
발효종 200g을 넣고 잘 섞어 3차 발효종을 만듭니다. 이
때도 역시 밀가루:물:2차 발효종의 비율은 1:1:1입니다.

↓ 12시간 경과 후

3차 발효종의 부피가 3배 이상 부풀었다 꺼집니다. 살균 작용으로 잡균은 사라지고, 효모는 더 왕성하게 번식하고 있다는
증거입니다.

STEP 4 4차 발효종 만들기

발효종이 더 이상 부풀지 않으면 역시나 볼에 밀가루 200g과 25도의 물 200g을 섞은 후, 3차 발효종 200g을 넣고 잘 섞어 4차 발효종을 만듭니다. 이때의 발효종은 전날보다 점성이 덜합니다.

↓ 12시간 경과 후

완성한 천연 발효종(르뱅, levain)입니다. 이제부터는 안정기로 발효종이 부풀었다 꺼지는 흔적이 보일 때에만 새 밀가루물을 추가합니다. 볼에 밀가루 200g과 25도의 물 200g을 섞은 후 4차 발효종 200g과 함께 잘 섞으면 됩니다.

• 이때 남은 발효종으로는 빵을 만들어도 좋습니다.

tip

내가 키운 발효종, 잘 자라고 있나?

발효종의 상태를 확인하는 방법은 간단합니다. 발효종을 조금 떼어내 물에 넣어보면 됩니다. 충분히 발효된 발효종은 둥둥 뜨고 그렇지 않으면 가라앉습니다. 키우고 있는 발효종은 계속해서 밀가루물을 추가하면 5배로 부풀어도 끄떡없는 건강한 발효종으로 살아 있습니다.

- 천연 발효종은 사용하는 물 온도에 따라 맛을 조절할 수 있습니다. 25도 이상의 물을 사용한 발효종은 시큼한 맛이 진하고, 20도 이하의 물로 저온 숙성한 발효종은 플레인 요구르트 같은 향이 납니다.

BAKINGPAPA

무반죽 시골빵

바쁜 현대인에게

'쉼표'를

선물합니다

천연 발효종으로 만든 빵입니다.

이런 빵을 '사워 도 브레드(sour dough bread)'라고 합니다.

천연 발효종 때문에 어렵고 특별한 빵이라는

오해와 선입견을 가질 수 있지만,

이는 그간 우리가 이스트 빵에

너무 많이 노출됐기 때문입니다.

천연 발효종에 대해 조금만 알고 나면

사실 특별할 것도 없는데 말이지요.

천연 발효종은 이스트보다 반응 속도가 느립니다.

사멸 온도가 40도로 이스트보다 낮고요.

천천히 발효하고 또 천천히 구워야 합니다.

맛을 내는 중요한 포인트는 발효종이 죽기 전까지

마음껏 활동할 수 있는 환경을 만들어주는 것입니다.

그래서 무쇠솥을 이용한 간접 열로 굽거나 달군

오븐의 잔열로 굽기도 합니다.

이런 섬세한 과정 때문에

어렵게 생각하는 것인지도 모르겠지만,

그래서 더 특별한 빵이기도 합니다.

들이는 시간만큼 정성이 더해지니

바쁘게 살아가는 현대인에게는

'쉼표와 같은 빵'입니다.

Ingredients

분량

무반죽시골빵 2개

반죽

강력분 400g

통밀가루 100g

천연 발효종 100g

소금 10g

물 325g

- 물은 여름에는 약 20도, 겨울에는 약 25~27도가 적당합니다.
- 강력분 대신 t45 또는 t65 밀가루를 사용해도 됩니다.

소도구

저울

스크래퍼

볼이나 뚜껑이 있는 용기

반느통(20×9×7.5cm) 2개

면포

실리콘 페이퍼

무쇠솥

비닐

온도계

1 볼에 분량의 강력분, 통밀가루, 천연 발효종, 물 290g을 넣고 날가루가 보이지 않게 잘 섞습니다. 30분 정도 그대로 두어 물과 수분이 충분히 결합되도록 합니다. 이런 방식을 '오토리즈(autolyse)'라고 합니다.

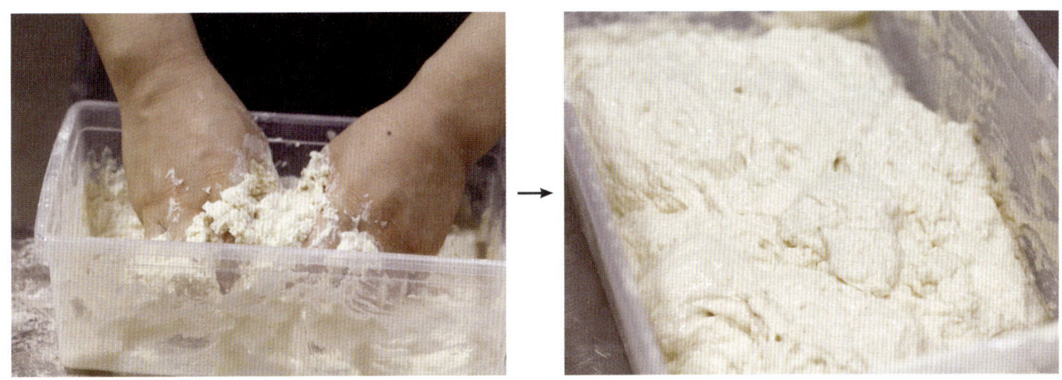

2 30분 후 ①에 나머지 물 35g과 분량의 소금을 넣고 골고루 섞습니다. 표면이 마르지 않도록 뚜껑이나 비닐을 씌워 30분 그대로 둡니다.

3 그런 다음 폴딩을 합니다. 볼을 동서남북 각 방향으로 돌려가며 반죽을 접으면 됩니다. 다시 뚜껑이나 비닐을 씌워 30분 정도 그대로 둡니다. 30분 간격으로 폴딩을 3회 추가해 총 4회에 걸쳐 폴딩을 합니다.

네 번째 폴딩 때는 반죽에 글루텐이 잘 잡혀 탄력이 있습니다. 무반죽법이라고 하지만 실은 발효종에 포함된 천연 효모의 활약으로 보이지 않게 반죽이 이뤄지고 있는 셈이지요. 마지막 폴딩이 끝나면 표면이 마르지 않도록 뚜껑이나 비닐을 씌워 1차 발효를 계속 진행합니다.

4 반죽이 처음 부피의 3~3.5배로 부풀면 적당합니다.

5 작업대와 반죽 위에 덧가루를 뿌리고 스크래퍼를 이용하여 용기의 가장자리를 긁어 반죽이 잘 분리될 수 있게 합니다. 그런 다음 반죽의 매끈한 면이 아래로 가도록 놓고 스크래퍼로 450g씩 분할합니다.

6 분할한 반죽을 위에서 아래로 접습니다.

7 다시 아래에서 위로 접습니다.

8 90도 돌려 위에서 아래로, 아래에서 위로 한 번씩 더 접습니다. 결과적으로 동서남북 각 방향으로 한 번씩 접는 것입니다.

9 그런 다음 반죽을 앞뒤로 밀면서 가볍게 늘려 가스를 뺍니다.

10 반느통에 면포를 깔고 덧가루를 뿌린 다음 반죽을 담고 표면이 마르지 않도록 여분의 천을 덮어 2차 발효를 합니다. 반죽이 1.5배 정도 부풀면 250도 예열한 오븐에 무쇠솥을 넣고 달굽니다. 30분 이상 달궈야 솥 전체에 고루 열이 전달됩니다.

11 반죽이 처음 부피의 2.5배로 부풀면 2차 발효가 완료된 것입니다.

12 작업대에 실리콘 페이퍼를 깔고 그 위에 반죽을 올린 뒤 ')' 모양으로 칼집을 냅니다.

13 오븐에 있는 무쇠솥을 꺼내어 솥 안에 반죽을 넣고 뚜껑을 닫아 다시 오븐에 넣고 20분 정도 굽습니다. 무척 뜨거우니 꼭 두툼한 오븐 장갑을 끼고 작업해야 합니다.

I4 20분 후 뚜껑을 열면 멋진 오븐스프링을 볼 수 있습니다. 이때부터는 뚜껑을 열고 구워 윗면에 색을 냅니다. 10~15분 정도 진한 갈색이 날 때까지 구워 주세요.

- 반죽을 오븐에 넣고 그대로 구우면 반죽의 칼집이 벌어지기 전 윗면이 굳어 버립니다. 이를 막기 위해 간접열로 익히는 것이지요. 가정용 오븐은 문을 열 때마다 온도가 급격히 떨어지지만 무쇠솥은 천천히 달궈지고 천천히 식어 하드 계열 빵을 구울 때 유용합니다.

tip

무쇠솥에 구운 빵 vs. 스테인리스 솥에 구운 빵

왼쪽은 스테인리스 솥에 구운 빵이고, 오른쪽은 무쇠솥에 구운 빵입니다. 스테인리스 솥에 구운 빵은 열이 고르게 전달되지 못해 옆으로 살짝 퍼지고 오븐스프링이 덜합니다. 무쇠솥에 구운 빵은 보다시피 화려한 오븐스프링이 보기가 좋습니다.

BAKINGPAPA
천연발효종바게트

스팀 기능 없는 오븐으로 촉촉하게!

천연 발효종을 이용한 바게트입니다.

길이는 30~40cm, 칼집은 3개 단정하게!

볼륨이 적은 천연 발효종 빵의 특성상 분할량은

이스트를 사용한 바게트보다 많습니다.

스팀이 없는 오븐으로 구웠고,

대신 얼음으로 스팀 효과를 주었습니다.

가정용 오븐은 대부분 스팀 기능이 없으니

꼭 이 방법을 활용하세요.

Ingredients

분량

천연발효종바게트 2개

반죽

강력분 500g

천연 발효종 100g

소금 10g

물 350g

- 물은 여름에는 약 18~20도, 겨울에는 약 25도가 적당합니다.

소도구

저울

스크래퍼

볼이나 뚜껑이 있는 용기

캔버스 천

나무 패널(또는 종이 상자)

실리콘 페이퍼

칼

온도계

1 믹싱볼에 분량의 강력분, 천연 발효종, 소금을 넣습니다.

2 다른 볼에 분량의 물을 담아 ①의 믹싱볼에 부어 저속으로 반죽기를 돌립니다. 날가루가 보이지 않으면 반죽기를 멈추고 중속으로 속도를 올려 다시 반죽합니다.

 → 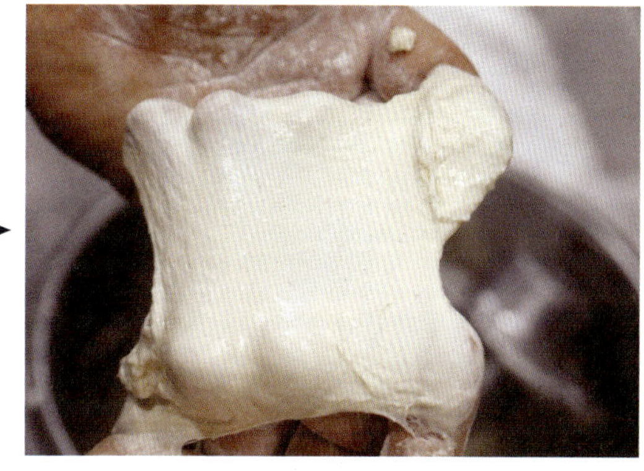

3 글루텐 70~80%로 반죽을 합니다. 반죽이 한 덩이가 되고 탄력이 있으며 전체적으로 매끈해질 때 반죽기를 멈추면 됩니다.

반죽을 조금 떼어내 늘렸을 때 매끈하게 늘어납니다. 이때 반죽 온도는 25~27도가 적당합니다.

- 천연 발효종은 이스트와 달리 발효력이 떨어지고 온도에 민감합니다. 반죽 온도가 차가우면 초기 활동이 느려져 발효가 되기 전 축 처지고 결과물도 좋지 않습니다. 반죽기가 없다면 무반죽시골빵(p. 474 참조)에서 했던 무반죽법으로 만들면 됩니다.

4 용기에 덧가루를 뿌리고 반죽을 넣은 후 다시 윗면에도 덧가루를 뿌려 들러붙지 않게 합니다. 그런 다음 표면이 마르지 않도록 비닐을 씌워 직사광선이 없는 실온에 둡니다(1차 발효).

5 30분 후 폴딩을 합니다. 반죽을 동서남북으로 돌려가며 끊어지지 않게 들었다 접으면 됩니다.

폴딩으로 반죽이 보다 탱탱해졌습니다.

• 폴딩 전 반죽은 겉과 속이 3~4도 차이가 나는데요. 폴딩으로 서로 위치를 바꿔 전체 온도를 균일하게 만드는 것입니다. 이로써 천연발효종 활동을 원활하게 하고 발효가 잘 되도록 돕습니다.

6 폴딩 한 반죽을 용기에 넣고 실온에서 1차 발효를 계속 진행합니다.

7 반죽이 처음 부피의 3배로 부풀면 1차 발효가 완료된 것입니다. 1차 발효가 끝난 반죽은 용기의 가장자리를 스크래퍼로 긁어 분리가 용이하게 합니다. 그런 다음 작업대에 덧가루를 뿌리고 매끈한 면이 위로 가도록 놓고 380g씩 분할합니다.

8 분할한 반죽을 위에서 아래로 접습니다.

9 그런 다음 아래에서 위로 접습니다.

IO 90도 돌려서 다시 위에서 아래로, 아래에서 위로 한 번씩 더 접습니다. 곧, 동서남북 사방으로 각각 한 번씩 접으면 됩니다.

II 반죽을 앞뒤로 밀면서 가볍게 늘려 가스를 뺍니다. 그런 다음 캔버스 천에 덧가루를 뿌리고 반죽을 올립니다. 반죽이 옆으로 퍼지지 않도록 천을 접어 두툼한 경계선을 만듭니다. 표면이 마르지 않도록 여분의 천으로 덮어 5~15분 중간 휴지합니다.

I2 작업대에 중간 휴지한 반죽을 윗면이 아래로 가도록 놓습니다. 그런 다음 손으로 가볍게 눌러 가스를 뺍니다.

I3 반죽을 위에서 아래로 1/3 접어가며 손으로 눌러 가스를 뺍니다. 다시 위에서 아래로 1/3 접어가며 손으로 눌러 가스를 뺍니다.

14 마지막 남은 1/3을 접고 손바닥 끝으로 이음매를 붙이면서 누릅니다.

15 반죽을 양손으로 가볍게 늘려 30~40cm로 만듭니다. 이때 무리해서 늘리면 반죽이 망가지니 가능한 만큼만 늘리세요.

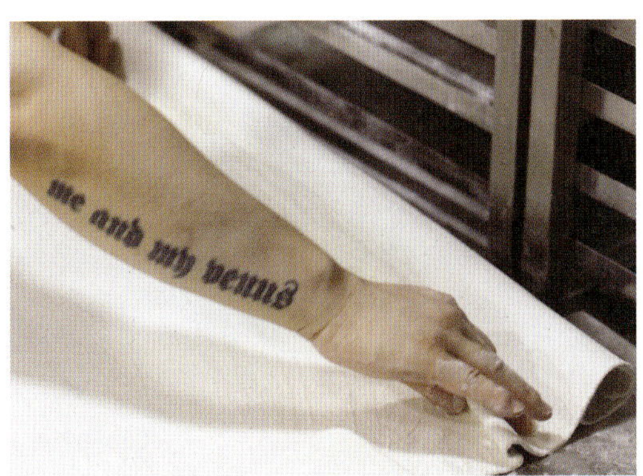

16 성형한 반죽을 캔버스 천에 올리고 천으로 덮어 2차 발효를 합니다.

17 반죽이 처음 부피의 2.5배 정도로 부풀면 2차 발효가 완료된 것입니다.

18 나무 패널(또는 펼친 종이 상자) 위에 실리콘 페이퍼를 깔고 반죽을 옮깁니다.

19 반죽 윗면에 일자에 가까운 사선으로 칼집을 냅니다. 칼집과 칼집 사이 서로 1/3씩 겹쳐야 합니다(p. 458 폴리시바게트 만들기 참조).

20 220도 예열한 오븐에서 스팀을 쏘고 20분 정도 굽습니다. 빵의 윗면이 진한 갈색이 나면 적당합니다.

tip

스팀 기능 없는 오븐으로 빵을 구울 때

① 오븐에 식빵 팬을 넣은 상태로 250도 예열합니다.

② 2차 발효가 끝난 반죽을 오븐에 넣고 달궈 놓은 식빵 팬에 얼음을 가득 넣습니다.

③ 오븐을 끕니다.

④ 15분 후 반죽의 칼집이 벌어지고 오븐스프링이 일어납니다.

⑤ 다시 오븐 온도를 230도로 조절해 15~20분 정도 윗면이 진한 갈색이 날 때까지 굽습니다.

BAKINGPAPA
카레빵

거부감 없는 신맛

맛 따라 취향 따라

사워 브레드 특유의 신맛이 카레 향과 잘 맞아떨어져
평소 시큼한 맛을 싫어하는 사람도
거부감 없이 먹을 수 있는 빵입니다.
부재료를 하나는 삶은 완두콩으로,
다른 하나는 치즈로 사용해
두 가지 버전으로 만들었습니다.
취향에 따라 좋아하는 것을 선택하세요.

Ingredients

분량

카레빵 7개

반죽

강력분 500g

카레 가루 30g

천연 발효종 100g

소금 7g

물 375g

삶은 완두콩 80g

- 물은 여름에는 약 15~20도, 겨울에는 약 25도가 적당합니다.
- 강력분 대신 우리밀 또는 t45를 사용해도 무방합니다.
- 삶은 완두콩 대신 동량의 치즈를 넣어도 맛있습니다.

소도구

저울

스크래퍼

볼이나 뚜껑이 있는 용기

캔버스 천

실리콘 페이퍼

나무 패널

칼

온도계

I 믹싱볼에 분량의 강력분, 카레 가루, 천연 발효종, 소금을 넣습니다.

2 다른 볼에 분량의 물을 넣고 ①의 믹싱볼에 부어 저속으로 반죽기를 돌립니다. 날가루가 보이지 않으면 반죽기를 멈추고 중속으로 속도를 올려 다시 반죽합니다. 글루텐 80%로 반죽을 합니다. 반죽이 전체적으로 매끈해지고 탄력이 생기면 반죽기를 멈추면 됩니다.

반죽을 조금 떼어내 늘렸을 때 매끈하게 늘어납니다.

tip

천연 발효종의 상태가 좋지 않을 때는?

천연 발효종은 날씨와 같습니다. 어떤 날은 상태가 좋았다가, 또 어떤 날은 이유 없이 축 처져 발을 동동 구르게 하지요. 만약 키우고 있는 발효종의 상태가 안 좋다면 밥을 줄 때 소량의 통밀가루를 추가해 보세요. 순식간에 기운을 차리게 될 겁니다. 평소 밥 주는 밀가루의 양이 200g이라면 이중 50g 정도를 통밀가루로 대체하면 됩니다.

3 분량의 삶은 완두콩을 넣고 저속으로 15초 정도 돌립니다.

재료가 골고루 섞이면 완성입니다!

반죽의 질기는 기본식빵 반죽보다 살짝 질은 상태입니다. 강력분을 사용하지 않고 우리밀이나 t45를 사용할 경우 반죽이 더 집니다.

4 동글리기 하여 표면을 매끈하게 정리합니다.

5 볼(용기)에 덧가루를 뿌리고 반죽을 넣은 후 다시 윗면에도 덧가루를 뿌려 들러붙지 않게 합니다. 그런 다음 표면이 마르지 않도록 비닐을 씌워 직사광선이 없는 실온에 둡니다(1차 발효). 반죽이 2배로 부풀면 볼에서 꺼내 펀칭합니다.

• 펀칭은 부풀어 오른 반죽의 가스를 빼는 행위로 반죽에 힘을 줍니다.

6 작업대에 덧가루를 뿌리고 반죽의 매끈한 면이 위로 가도록 놓은 후 양손으로 눌러 가스를 뺍니다.

7 반죽을 위에서 가운데로 1/3 접습니다. 그런 다음 아래에서 가운데로 1/3 접은 후 손으로 눌러 가스를 뺍니다.

8 반으로 접어 가스를 뺍니다.

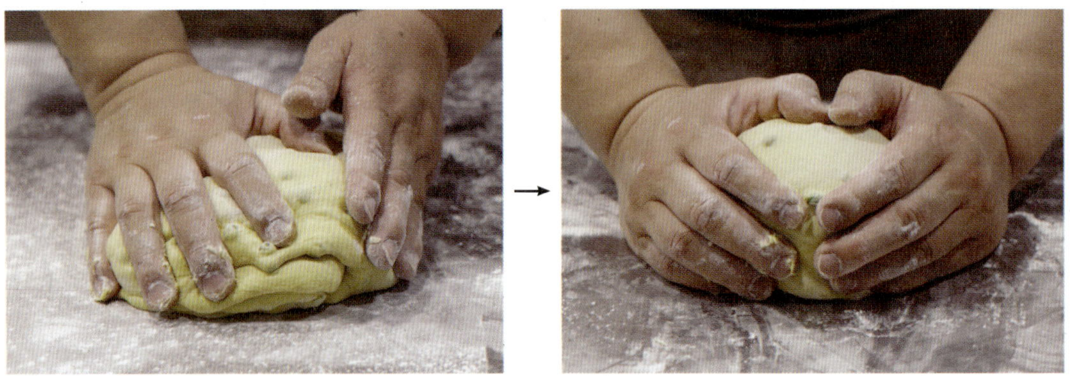

9 또 한 번 반으로 접고, 작업대의 덧가루를 걷어낸 후 동글리기를 합니다. 가스를 뺀 반죽을 볼(용기)에 넣고 1차 발효를 계속 진행합니다.

10 반죽이 처음 부피의 3배, 펀칭 후 부피의 2배로 부풀면 1차 발효가 완료된 것입니다. 발효 전후를 비교해 보세요.

11 작업대에 덧가루를 뿌리고 반죽의 매끈한 면이 위로 가도록 놓습니다. 그런 다음 스크래퍼를 이용해 150g씩 분할합니다.

12 동글리기를 합니다.

13 표면이 마르지 않도록 비닐을 씌워 5~15분 중간 휴지합니다.

14 중간 휴지한 반죽을 매끈한 면이 위를 가도록 놓고 덧가루를 살짝 뿌립니다. 그런 다음 손바닥으로 가볍게 눌러 가스를 뺍니다.

15 반죽을 양손으로 가볍게 늘려 15~20cm로 만듭니다.

16 원로프 성형을 합니다(p. 30 기본 식빵 만들기 참조).

17 캔버스 천에 덧가루를 뿌리고 반죽을 올린 후 반죽이 옆으로 퍼지지 않도록 천을 접어 두툼한 경계선을 만듭니다. 표면이 마르지 않도록 여분의 천으로 덮어 2차 발효를 합니다. 반죽이 처음 부피의 2.5배로 부풀면 2차 발효가 완료된 것입니다.

→

18 나무 패널을 이용하여 실리콘 페이퍼 위에 반죽을 올리고 ')' 모양으로 칼집을 냅니다.

19 220도 예열한 오븐에서 스팀을 쏘고 20분 정도 굽습니다. 빵의 윗면이 옅은 갈색이 나면 적당합니다. 스팀 기능이 없는 오븐으로 구울 경우 p. 482 천연발효종바게트 만들기를 참조하세요.

완두콩 대신 치즈를 넣어도 좋습니다

명란바게트

오래전 일본에서 명란바게트를 먹고 무척 아쉬웠습니다.

젓갈의 상태는 우리 것과 비교가 안 될 정도로 훌륭했지만

소스의 마요네즈 배합이 명란의 깔끔한 맛을

흐리게 했다고 할까요.

잘못 만들면 이렇게 비릴 수 있는 명란바게트는

젓갈에 수분기를 완전히 제거하는 것이 포인트입니다.

유난히 명란젓을 좋아하는 제 아내를 위해,

또 유난히 마늘을 싫어하는 제 아내가

맛있게 먹을 수 있도록

오랜 연구 끝에 완성한 레시피입니다.

알이 톡톡!

비교할 수 없는 맛

Ingredients

분량

명란바게트 4개

반죽

강력분 400g

박력분 100g

소금 7g

인스턴트 드라이이스트 7g

물 330g

마늘 소스

버터 100g

설탕 30~50g

마늘 20g

토핑

저염 명란젓 300g

파슬리 가루 적당량

- 물은 여름에는 약 20도, 겨울에는 약 27~30도가 적당합니다.
- 박력분이 없을 경우 강력분만 500g 넣어도 됩니다.
- 버터는 실온에 두어 부드러운 상태로 사용합니다.

소도구

저울

스크래퍼

볼이나 뚜껑이 있는 용기

바게트팬(또는 오븐팬)

밀대

짜는 주머니

칼

체

손거품기

비닐

온도계

1 믹싱볼에 분량의 강력분, 박력분, 소금, 인스턴트 드라이이스트를 넣습니다.

2 다른 볼에 분량의 물을 넣고 ①의 믹싱볼에 부어 저속으로 반죽기를 돌립니다. 날가루가 보이지 않으면 반죽기를 멈추고 중속으로 속도를 올려 다시 반죽합니다.

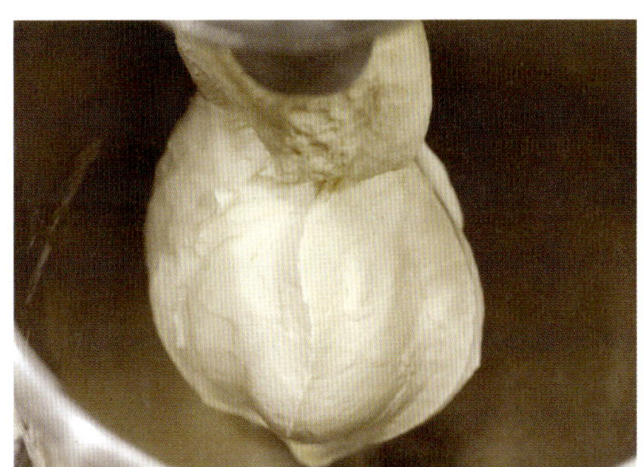

3 글루텐 80%로 반죽을 합니다. 반죽이 전체적으로 매끈해지고 윤기가 나기 시작하면 반죽기를 멈추면 됩니다.

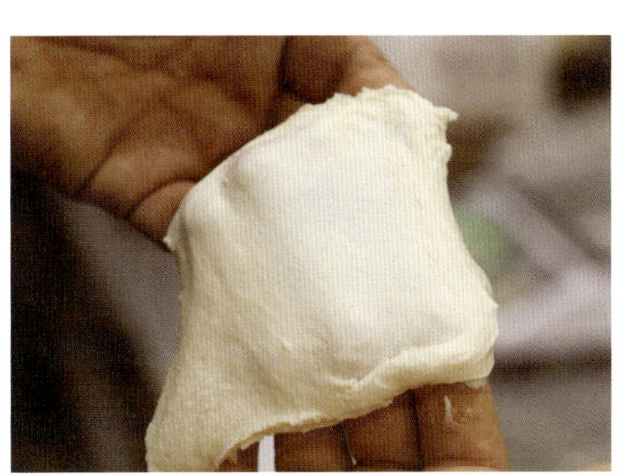 → 

반죽을 조금 떼어내 늘렸을 때 매끈하게 늘어납니다.

반죽의 질기는 기본식빵 반죽보다 되직합니다.

4 동글리기 하여 표면을 매끈하게 정리합니다.

5 볼(용기)에 덧가루를 뿌리고 반죽을 넣은 후 다시 윗면에도 덧가루를 뿌려 들러붙지 않게 합니다. 그런 다음 표면이 마르지 않도록 비닐을 씌워 직사광선이 없는 실온에 둡니다(1차 발효).

6 반죽이 처음 부피의 3~3.5배로 부풀면 1차 발효가 완료된 것입니다. 발효 전후를 비교해 보세요.

7 작업대에 덧가루를 뿌리고 반죽의 매끈한 면이 위로 가도록 놓은 후 스크래퍼를 이용하여 200g씩 분할합니다.

8 분할한 반죽은 작업대의 덧가루를 걷어내고 동글리기를 합니다.

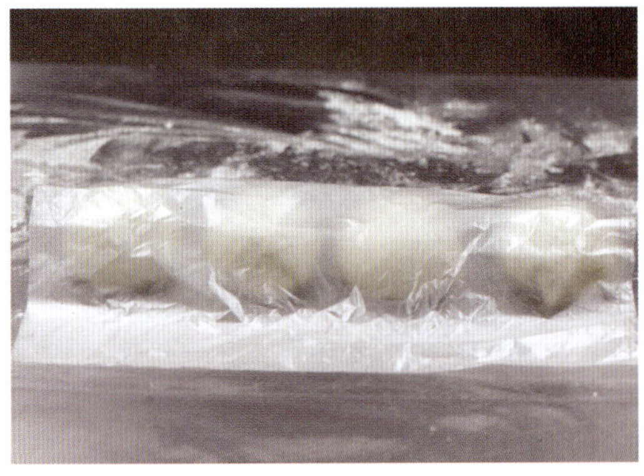
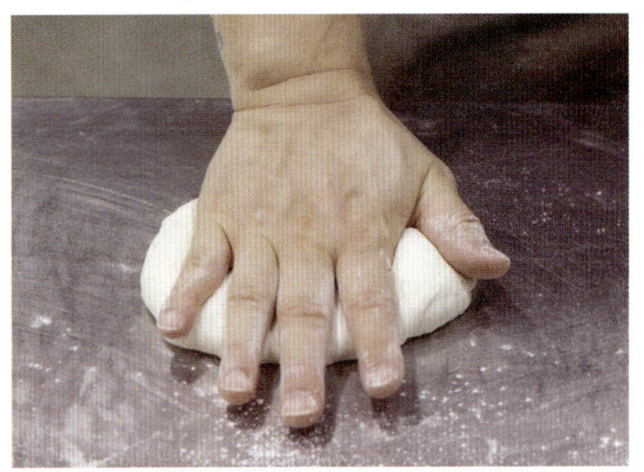

9 표면이 마르지 않도록 비닐을 씌워 5~15분 중간 휴지합니다.

10 중간 휴지한 반죽은 윗면에 덧가루를 살짝 뿌리고 손바닥으로 가볍게 눌러 가스를 뺍니다.

11 반죽을 위에서 아래로 1/3 접어가며 누릅니다.

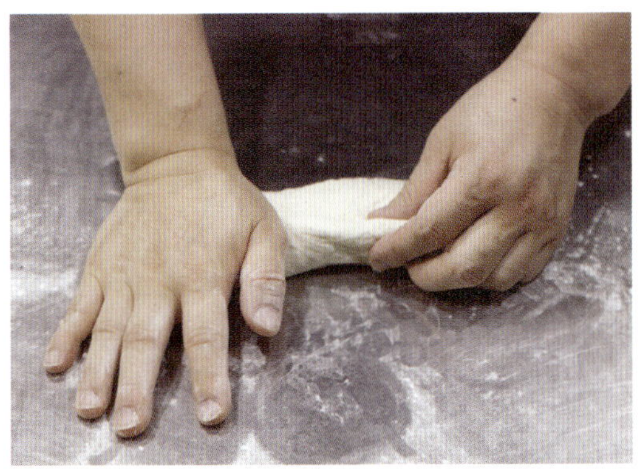

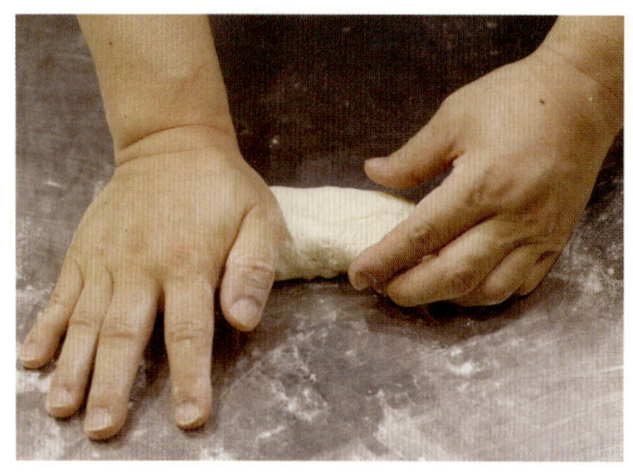 

12 반죽을 다시 위에서 아래로 1/3을 접어가며 누릅니다.

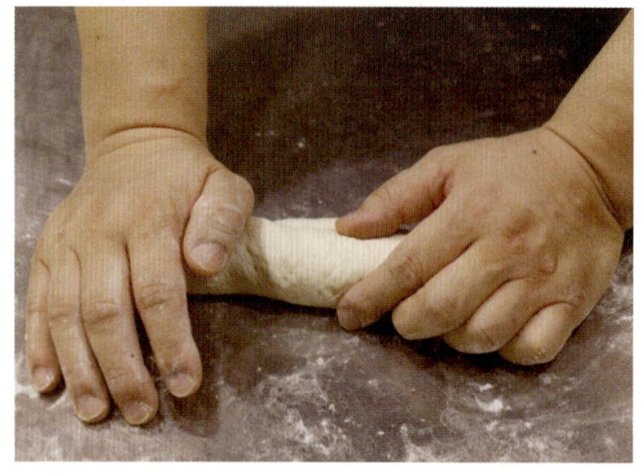

13 또다시 위에서 아래로 1/3을 완전히 접으며 반
죽의 이음매를 누릅니다.

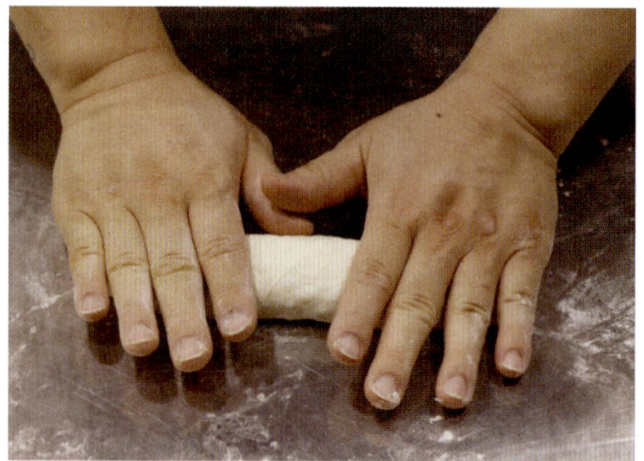

14 반죽을 양손으로 가볍게 늘려 25cm로 만듭니다.

15 성형한 반죽을 바게트팬에 올리고 밀폐된 공간
에서 2차 발효를 합니다. 발효 중간에 표면이 마
르면 분무기로 가볍게 물을 뿌려 촉촉함을 유지합니다.

• 된 반죽이라 발효 도중 옆으로 퍼지지 않으니 바게트
팬이 없다면 오븐팬에 올려도 됩니다.

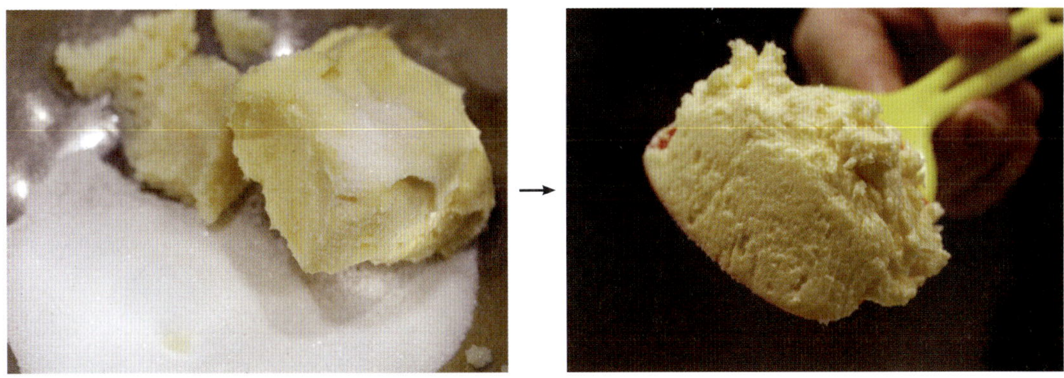

16 마늘 소스를 만듭니다. 볼에 분량의 버터, 마늘, 설탕을 넣고 손거품기로 부드럽게 풀어줍니다.

17 저염 명란젓은 체에 내려 준비합니다.

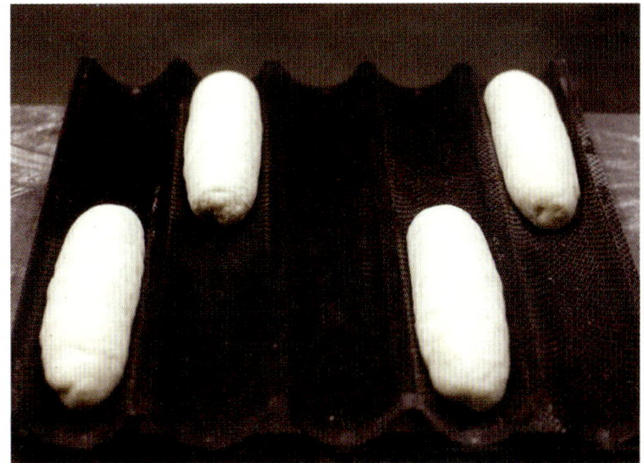

18 반죽이 처음 부피의 2배 정도 부풀면 2차 발효
가 완료된 것입니다.

19 반죽의 시작과 끝부분에 1cm 여유를 두고 일자로 길게 칼집을 냅니다.

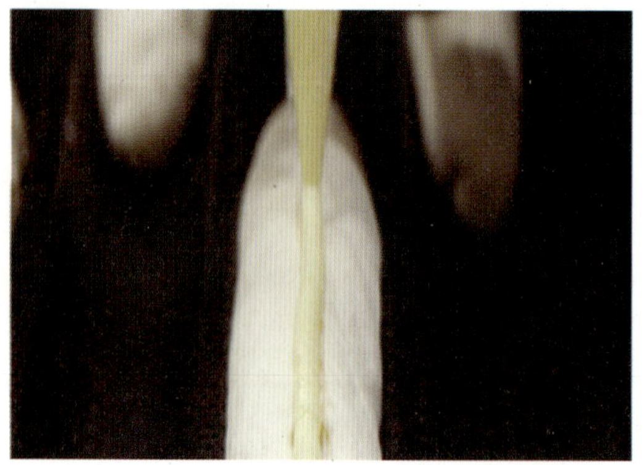

20 칼집 낸 부분에 짜는 주머니를 이용하여 마늘 소스를 듬뿍 짜서 올립니다.

21 180도 예열한 오븐에서 15분 정도 굽습니다. 칼집이 벌어지고 빵 표면에 색이 날 때쯤 오븐에서 꺼내어 명란젓을 얇게 펴 바릅니다.

22 다시 오븐에 넣고 7~10분 정도 굽습니다. 명란젓 표면이 말라 갈라질 때 꺼내주세요.

파슬리 가루를 살짝 뿌리면 더욱 먹음직스럽습니다.

씨앗통밀빵

씹히는 질감이 최고

부드럽다고 하기도 어렵고

대중적 선호도가 높은 빵은 아닙니다.

하지만 가끔 무언가 질겅질겅 씹고 싶은 날이 있지요.

부드러운 목 넘김보다 씹히는 질감을 즐기고 싶은 날,

그런 날 어울리는 빵입니다.

강력분과 통밀가루를 섞어

글루텐을 단단히 잡아도 쫄깃해지기보다 퍼석하게 씹히는

하드 계열 특유의 식감이 잘 살아나는 빵입니다.

Ingredients

분량

씨앗통밀빵 4개

반죽

강력분 400g

통밀가루 100g

소금 7g

인스턴트 드라이이스트 7g

물 340g

부재료

호박씨 50g

해바라기씨 50g

검은깨 15g

- 물은 여름에는 약 15도, 겨울에는 약 25도가 적당합니다.
- 통밀가루 대신 호밀 가루나 보릿가루 등 다른 잡곡 가루를 사용해도 됩니다.

소도구

저울

스크래퍼

볼이나 뚜껑이 있는 용기

나무 패널

실리콘 페이퍼

비닐

온도계

1 믹싱볼에 분량의 강력분, 통밀가루, 소금, 인스턴트 드라이이스트를 넣습니다.

2 다른 볼에 분량의 물을 넣고 ①의 믹싱볼에 부어 저 속으로 반죽기를 돌립니다. 날가루가 보이지 않으면 반죽기를 멈추고 중속으로 속도를 올려 다시 반죽합니다.

3 글루텐 80%로 반죽을 합니다. 반죽이 한 덩이가 되고 탄력이 있으며 전체적으로 매끈해지면 반죽기를 멈추면 됩니다.

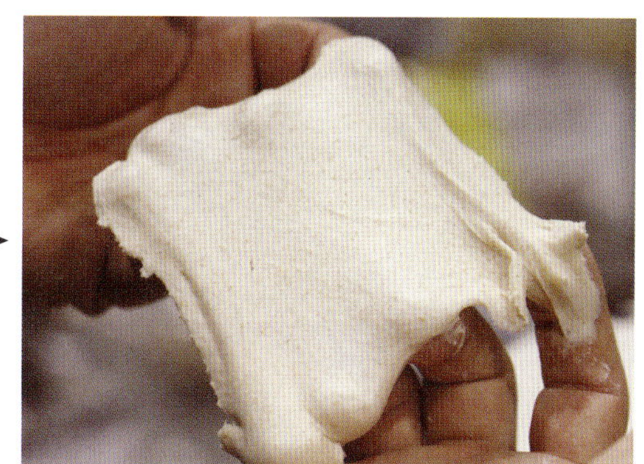

반죽을 조금 떼어내 늘렸을 때 매끈하게 늘어납니다.

4 준비한 씨앗을 넣고 저속으로 10~20초 돌립니다.

반죽이 완성되었습니다.

반죽의 질기는 기본식빵 반죽과 비슷합니다.

5 동글리기 하여 표면을 매끈하게 정리합니다.

6 볼(용기)에 덧가루를 뿌리고 반죽을 넣은 후 다시 윗면에도 덧가루를 뿌려 들러붙지 않게 합니다. 그런 다음 표면이 마르지 않도록 비닐을 씌워 직사광선이 없는 실온에 둡니다(1차 발효).

7 반죽이 처음 부피의 3~3.5배로 부풀면 1차 발효가 완료된 것입니다. 발효 전후를 비교해 보세요.

8 작업대에 덧가루를 뿌리고 반죽의 매끈한 면이 위로 가도록 놓은 후 스크래퍼를 이용하여 240g씩 분할합니다.

9 분할한 반죽은 작업대의 덧가루를 걷어내고 둥글리기를 합니다.

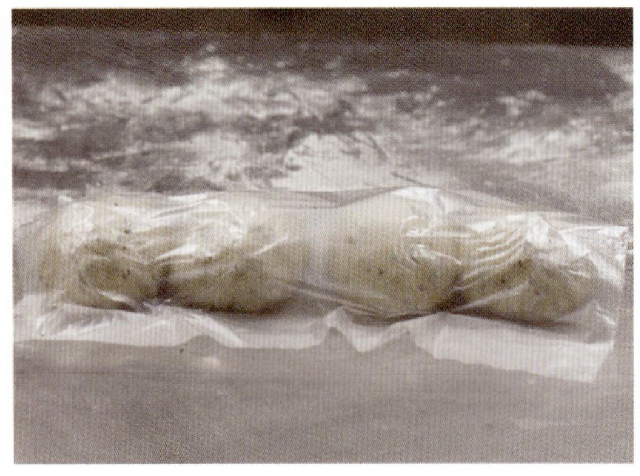

IO 표면이 마르지 않도록 비닐을 씌워 5~15분 중간 휴지합니다.

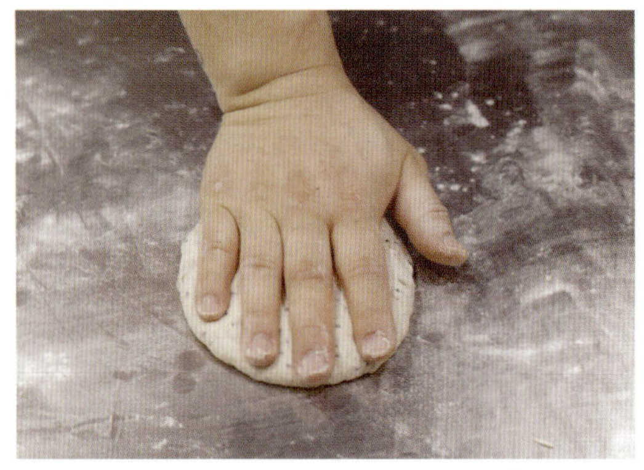

II 중간 휴지한 반죽은 윗면에 덧가루를 살짝 뿌리고 손바닥으로 가볍게 눌러 가스를 뺍니다.

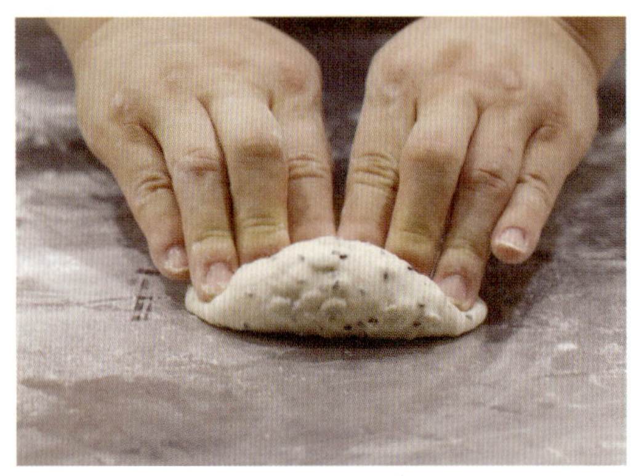 → 

I2 원로프 성형을 합니다(p. 30 기본식빵 만들기 참조).

I3 반죽을 양손으로 가볍게 늘려 25cm로 만듭니다.

14 성형한 반죽을 캔버스 천에 올리고 반죽이 옆으로 퍼지지 않도록 천을 접어 두툼한 경계선을 만듭니다. 그런 다음 여분의 천으로 덮어 2차 발효를 합니다. 반죽이 처음 부피의 2배 정도로 부풀면 2차 발효가 완료된 것입니다.

15 반죽을 나무 패널 또는 적당한 크기로 자른 종이 상자를 이용하여 실리콘 페이퍼를 간 나무 패널 위로 옮깁니다.

16 ')' 모양으로 칼집을 냅니다.

17 220도 예열한 오븐에서 15~20분 정도 굽습니다. 빵의 윗면이 갈색이 나면 적당합니다. 구워 낸 빵은 완전히 식은 다음 종이 포장해 주세요.

스페셜리스트 빵

SPECIALIST BREADS

시대가 변해도 한결 같은 스테디셀러

폭발적 인기를 끌고 있는 지금의 트렌디셀러

잊힌 기억 속에 강한 향수를 불러일으키는

메모리셀러

모두가 기억하고 싶은 스페셜리스트 빵

집에서

탕종 만들기

탕종(湯種)은 중국에서 기원합니다. 퍼석하고 뚝뚝 끊기는 중국 밀가루에 유연성을 더하기 위해 개발한 것으로 '호화시킨 곡물가루 풀'이라고 생각하면 됩니다. 찰지고 쫀득한 식감을 더해 사오롱바오나 딤섬을 만들 때 주로 사용합니다. 우리 밀가루는 일부러 탕종을 쓰지 않아도 될 만큼 적당히 쫄깃하지만, 쫄깃함을 살릴수록 부드러운 식감은 사라지게 되니 이를 보완하고 싶을 때 탕종을 사용합니다.

탕종의 원리는 이렇습니다. 밀가루, 찹쌀 등 곡류에는 녹말이 들어 있는데요. 이런 녹말의 특징이 구조가 촘촘하고 단단해 물이 잘 침투를 못한다는 것입니다. 이럴 때 물을 넣고 열을 가하면 녹말의 구조가 깨지면서 그 사이로 물이 침투해 부풀게 되지요. 녹말은 부피만 커질 뿐 여전히 물에 녹지 않고 작은 분자 상태로 남아 걸쭉한 점성을 형성합니다.

만들어 놓은 탕종은 시간이 지나면 딱딱해집니다. 빠른 시간 내 사용하세요.

Ingredients 찹쌀가루 20g
물 100g

• 찹쌀가루 대신 강력분 · 중력분 · 박력분을 사용해도 됩니다.

1 적당한 크기의 냄비에 분량의 찹쌀가루, 물을 넣고 거품기로 덩어리를 풀어줍니다. 그런 다음 약불에서 걸쭉해질 때까지 졸입니다. 녹말이 익어 점성이 생기고 점점 젤리처럼 탱글탱글해집니다.

• 이때 손거품기로 계속 저어야 타지 않습니다. 탕종이 타면 그 맛과 냄새가 빵 반죽에 그대로 배니, 조금이라도 눌어붙었다면 새로 만들어야 합니다.

2 반죽을 거품기에 묻혀 높이 들었을 때 한 번씩 뚝뚝 끊기며 늘어지면 적당합니다.

• 사진보다 조금 더 질어도 되고, 조금 더 되직해도 괜찮습니다. 졸이는 정도에 따라 반죽의 질기가 달라진다는 점을 아는 것이 더 중요합니다.

3 완성한 탕종은 실온에서 완전히 식힌 후 냉장 숙성을 합니다. 30분~2시간 정도면 적당합니다. 오래 두면 녹말이 산화되어 맛이 떨어지고 냄새도 납니다.

BAKINGPAPA

탕종단팥빵

제과하면 '카스텔라'

제빵하면 '단팥빵'

카스텔라, 단팥빵은 우리에게

영원한 제과제빵의 대표 주자들이죠.

특히 단팥빵은 시골 어르신부터

도시 어린이까지 싫어하는 사람이 없습니다.

본래 단팥빵은 부드럽고 말랑한 빵 식감에

달달한 팥소가 어우러져

입에서 살살 녹는 것이 특징입니다.

대중적 사랑이 큰 만큼 새롭고 다양한 시도가

끊이지 않고 있는데요.

최근에는 단팥빵 하나로 승부를 건

전문 브랜드도 생겨날 정도입니다.

이런 분위기에 탕종단팥빵이 일조를 했지요.

Ingredients

분량

탕종단팥빵 12개

반죽

강력분 330g

설탕 53g

버터 53g

소금 3g

인스턴트 드라이이스트 5g

물 70g

우유 70g

달걀 1개

탕종 90g

부재료

팥앙금 720g

마무리

통깨 적당량

우유 적당량

- 우유와 달걀은 반죽 시 냉장고에서 꺼낸 차가운 것을 사용합니다.
- 물은 여름에는 약 27도, 겨울에는 약 38~40도가 적당합니다.
- 마무리 재료인 통깨와 우유는 생략해도 무방합니다.
- 탕종은 p. 522 탕종 만들기를 참조하세요.

소도구

저울

스크래퍼

볼이나 뚜껑이 있는 용기

앙금 헤라

실리콘 붓

오븐팬

비닐

온도계

1 믹싱볼에 분량의 강력분, 소금, 인스턴트 드라이이
스트, 설탕, 버터, 탕종을 넣습니다.

2 다른 볼에 분량의 물, 우유, 달걀을 넣고 ①의 믹싱
볼에 부어 저속으로 반죽기를 돌립니다. 날가루가
보이지 않으면 반죽기를 멈추고 중속으로 속도를 올려 다
시 반죽합니다.

3 글루텐 80%로 반죽을 합니다. 반죽이 전체적으로
매끈해질 때 반죽기를 멈추면 됩니다.

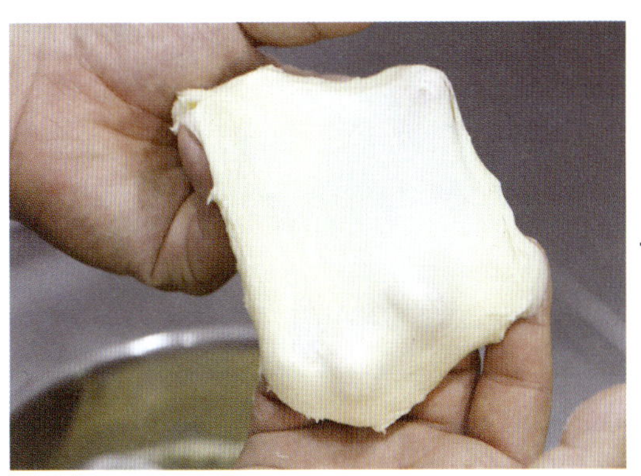 → 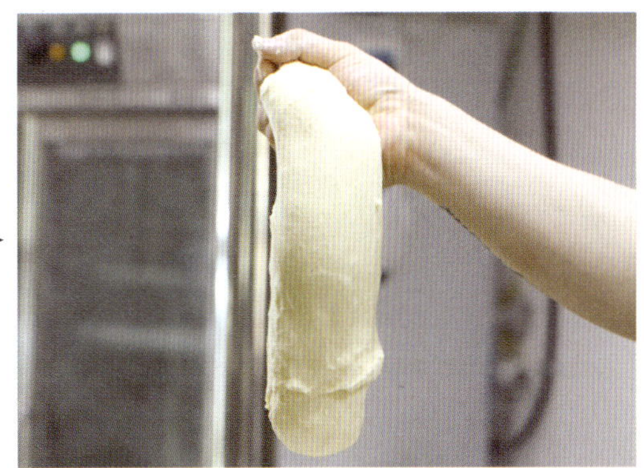

반죽을 조금 떼어내 늘렸을 때 탄력 있게 늘어납니다. 버
터 함량이 높은 배합이라 기본식빵 반죽보다 손에 덜 들
러붙습니다.

반죽의 질기는 기본식빵 반죽보다 집니다.

4 작업대의 덧가루를 걷어내고 동글리기 하여 표면을 매끈하게 정리합니다.

5 볼(용기)에 덧가루를 뿌리고 반죽을 넣은 후 다시 윗면에도 덧가루를 뿌려 들러붙지 않게 합니다. 그런 다음 표면이 마르지 않도록 비닐을 씌워 직사광선이 없는 실온에 둡니다(1차 발효).

6 반죽이 처음 부피의 3~3.5배로 부풀면 1차 발효가 완료된 것입니다. 발효 전후를 비교해 보세요.

7 작업대에 덧가루를 뿌리고 반죽의 매끈한 면이 위로 가도록 놓습니다. 탕종을 사용한 반죽은 일반 반죽에 비해 부드럽고 탄력이 있습니다.

8 스크래퍼를 이용하여 가로 폭은 길게, 세로 폭은 좁게 60g씩 분할합니다. 덩어리가 작은 빵을 분할할 때는 이렇게 해야 동글리기를 할 때 손이 덜 갑니다.

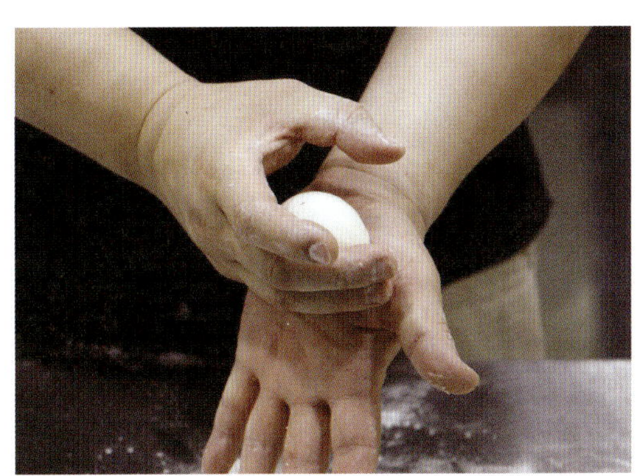

9 반죽을 손바닥 위에 놓고 동글리기를 합니다. 부득이 작업대에서 동글리기를 할 경우 덧가루를 잘 걷어내고 해야 합니다.

IO 반죽이 마르지 않도록 비닐을 덮어 여름에는 20분, 겨울에는 30분 중간 휴지합니다.

• 단팥빵은 팥앙금이 들어있어 중간 휴지를 충분히 하지 않으면 앙금을 싸는 과정에서 반죽이 터집니다.

II 중간 휴지한 반죽의 매끈한 면에 덧가루를 묻힙니다.

I2 덧가루가 묻은 면이 위로 가도록 놓고 손바닥으로 가볍게 눌러 가스를 뺍니다.

I3 달걀을 잡듯 반죽을 손 위에 올립니다.

14 헤라를 이용하여 팥앙금 60g을 2회에 나누어 넣습니다.

15 손으로 잘 여밉니다.

16 앙금을 채운 반죽을 오븐팬에 일정한 간격으로 놓습니다.

17 손바닥으로 가볍게 눌러 납작하게 만듭니다. 두께 1cm 정도가 적당합니다. 너무 세게 누르면 볼륨감이 덜하니 주의하세요.

18 실리콘 붓으로 표면에 우유를 바릅니다. 우유가 없을 땐 물을 사용해도 됩니다.

19 손가락에 깨를 찍어 반죽 위에 올립니다. 깨가 없을 땐 생략해도 됩니다

20 팬째로 종이 상자나 스티로폼 상자 같은 밀폐 공간에 두어 2차 발효를 합니다. 발효 중간 표면이 마르면 분무기로 가볍게 뿌려 표면의 촉촉함을 유지합니다. 겨울철 아닌 봄·여름·가을에는 인위적으로 뜨거운 물을 넣으면 반죽이 퍼져 봉긋한 모양이 살지 않습니다.

21 반죽이 처음 부피의 3.5배 정도로 부풀면 2차 발효가 완료된 것입니다. 반죽이 울퉁불퉁해 보입니다. 이는 굽는 과정 오븐스프링을 받으면 빵빵해지니 걱정하지 않아도 됩니다.

22 180도 예열한 오븐에서 10~12분 정도 굽습니다. 빵 표면이 황갈색이 나면 적당합니다.

23 구워낸 빵은 팬째로 20~30cm 높이에서 떨어뜨려 가스를 뺀 후 곧바로 우유를 바릅니다. 우유가 없다면 생략해도 됩니다.

• 단과자는 설탕의 함량이 높아 굽는 동안 잠시 자리를 비우면 금세 탈 수 있습니다. 빵이 구워지는 동안 오븐 옆에서 상태를 잘 관찰하세요.

24 단팥빵은 앙금 속 수분 때문에 빵 뒷면이 쉽게 축축해집니다. 뜨거운 팬째로 식혀도 되고, 냉판에 옮겨서 식혀도 됩니다.

2차 발효가
단팥빵의 완성도에
미치는 영향

단팥빵 완성도는 반죽의 2차 발효 정도에 따라 크게 달라집니다. 이를 알면 시중에 유난히 발효 미숙의 단팥빵이 많다는 사실도 자연스럽게 알게 되지요. 이런 일은 단팥빵 속에 들어간 앙금 때문에 발효 후 반죽의 부피를 제대로 판단하지 못할 때 벌어집니다.

왼쪽부터 발효 미숙, 발효 적정, 발효 과잉 반죽의 완성 빵

2차 발효가 미숙할 때

2차 발효 시 처음 부피의 2배 정도로 부푼 반죽입니다.

구우면 오븐스프링을 많이 받지 못하고 2차 발효 상태 그대로 구워집니다. 식었을 때에도 표면 변화 없이 팽팽합니다. 이런 빵은 식감이 딱딱해 위가 약한 사람은 소화 장애를 일으킬 수 있습니다.

2차 발효가 적당할 때

2차 발효 시 처음 부피의 3.5~4배로 부푼 반죽입니다.

구우면 오븐스프링을 최대한 많이 받아 동그랗고 빵빵하게 구워집니다. 이렇게 만든 빵은 식으면 표면이 살짝 쭈글쭈글합니다. 이는 굽는 과정 한껏 팽창했다는 증거이고, 내부의 수분이 밖으로 빠져나오면서 자연스럽게 가라앉습니다.

2차 발효가 지나칠 때

2차 발효 시 처음 부피의 5배로 부풀어 과잉 발효 상태의 반죽입니다. 발효 과정 글루텐 고리가 끊겨 표면이 주저앉았습니다.

구우면 발효가 지나쳐 글루텐 고리가 끊기고 가스가 새어나가 오히려 부피가 줄어듭니다. 표면도 얼룩덜룩해 심각한 내상을 입습니다. 지나침은 부족함만 못하다고 하지요. 차라리 발효 미숙의 단팥빵이 훨씬 나아 보입니다. 냄새는 시큼하고 식감은 퍼석합니다.

BAKINGPAPA
시 나 몬 롤

'대충'의 강렬한 끌림

〈아빠는 요리사〉라는 일본 만화가 있습니다.

한때 유행했다 사그라진 시나몬롤을

먹고 싶어 하는 아이를 위해

주인공 일미가 연구 끝에 시나몬롤을 만들지요.

"아빠가 만들 수 있으니 이제 시나몬롤은

사라지지 않겠어"라고 말하며

배시시 웃는 아이의 표정이 무척 인상적이었습니다.

이 빵의 특징은 '대충'입니다.

글루텐도 대충 잡고, 성형도 대충 하고

발효도 대충 하면 되는 것이

바로 이 시나몬롤이죠.

솔직히 맛도 '대충'입니다.

특별히 부드럽지도 맛있지도 않거든요.

하지만 강렬한 계피 향으로 자꾸 유혹을 합니다.

대충이 매력으로 다가와 결국 강한 끌림으로

이어지는 빵입니다.

Ingredients

분량

시나몬롤 12개

반죽

강력분 1kg

설탕 100g

버터 100g

소금 10g

인스턴트 드라이이스트 12g

달걀 3개

물 430g

필링

버터 170g

실온 크림치즈 30g

설탕 120g

소금 1g

토핑

흑설탕 적당량

계핏가루 적당량

로열아이싱

슈거파우더 200g

물 40~45g

레몬즙 1작은술

- 버터는 실온에 두어 부드러운 상태로 사용합니다.
- 달걀은 반죽 시 냉장고에서 꺼낸 차가운 것을 사용합니다.
- 물은 여름에는 약 25도, 겨울에는 약 30~35도가 적당합니다.
- 흑설탕과 계핏가루는 취향에 따라 생략해도 됩니다.

소도구

저울

스크래퍼

볼이나 뚜껑이 있는 용기

오븐팬(40×35×3.5cm)

고무주걱

손거품기

빵칼

밀대

비닐

온도계

1 볼에 분량의 필링 재료를 넣고 손거품기로 골고루 섞습니다.

2 믹싱볼에 분량의 강력분, 설탕, 버터, 소금, 인스턴트 드라이이스트를 넣습니다.

3 다른 볼에 분량의 달걀과 물을 넣고 ②의 믹싱볼에 부어 저속으로 반죽기를 돌립니다. 날가루가 보이지 않으면 반죽기를 멈추고 중속으로 속도를 올려 다시 반죽합니다.

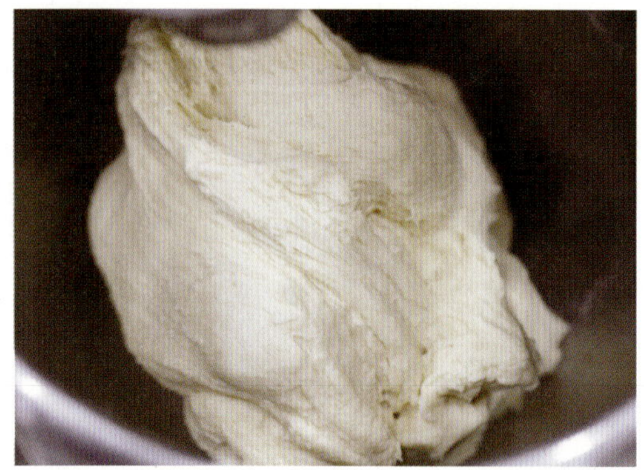

4 글루텐 60%로 반죽을 합니다. 반죽이 한 덩이가 되고 탄력이 있으나 전체적으로 거칠다 싶으면 반죽기를 멈춥니다.

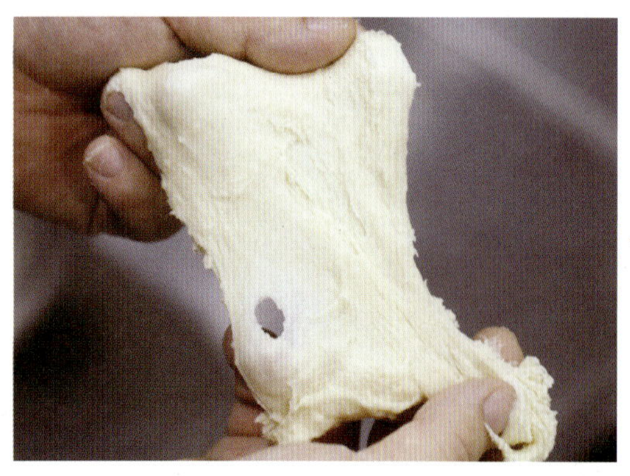

반죽을 조금 떼어내 늘렸을 때 표면이 거칠게 늘어납니다.

반죽의 질기는 기본식빵 반죽보다 되직한 상태입니다.

5 동글리기 하여 표면을 매끈하게 정리합니다.

6 볼(용기)에 덧가루를 뿌리고 반죽을 넣은 후 다시 윗면에도 덧가루를 뿌려 들러붙지 않게 합니다. 그런 다음 표면이 마르지 않도록 비닐을 씌워 직사광선이 없는 실온에 둡니다(1차 발효).

7 반죽이 처음 부피의 3~3.5배로 부풀면 1차 발효가 완료된 것입니다.

8 작업대에 덧가루를 뿌리고 반죽의 매끈한 면이 위로 가도록 놓은 후 밀대를 이용하여 가로 60cm, 세로 40cm로 밀어줍니다.

9 밀어놓은 반죽 위에 고무주걱을 이용하여 만들어 놓은 필링을 바르고 다시 스크래퍼로 골고루 펴줍니다.

취향에 따라 흑설탕과 계핏가루를 뿌려주세요.

IO 반죽을 위에서부터 아래로 촘촘하게 말면서 모양을 잡습니다.

II 팬에 분량 외 버터를 골고루 바릅니다.

I2 빵칼을 이용하여 반죽을 5~6cm 두께로 자릅니다.

I3 성형한 반죽을 오븐팬에 1~2cm 간격을 유지하며 놓습니다.

I4 이 상태로 반죽이 마르지 않도록 밀폐된 공간에서 2차 발효를 합니다. 발효 중간에 표면이 마르면 분무기로 가볍게 물을 뿌려 촉촉함을 유지합니다.

15 반죽이 처음 부피의 2~2.5배로 부풀면 2차 발효가 완료된 것입니다.

16 190도 예열한 오븐에서 10~12분 정도 굽습니다. 빵의 윗면이 갈색이 나면 적당합니다.

17 구워낸 빵은 팬째로 20~30cm 높이에서 아래로 떨어뜨려 가스를 뺀 후 그대로 식힙니다.

18 볼에 로열아이싱 재료를 넣고 잘 섞습니다. 아이싱은 슈거파우더의 상태에 따라 질기가 달라지니 물 양을 조절해 주르륵 흐를 정도로 만듭니다.

19 완전히 식은 후 고무주걱을 이용해 로열아이싱을 골고루 뿌리면 완성!

섬 섬 옥 수

추억을 되새기게 하는 소박한 맛의 절정

옥수숫가루를 넣어 만든 손가락 모양의 빵입니다.
그래서 이름하여 '섬섬옥수'.
아주 오래전 동네 슈퍼에서 팔던 빵 중에
'옥수수 스틱'이라는 것이 있었습니다.
퍼석한 식감에 인공 옥수수 향이 가미된 빵인데,
맛이 참 구수했지요.
재료 퀄리티가 높아진 요즘에는
거들떠도 안 볼 싸구려 빵이지만,
그때는 아주 맛있게 먹은 추억의 빵입니다.
비단 저만의 추억은 아닐 거란 생각에
소박한 그 맛에 요즘 시대에 어울리는
새로움을 입혔습니다.

Ingredients

분량

섬섬옥수 8개

반죽

강력분 400g

옥수숫가루 100g

소금 5g

인스턴트 드라이이스트 6g

물 350g

우유 35g

꿀 20g

올리브오일 15g

토핑

통깨 적당량

- 꿀 대신 올리고당이나 물엿을 사용해도 됩니다.
- 올리브오일 대신 카놀라유, 식용유를 사용해도 됩니다.
- 우유는 반죽 시 냉장고에서 꺼낸 차가운 것을 사용합니다.
- 물은 여름에는 약 25도, 겨울에는 약 30~35도가 적당합니다.

소도구

저울

스크래퍼

볼이나 뚜껑이 있는 용기

오븐팬

실리콘 붓

비닐

온도계

I 믹싱볼에 분량의 강력분, 옥수숫가루, 소금, 인스턴트 드라이이스트를 넣습니다.

2 다른 볼에 분량의 물, 우유, 꿀, 올리브오일을 넣고 ①의 믹싱볼에 부어 저속으로 반죽기를 돌립니다. 날가루가 보이지 않으면 반죽기를 멈추고 중속으로 속도를 올려 다시 반죽합니다.

3 글루텐 70%로 반죽을 합니다. 반죽이 한 덩이가 되고 탄력이 있으면서 군데군데 거친 면이 보일 때 반죽기를 멈춥니다.

- 옥수숫가루가 들어갔을 때 믹싱 시간이 길어지면 반죽이 질어집니다.

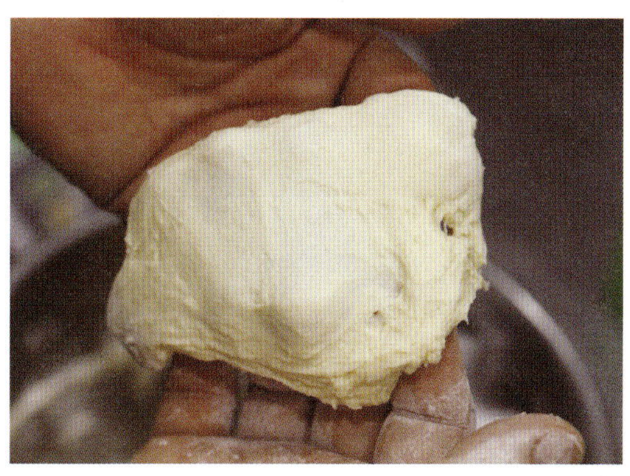

반죽을 조금 떼어내 늘렸을 때 표면이 거칠게 늘어납니다.

→

반죽의 질기는 기본식빵 반죽보다 집니다.

4 동글리기 하여 표면을 매끈하게 정리합니다.

5 볼(용기)에 덧가루를 뿌리고 반죽을 넣은 후 다시 윗면에도 덧가루를 뿌려 들러붙지 않게 합니다. 그런 다음 표면이 마르지 않도록 비닐을 씌워 직사광선이 없는 실온에 둡니다(1차 발효).

6 반죽이 처음 부피의 3~3.5배로 부풀면 1차 발효가 완료된 것입니다. 발효 전후를 비교해 보세요.

7 작업대에 덧가루를 뿌리고 반죽의 매끈한 면이 위로 가도록 놓은 후 스크래퍼로 110g씩 분할합니다.

8 그런 다음 동글리기를 합니다.

9 반죽이 마르지 않도록 비닐을 덮어 5~15분 중간 휴지합니다.

10 중간 휴지한 반죽은 윗면에 덧가루를 살짝 뿌리고 손으로 가볍게 눌러 가스를 뺍니다.

11 반죽을 위에서 아래로 1/3 접어가며 손으로 눌러 가스를 뺍니다. 다시 아래에서 위로 1/3 접어 손으로 눌러 가스를 뺍니다.

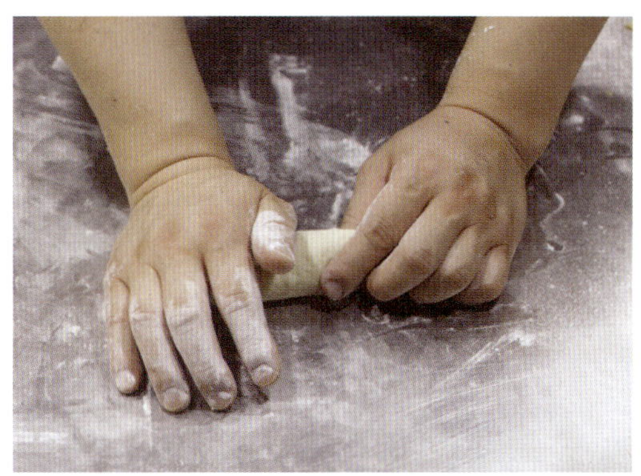

12 아래위 반죽이 맞닿은 선을 기준으로 반을 접어 손바닥으로 누릅니다.

13 반죽을 손바닥으로 가볍게 눌러 길이가 18cm 되도록 합니다.

14 이음매가 잘 붙도록 꼬집어 주세요.

15 성형한 반죽을 1.5~2cm 간격을 유지하며 오븐 팬에 올립니다.

16 이 상태로 반죽이 마르지 않도록 밀폐된 공간에서 2차 발효를 합니다. 발효 중간에 표면이 마르면 분무기로 가볍게 물을 뿌려 촉촉함을 유지합니다.

17 반죽이 처음 부피의 2.5배가 되면 2차 발효가 완료된 것입니다.

18 실리콘 붓을 이용하여 분량 외 우유를 가볍게 발라주세요.

19 통깨를 골고루 뿌립니다.

20 190도 예열한 오븐에서 10~12분 정도 굽습니다. 빵의 윗면이 갈색이 나면 적당합니다. 구워낸 빵은 팬째로 20~30cm 높이에서 아래로 떨어뜨려 가스를 뺍니다. 완전히 식으면 밀봉 포장하세요.

유치원모자

달고

짭짤하고

바삭하고

부드럽고

처음 이 빵을 만들 때는
달고 짜게 만들어 '단짠빵'이라고 이름을 지었습니다.
그런데 오븐에서 구워지는 모습을 보다 보니
귀여운 아이들 모자가 연상이 되어
'유치원모자'로 급변경하게 되었습니다.
과자가 빵을 둘러싸 속살의 부드러움이 살아있습니다.
제과와 제빵의 환상적인 콜래보레이션입니다.

Ingredients

분량

유치원모자 10개

반죽

강력분 350g

설탕 42g

버터 28g

소금 4g

인스턴트 드라이이스트 6g

물 150g

달걀 1개

롤치즈 80g

부재료

크림치즈 300g

토핑

강력분 100g

아몬드 가루 25g

설탕 100g

버터 100g

크림치즈 25g

소금 한 꼬집

달걀 2개

우유 20g

- 버터는 실온에 두어 부드러운 상태로 사용합니다.
- 달걀은 반죽 시 냉장고에서 꺼낸 차가운 것을 사용합니다.
- 물은 여름에는 약 27도, 겨울에는 약 38~40도가 적당합니다.

소도구

저울

스크래퍼

볼이나 뚜껑이 있는 용기

칼

짜는 주머니

0.5mm 원형 깍지

오븐팬

체

비닐

온도계

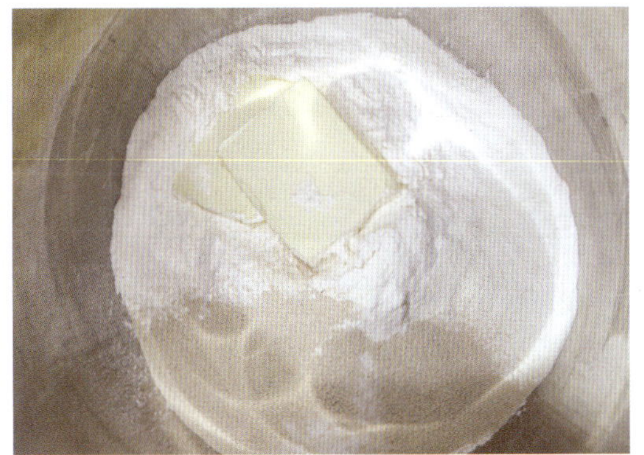

1 믹싱볼에 분량의 강력분, 설탕, 버터, 소금, 인스턴트 드라이이스트를 넣습니다.

2 다른 볼에 분량의 물, 달걀을 넣고 ①의 믹싱볼에 부어 저속으로 반죽기를 돌립니다. 날가루가 보이지 않으면 반죽기를 멈추고 중속으로 속도를 올려 다시 반죽합니다.

3 글루텐 80%로 반죽합니다. 반죽이 전체적으로 매끈해지면 반죽기를 멈추면 됩니다.

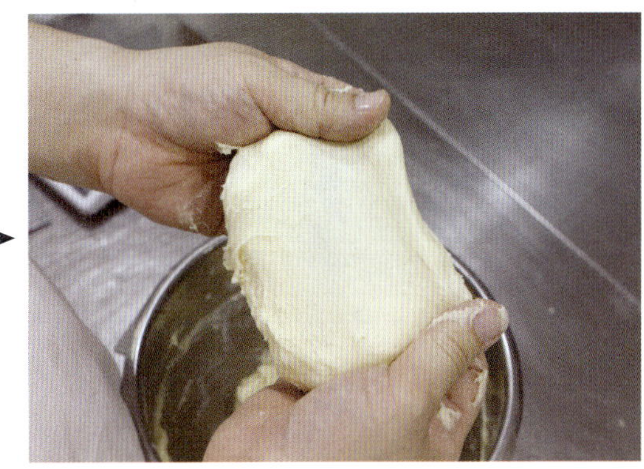

반죽을 조금 떼어내 늘렸을 때 탄력 있게 늘어납니다.

4 분량의 롤치즈를 넣고 저속으로 10~15초 돌려주세요.

반죽의 질기는 기본식빵 반죽과 비슷합니다.

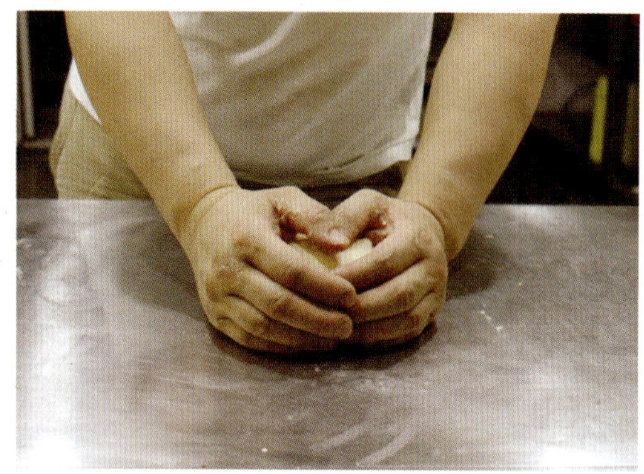 

5 작업대의 덧가루를 걷어내고 동글리기로 표면을 매끈하게 정리합니다.

6 볼(용기)에 덧가루를 뿌리고 반죽을 넣은 후 다시 윗면에도 덧가루를 뿌려 들러붙지 않게 합니다. 그런 다음 표면이 마르지 않도록 비닐을 씌워 직사광선이 없는 실온에 둡니다(1차 발효).

7 반죽이 처음 부피의 3~3.5배로 부풀면 1차 발효가 완료된 것입니다. 발효 전후를 비교해 보세요.

8 작업대에 덧가루를 뿌리고 반죽의 매끈한 면이 위로 가도록 놓은 후 스크래퍼로 70g씩 분할합니다.

9 그런 다음 동글리기를 하여 여름에는 10~15분, 겨울에는 20~25분 중간 휴지합니다.

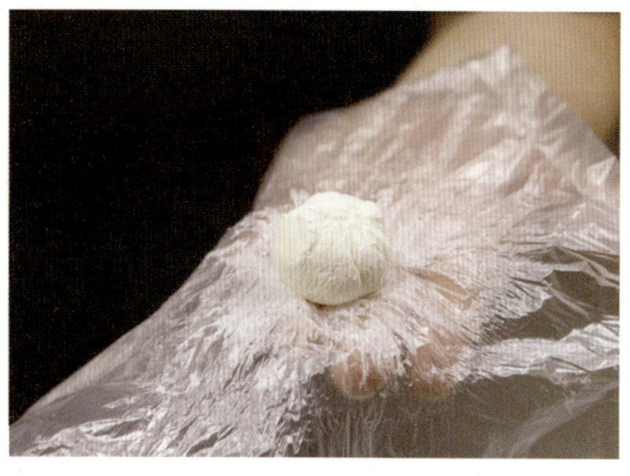

IO 부재료에 쓰일 크림치즈를 30g씩 분할한 후 비닐에 싸서 동그란 모양을 만듭니다.

II 중간 휴지를 한 반죽 윗면에 덧가루를 뿌리고 손바닥으로 눌러 가스를 뺍니다.

12 ⑪의 반죽에 크림치즈를 한 덩이를 넣고 이음매를 꼬집어 잘 여밉니다.

13 성형한 반죽을 오븐팬에 일정한 간격으로 올리고, 그 상태로 밀폐된 공간에서 2차 발효합니다. 발효 중간에 표면이 마르면 분무기로 가볍게 물을 뿌려 촉촉함을 유지합니다.

14 토핑을 만듭니다. 먼저 강력분과 아몬드 가루는 체에 칩니다.

15 볼에 분량의 설탕, 버터, 크림치즈, 소금을 넣은 후 핸드믹서를 지속으로 돌려 버터를 부드럽게 풀어줍니다.

16 버터와 설탕이 골고루 섞이면 달걀 1개를 넣고 고속으로 휘핑합니다.

17 달걀이 골고루 반죽과 어우러지면 핸드믹서를 멈춥니다.

18 나머지 달걀 1개를 넣고 달걀과 버터 반죽이 고루 섞일 때까지 고속으로 휘핑합니다. 오버 휘핑이 되어도, 분리가 되어도 괜찮습니다. 편하게 휘핑하세요!

19 체에 친 밀가루를 버터 반죽에 넣고 고무주걱으로 골고루 섞습니다.

20 ⑲에 분량의 우유를 넣고 반죽을 마무리합니다.

이 정도 질기면 완성!

• 달걀로 질기를 맞춰도 되지만 달걀 20g을 계량하면 나머지 30g은 사용처가 애매하니 우유로 질기를 맞추었습니다.

21 반죽이 처음 부피의 2배 정도로 부풀면 2차 발효가 완료된 것입니다.

22 짜는 주머니에 5mm 정도의 원형 깍지를 끼우고 만들어놓은 토핑을 넣습니다. 그런 다음 2차 발효가 끝난 반죽 위에 소용돌이 모양으로 짜 올립니다. 위에서 봤을 때 빵 반죽이 보이지 않을 정도로 듬뿍 짭니다. 옆면까지 최대한 충분하게 합니다.

23 180도 예열한 오븐에서 15~17분 정도 굽습니다. 토핑에 연한 갈색이 살짝 나오면 적당합니다.

24 구워낸 빵은 팬째로 20~30cm 높이에서 떨어뜨려 가스를 뺍니다.

25 쿠키 반죽을 파삭하게 즐기기 위해 오븐팬 그대로 식히세요.

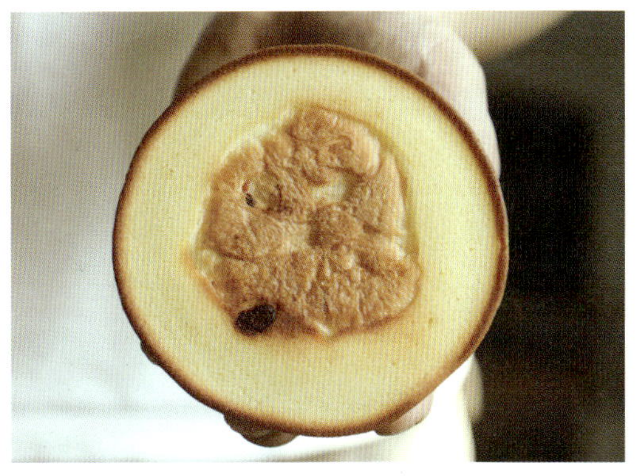

BAKINGPAPA
누룽지빵

남녀노소가 모두 좋아하는 맛

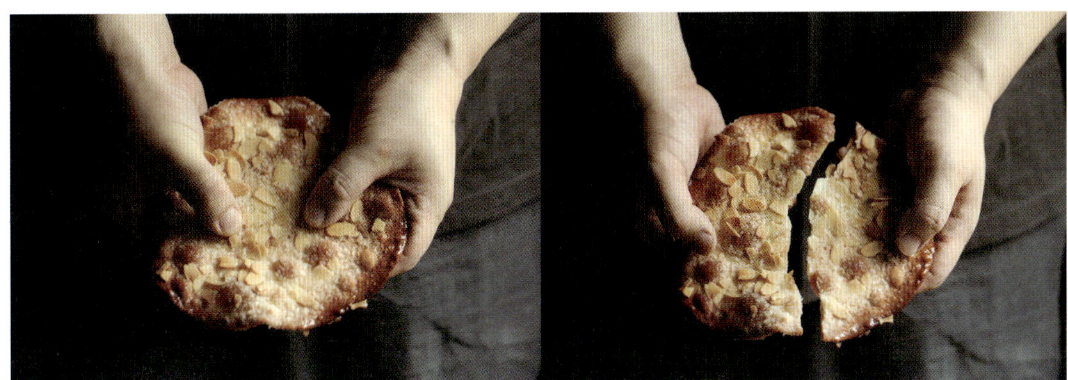

생각날 때 주저 없이 바로 만들어 먹을 수 있는
'퀵 브레드'입니다.
글루텐을 대충 잡아도 되고 발효도 필요 없습니다.
오븐이 없다면 프라이팬에 구워도 되고요.
중불로 달군 프라이팬에 얇게 민 반죽을 올리고
앞뒤로 굽기만 하면 되는 빵.
게다가 모두가 좋아합니다.

Ingredients

분량

누룽지빵 12개

반죽

강력분 300g

박력분(또는 중력분) 200g

설탕 15g

버터 15g

소금 7g

인스턴트 드라이이스트 2g

물 310g

부재료

녹인 버터 적당량

토핑

설탕 적당량

아몬드 슬라이스 적당량

- 물은 약 25도가 적당합니다.
- 녹인 버터는 전자레인지 등으로 가열하여 물처럼 녹인 버터를 말합니다.

소도구

저울

밀대

붓

스크래퍼

볼

오븐팬

비닐

온도계

1 믹싱볼에 분량의 강력분, 박력분, 설탕, 버터, 소금, 인스턴트 드라이이스트를 넣습니다.

2 다른 볼에 분량의 물을 넣고 ①의 믹싱볼에 부어 저속으로 반죽기를 돌립니다. 날가루가 보이지 않으면 반죽을 멈추고 중속으로 속도를 올려 다시 반죽합니다.

3 글루텐 50%로 반죽을 합니다. 반죽이 한 덩이로 뭉쳤다 싶을 때 반죽기를 멈추면 됩니다.

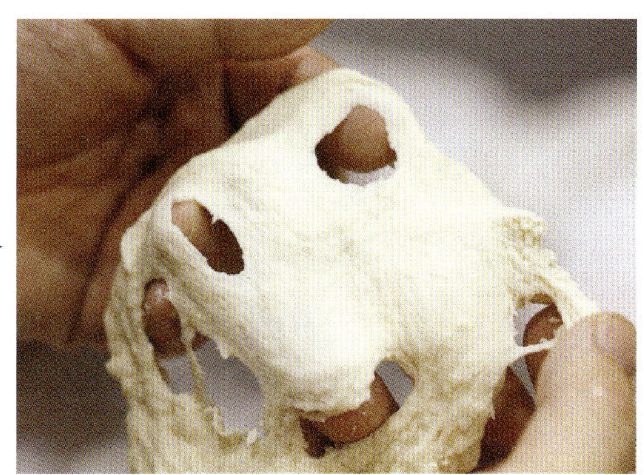

반죽을 조금 떼어내 늘렸을 때 뚝뚝 끊깁니다. 반죽의 질기는 덧가루 없이도 손에 들러붙지 않을 정도입니다.

4 중간 휴지 과정 없이 곧바로 70g씩 분할합니다.

5 동글리기를 합니다.

6 반죽이 마르지 않도록 비닐을 씌워 여름에는 5~10
분, 겨울에는 20~25분 중간 휴지합니다.

• 이 과정을 통해 분할하면서 손상된 글루텐을 회복하
고, 동글리기를 하며 촘촘해진 글루텐 조직을 느슨하
게 해 밀어 펴기가 한결 쉬워집니다.

7 작업대와 반죽의 윗면에 덧가루를 뿌립니다.

8 밀대를 이용하여 지름 15cm 정도의 원 모양으로
만듭니다.

9 이 상태로 5~15분 중간 휴지합니다.

10 중간 휴지한 반죽을 최대한 얇게 밀어 지름 20~21cm로 만듭니다.

11 성형한 반죽을 팬에 일정한 간격을 유지하며 올립니다.

12 분량 외 버터를 녹여 반죽 표면에 바릅니다.

13 슬라이스 아몬드를 뿌립니다.

I4 설탕을 뿌립니다. 프라이팬에 구울 경우 아몬드와 설탕은 굽고 나서 뿌리세요.

15 190도 예열한 오븐에서 9~10분 정도 굽습니다. 전체적으로 갈색을 띠고 올록볼록 부풀어 오르면 적당합니다. 구워낸 빵은 팬째로 식혀야 바삭함이 오래갑니다.

BAKINGPAPA
부추빵

집에서 즐기는 유명 브랜드 베스트셀러

대전에는 '성심당'이라는 유명한 빵집이 있습니다.

부추빵은 그곳의 간판 아이템입니다.

많은 사람들이 좋아하는 빵이라 할 수 있지요.

잘 팔리는 제품을 유심히 관찰하면 공통점이 있습니다.

결코 새로운 것이 아니라는 점입니다.

오랜 기간 꾸준히 좋아하고 폭발적 인기를 끄는 것들은

놀랍게도 아주 새롭거나 특별한 것이 아니었습니다.

오히려 익숙한 맛. 늘 찾고 좋아하는 것에

살짝 변화를 주거나 조금 더 디테일한 기교를 발휘했을 때

사람들은 더 열광하고 새것처럼 받아들입니다.

만인이 좋아하는 만두소와 단과자를 하나로 결합한

이 부추빵처럼 말이죠.

Ingredients

분량

부추빵 16개

반죽

강력분 500g

설탕 120g

버터 80g

소금 4g

인스턴트 드라이이스트 8g

달걀 2개

우유 100g

물 80g

필링

부추 100g

햄 140g

삶은 달걀 2개

마요네즈 30g

마무리

달걀물(달걀 1개+물 60g)

- 버터는 실온에 두어 부드러운 상태로 사용합니다.
- 우유와 달걀은 반죽 시 냉장고에서 꺼낸 차가운 것을 사용합니다.
- 물은 여름에는 약 27도, 겨울에는 약 37~40도가 적당합니다.

소도구

저울

스크래퍼

볼이나 뚜껑이 있는 용기

오븐팬

칼

도마

헤라

실리콘 붓

비닐

온도계

1 믹싱볼에 분량의 강력분, 설탕, 버터, 소금, 인스턴트 드라이이스트를 넣습니다.

2 다른 볼에 분량의 달걀, 우유, 물을 넣고 ①의 믹싱볼에 부어 저속으로 반죽기를 돌립니다. 날가루가 보이지 않으면 반죽기를 멈추고 중속으로 속도를 올려 다시 반죽합니다.

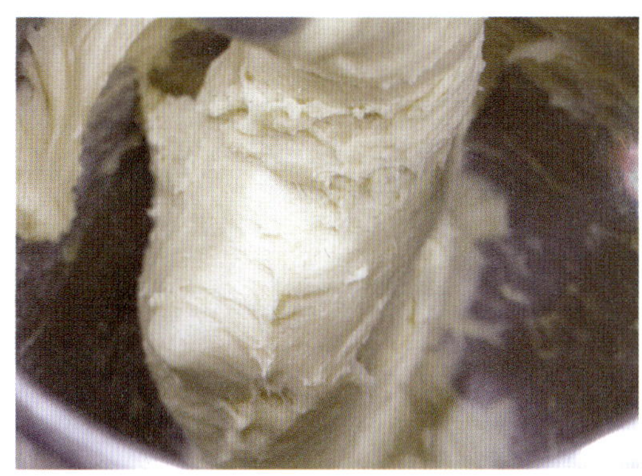

3 글루텐 70%로 반죽을 합니다. 반죽이 한 덩이가 되고 탄력이 있지만 군데군데 거친 면이 보이면 반죽기를 멈춥니다.

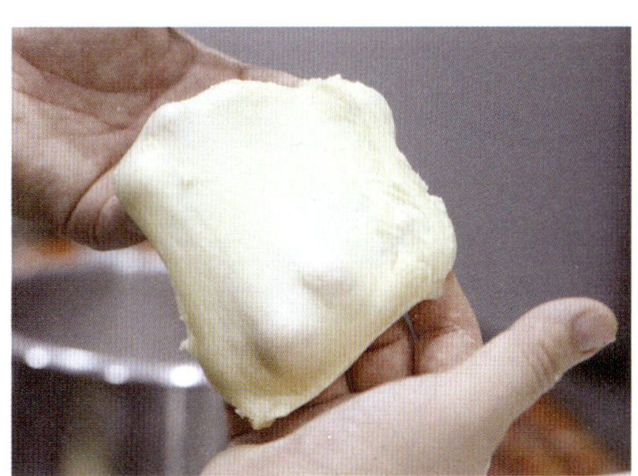 → 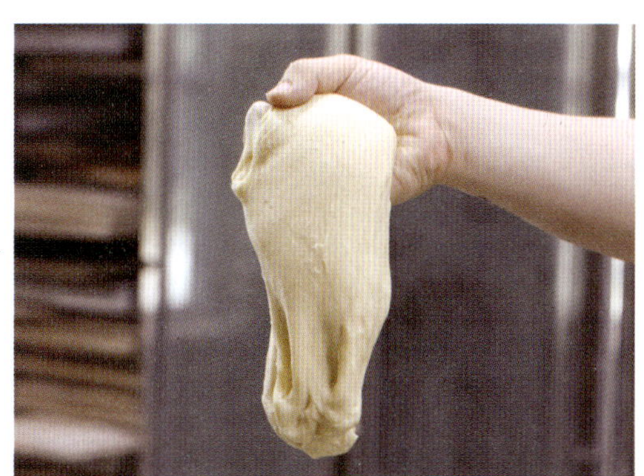

반죽을 조금 떼어내 늘렸을 때 탄력 있게 늘어납니다.

이때 반죽의 질기는 기본식빵 반죽보다 약간 되직한 상태입니다.

4 동글리기 하여 표면을 매끈하게 정리합니다.

5 볼(용기)에 덧가루를 뿌리고 반죽을 넣은 후 다시 윗면에도 덧가루를 뿌려 들러붙지 않게 합니다. 그런 다음 표면이 마르지 않도록 비닐을 씌워 직사광선이 없는 실온에 둡니다(1차 발효).

6 1차 발효가 진행되는 동안 빵에 채울 필링을 만듭니다. 부추는 0.5cm 잘게 썰고, 햄과 삶은 달걀흰자도 잘게 다집니다. 그런 다음 달걀노른자, 마요네즈를 넣고 골고루 잘 섞습니다. 섞으면서 노른자는 으깨어 주세요.

7 반죽이 처음 부피의 3~3.5배로 부풀면 1차 발효가 완료된 것입니다. 발효 전후를 비교해 보세요.

8 작업대에 덧가루를 뿌리고 반죽의 매끈한 면이 위로 가도록 놓은 후 스크래퍼로 60g씩 분할합니다.

9 그런 다음 동글리기를 합니다.

10 반죽이 마르지 않도록 비닐을 덮어 여름에는 10~15분, 겨울에는 20~25분 중간 휴지합니다.

11 중간 휴지한 반죽은 윗면에 덧가루를 살짝 뿌리고 손으로 가볍게 눌러 가스를 뺍니다. 그런 다음 헤라를 이용하여 필링을 넣습니다.

12 속이 삐져나오지 않도록 잘 여민 다음 밀대로 가볍게 밀어 오븐팬에 일정한 간격으로 놓습니다.

13 윗면에 일렬로 칼집을 3개씩 냅니다.

14 달걀 1개와 물 60g을 섞어 달걀물을 만들어 윗면에 바릅니다.

15 이 상태로 반죽이 마르지 않도록 종이상자나 스티로폼 같은 밀폐된 공간에서 2차 발효를 합니다. 발효 중간에 표면이 마르면 분무기로 가볍게 물을 뿌려 촉촉함을 유지합니다.

16 반죽이 처음 부피의 2.5배로 부풀면 2차 발효가 완료된 것입니다.

17 190도 예열한 오븐에서 10~12분 정도 굽습니다. 빵의 윗면이 갈색이 나면 적당합니다.

18 구워낸 빵은 팬째로 20~30cm 높이에서 떨어뜨려 가스를 뺍니다. 완전히 식으면 밀봉 포장해 주세요.

양파빵

구운 양파 특유의 향이 부른 대중적인 맛

블로그를 통해 여러 레시피를 동영상과
함께 올렸습니다.
그중 제빵 분야에서 가장 인기 있는 아이템이
이 '양파빵'입니다.
양파를 반죽 초기에 넣어
골고루 향이 스며들게 하는 것이 포인트입니다.
이렇게 하면 양파를 싫어하는 사람도
잘 먹을 수 있습니다.
양파의 섬유질이 글루텐 고리를 끊어 빵 반죽이
부드러워집니다.
반죽이 질고 구울 때 오븐스프링이
크게 올라오지 않지만,
맛에서만큼 뒤지지 않습니다.

Ingredients

분량

양파빵 5개

반죽

강력분 360g

채 썬 양파 80g

설탕 35g

소금 4g

인스턴트 드라이이스트 6g

파슬리 2g

물 120g

달걀 3개

토핑

마요네즈 적당량

깍둑 썬 양파 70g

피자치즈 500g

파슬리 가루 적당량

- 달걀은 반죽 시 냉장고에서 꺼낸 차가운 것을 사용합니다.
- 물은 여름에는 약 27도, 겨울에는 약 33~35도가 적당합니다.
- 파슬리 가루가 없을 경우 생략해도 됩니다.

소도구

저울

스크래퍼

볼이나 뚜껑이 있는 용기

칼

도마

짜는 주머니

오븐팬

비닐

온도계

I 믹싱볼에 분량의 강력분, 채 썬 양파, 설탕, 소금, 인 스턴트 드라이이스트, 파슬리 가루를 넣습니다.

2 다른 볼에 분량의 물, 달걀을 넣고 ①의 믹싱볼에 부어 저속으로 반죽기를 돌립니다. 날가루가 보이 지 않으면 반죽기를 멈추고 중속으로 속도를 올려 다시 반죽합니다.

tip

양파는 두 가지 방법으로 썰어요

반죽에 넣을 양파는 얇게 채 썰어 준비합니다(왼쪽). 믹싱 과정 자연스럽게 으깨어지니 두께에 너무 신경 쓰지 않고 썹니다. 마무리에 쓰일 양파는 깍둑 썬 다음 가로 세로 각 각 1cm로 잘게 다집니다(오른쪽). 너무 잘게 다지면 토핑 으로 뿌렸을 때 형태감이 없습니다. 또 다진 양파는 따로 볼에 담아 반죽기와 멀리 떨어뜨려 놓으세요. 실수로 반 죽 재료와 함께 넣어버릴 수 있거든요.

3 글루텐 90%로 반죽합니다. 반죽이 전체적으로 매끈해지고 윤기가 난다 싶을 때 반죽기를 멈추면 됩니다.

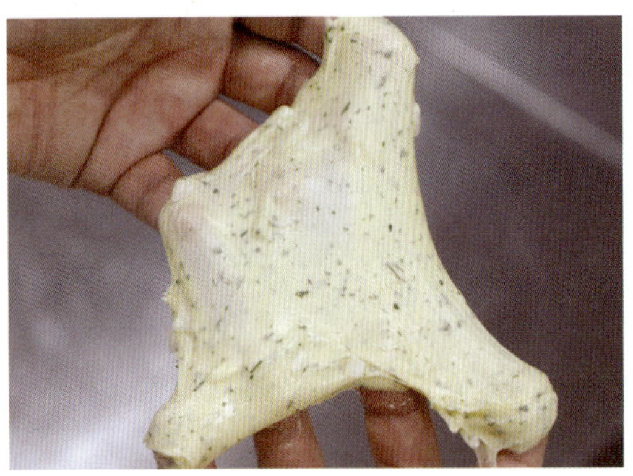

반죽을 조금 떼어내 늘렸을 때 얇고 탄력 있게 늘어납니다.

반죽의 질기는 이래도 되나 싶을 정도로 무척 질은 상태입니다. 손에 달라붙을 수 있으니 만질 때 덧가루를 충분히 사용하세요.

4 작업대의 덧가루를 걷어내고 동글리기 하여 표면을 매끈하게 정리합니다.

반죽을 완성했습니다.

5 볼(용기)에 덧가루를 뿌리고 반죽을 넣은 후 다시 윗면에도 덧가루를 뿌려 들러붙지 않게 합니다. 그런 다음 표면이 마르지 않도록 비닐을 씌워 직사광선이 없는 실온에 둡니다(1차 발효).

6 반죽이 처음 부피의 3~3.5배로 부풀면 1차 발효가 완료된 것입니다. 발효 전후를 비교해 보세요.

7 작업대에 덧가루를 뿌리고 반죽의 매끈한 면이 위로 가도록 놓은 후 스크래퍼로 150g씩 분할합니다.

8 동글리기를 합니다.

- 작업대에서 동글리기를 할 때는 덧가루를 잘 걷어내고 합니다. 또한 들러붙는 것을 방지하기 위해 손에도 충분히 덧가루를 묻히고 작업하세요.

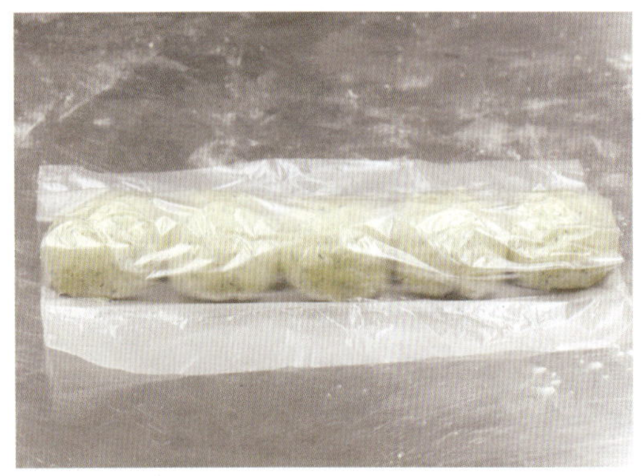 

9 반죽이 마르지 않도록 비닐을 덮어 여름에는 5분, 겨울에는 15분 중간 휴지합니다.

IO 휴지가 끝난 반죽을 12~13cm 정도로 늘립니다.

II 휴지가 끝난 반죽은 매끈한 면이 아래로 가도록 작업대에 놓고 손으로 눌러 가스를 뺍니다.

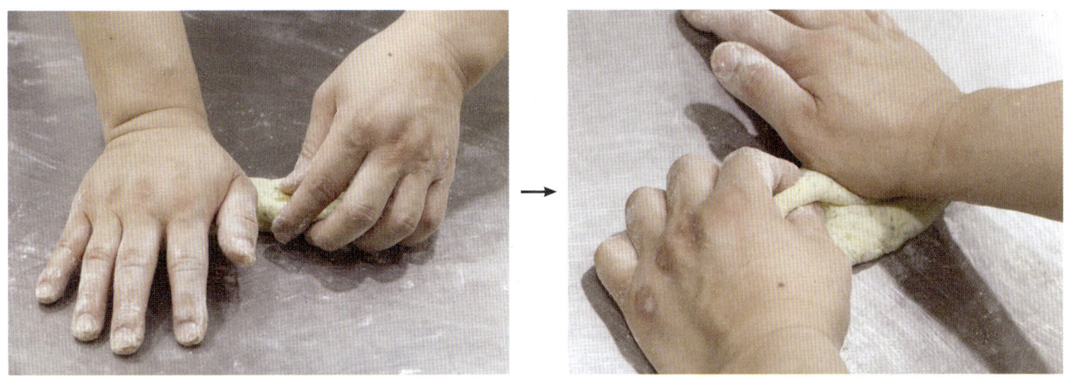

I2 한 손으로 반죽을 위에서 아래로 1/3 접고 다른 손으로 접힌 부분을 눌러 가스를 뺍니다. 그런 다음 반죽을 180
도 돌립니다. 접은 부분이 아래, 접지 않은 부분이 위로 가지요. 다시 위에서 아래로 나머지 1/3을 접고 손으로
눌러 가스를 뺍니다.

 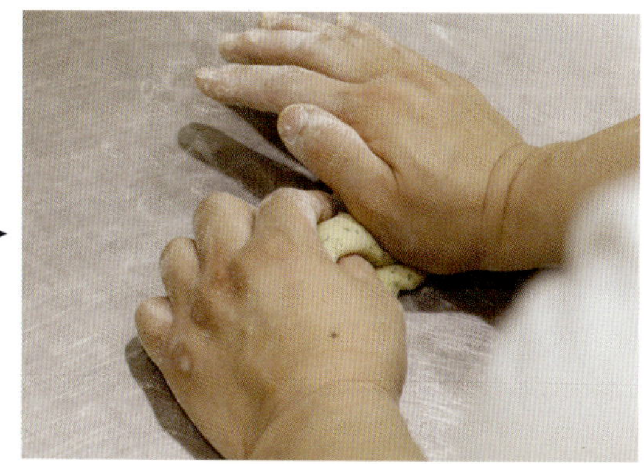

13 반죽을 아래위 모두 접었습니다. 이번에는 반으로 접어 이음매 부분을 눌러가며 성형합니다.

20cm 기다란 모양이 되었습니다. 이런 방식을 '바게트 성형'이라고 합니다.

14 성형한 반죽을 일정한 간격으로 오븐팬에 올려 그 상태로 밀폐된 공간에서 2차 발효를 합니다. 발효 중간에 표면이 마르면 분무기로 가볍게 물을 뿌려 촉촉함을 유지합니다.

• 가정에 발효실이 있다 해도 사용하지 않는 것이 좋습니다. 양파빵은 반죽이 질어 습기가 많으면 옆으로 퍼지거든요.

15 반죽이 처음 부피의 2배 정도로 부풀면 2차 발효가 완료된 것입니다.

16 반죽의 시작과 끝부분에 1cm 정도 여유를 주고 칼집을 냅니다. 이때 깊이는 2mm 정도가 적당합니다.

17 짜는 주머니에 마요네즈를 넣고 가위로 2mm 정도로 자른 다음, 칼집 낸 반죽 위에 지그재그로 짜가며 마요네즈를 올립니다. 짜는 주머니가 없을 땐 비닐 팩을 이용해도 됩니다.

18 그런 다음 마요네즈 위에 다진 양파를 한 움큼 올립니다.

19 피자치즈도 듬뿍 올립니다. 반죽 하나당 100g 정도면 적당합니다.

→

20 마무리로 파슬리 가루를 뿌립니다. 파슬리 가루 대신 잘게 썬 쪽파를 올려도 좋고요.

토핑이 마무리되었습니다.

2I 200도 예열한 오븐에서 15분 정도 굽습니다. 피자치즈가 녹아내리고 갈색이 나면 적당합니다.

22 구워낸 빵은 팬째로 20~30cm 높이에서 떨어뜨려 가스를 뺀 후 냉판에 옮겨 완전히 식힌 다음 밀봉 포장하세요.

BAKINGPAPA
소프트 프레첼

웬만하면 누구나 맛있다고 할

대중적 식감

국내에서 접할 수 있는 프레첼은 두 가지 종류입니다.

'라우겐프레첼과 소프트프레첼'.

라우겐프레첼은

'라우겐(laugen, 양잿물에 담그다)'이라는 말처럼

가성 소다수에 반죽을 담갔다 구운 것이고,

소프트프레첼은 베이킹 소다수에 담갔다 구운 것입니다.

이중 소프트프레첼은 호불호가 있는

라우겐프레첼과 달리 웬만하면 누구나 맛있다고 할 만큼

대중적입니다.

1차 발효 과정 폭신한 식감을 살린 것이 특징입니다.

갓 구워 먹으면 소프트한 식감이 한층 더 살아나고,

완전히 식은 후에 먹으면 프레첼 특유의

풍미를 즐길 수 있습니다.

Ingredients

분량

프레첼 모양 6개, 스틱 모양 10개

반죽

강력분 500g

설탕 30g

버터 25g

소금 10g

인스턴트 드라이이스트 7g

물 290g

담금물

물(70도) 1kg

베이킹소다 70g

마무리

프레첼소금 적당량

녹인 버터 50g

소도구

저울

밀대

자

파이 커터(또는 주방칼)

볼이나 뚜껑이 있는 용기

손거품기(또는 숟가락)

오븐팬

실리콘 페이퍼

실리콘 붓

비닐

온도계

- 취향에 따라 베이킹소다는 75g으로 양을 늘려도 됩니다.
- 버터는 실온에 두어 부드러운 상태로 사용합니다.
- 물은 여름에는 약 27도, 겨울에는 약 35도가 적당합니다.

1 믹싱볼에 분량의 강력분, 설탕, 버터, 소금, 인스턴트 드라이이스트를 넣습니다.

2 다른 볼에 분량의 물을 넣고 ①의 믹싱볼에 부어 저속으로 반죽기를 돌립니다. 날가루가 보이지 않으면 반죽을 멈추고 중속으로 속도를 올려 다시 반죽합니다.

3 글루텐 60%로 반죽을 합니다. 반죽에 탄력이 생기면 반죽기를 멈춥니다.

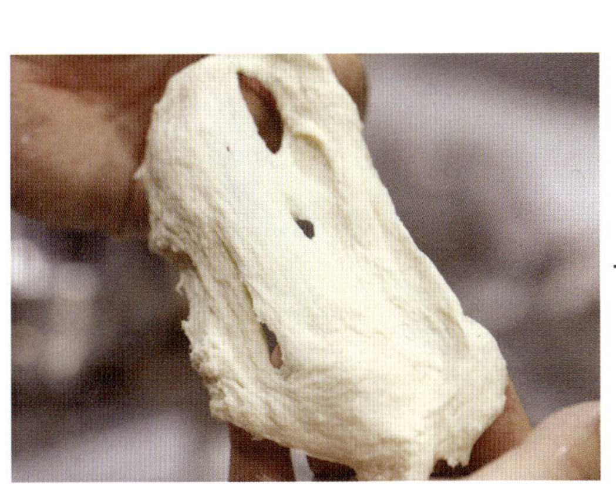

4 반죽을 조금 떼어때 늘렸을 때 거칠게 찢어지고 약간의 탄성이 있습니다.

반죽의 질기는 상당히 되직합니다.

5 반죽을 동글리기 합니다. 덧가루를 사용하지 않아도 손에 들러붙지 않을 만큼 되직한 반죽입니다.

6 볼(용기)에 반죽을 넣고 표면에 덧가루를 살짝 뿌려 비닐 등에 들러붙지 않게 합니다. 봄·여름·가을에는 직사광선이 없는 실온에 두고, 겨울에는 이불을 덮어 1차 발효를 합니다.

→

7 반죽이 처음 부피의 2배로 부풀면 1차 발효가 완료된 것입니다. 발효 전후를 비교해 보세요.

8 작업대에 덧가루를 뿌리고 반죽의 매끈한 면이 위로 가도록 놓은 후 소량의 덧가루를 반죽 위에도 뿌립니다. 그런 다음 밀대를 이용하여 두께 0.9cm, 가로 20cm, 세로 50cm 정도로 밀어줍니다.

9 자와 파이 커터(또는 주방칼)를 이용하여 1cm 폭으로 길게 자릅니다.

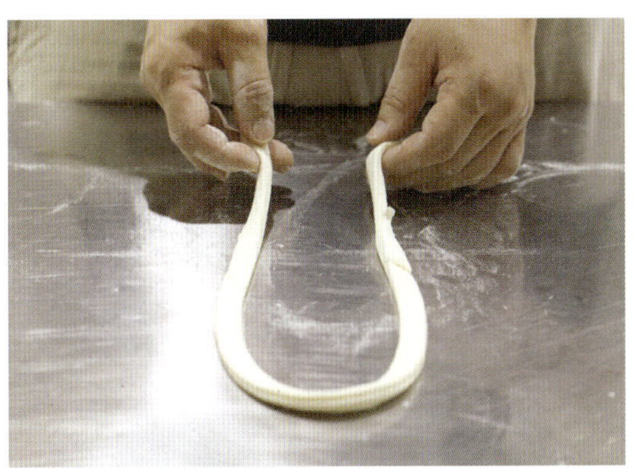

IO 가운데 부분의 6가닥을 프레첼 성형합니다. 먼저 한 가닥을 가져와 양손으로 잡아당기듯 가볍게 늘려 90cm 길이로 만든 후 반으로 접습니다.

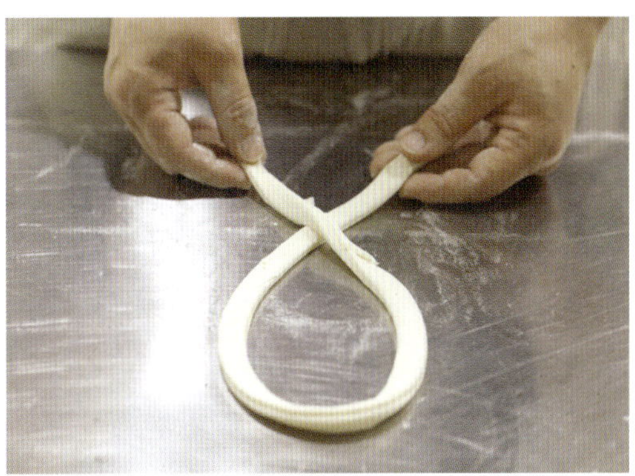

II 그런 다음 한 번 꼬아줍니다.

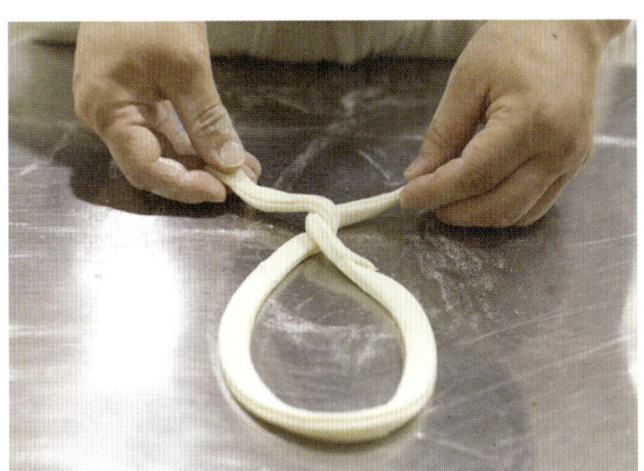

I2 한 번 더 꼬아줍니다.

I3 양손에 쥔 두 개의 반죽 끝을 원 쪽으로 뒤집어 올리고, 맞닿은 윗면에 꾹 눌러 붙여 프레첼 모양으로 성형합니다. 나머지 5가닥도 같은 방법으로 성형합니다. 6가닥을 제외한 나머지 가닥은 17cm 길이로 잘라 스틱 모양으로 만듭니다.

14 성형한 반죽을 오븐팬에 올립니다. 반죽을 옮길 때는 눌러서 붙인 이음매 부분을 잡고 이동해야 모양이 망가지지 않습니다.

15 팬째로 냉동실에 넣어 20분 정도 굳힙니다. 발효를 억제하고 담금물에 넣을 때 모양이 흐트러지는 것을 막을 수 있습니다.

16 담금물을 만듭니다. 볼에 분량의 베이킹소다를 넣고 그런 다음 70도의 물을 부어 손거품기나 스푼으로 잘 젓습니다.

• 소다수는 구웠을 때 빵 색을 진하게 하고 쌉쌀한 맛을 더해 프레첼다운 풍미를 이끌어냅니다.

→

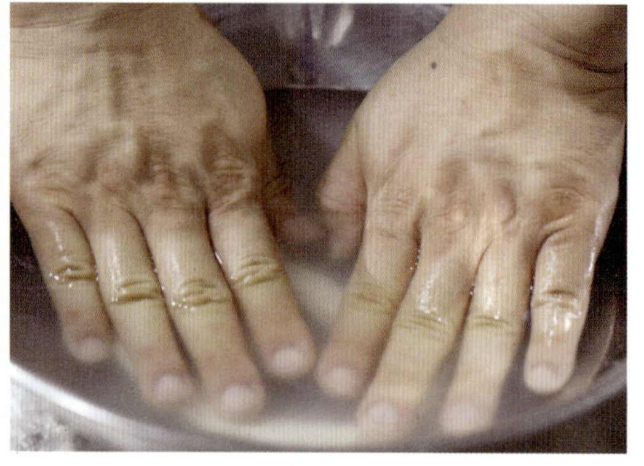

17 반죽의 이음매 부분을 잡고 담금물에 넣어 15~20초 정도 둡니다.

이때 반죽이 둥둥 뜨니 손으로 누릅니다. 너무 뜨거우면 실리콘 장갑을 사용하세요.

18 반죽을 일정한 간격으로 팬에 올리고 프레첼소
금을 적당히 뿌립니다.

19 200도 예열한 오븐에 프레첼 모양은 8~10분,
스틱 모양은 7~8분 정도 굽습니다. 황금갈색이
나면 적당합니다.

- '프레첼소금'은 짭조름한 맛과 장식 효과를 낼 때 사용
  합니다. 일반 소금은 굽는 동안 녹아 형체가 사라지니
  녹지 않게 가공 처리한 전용 소금을 사용하는 것이 좋
  습니다. 평소 짠맛을 싫어한다면 토핑은 생략해도 됩니
  다. 소금 대신 설탕과 다진 아몬드를 뿌리는 것도 좋은
  방법입니다.

20 구워낸 빵은 실리콘 붓을 이용하여 녹인 버터를 가볍게 바릅니다. 그런 다음 팬째로 식히거나 식힘망에 옮겨서
식힙니다. 버터를 바르면 풍미가 좋아지고 표면의 광택도 살아납니다.

BAKINGPAPA
야
채
모
닝
빵

언제 먹어도 한결같은 만인의 빵

수수하고 무난한 맛,

언제 먹어도 한결같은 느낌.

그냥 먹기도 하지만 잼이나 버터를 '쓱' 발라

주스나 커피와 함께 먹으면

가벼운 아침 식사로 그만이지요.

하지만 아무리 질리지 않는 맛이라 해도

가끔씩 변화가 필요합니다.

야채를 넣어 담백한 맛에

생기를 불어넣었습니다.

Ingredients

분량

모닝빵 24개

반죽

강력분 500g

설탕 50g

버터 25g

마요네즈 50g

소금 5g

인스턴트 드라이이스트 7g

물 140g

달걀 2개

다진 피망 25g

다진 노랑 파프리카 25g

다진 빨강 파프리카 25g

다진 당근 25g

- 버터는 실온에 두어 부드러운 상태로 사용합니다.
- 달걀과 마요네즈는 반죽 시 냉장고에서 꺼낸 차가운 것을 사용합니다.
- 물은 여름에는 약 27도, 겨울에는 약 37~40도가 적당합니다.
- 야채를 넣지 않고 싶을 땐 물 양을 50g 정도 늘려주세요.

소도구

저울

스크래퍼

볼이나 뚜껑이 있는 용기

오븐팬

칼

도마

비닐

온도계

1 믹싱볼에 분량의 강력분, 설탕, 버터, 마요네즈, 소금, 인스턴트 드라이이스트를 넣습니다.

2 다른 볼에 분량의 물, 달걀을 넣고 ①의 믹싱볼에 부어 저속으로 반죽기를 돌립니다. 날가루가 보이지 않으면 분량의 다진 야채들을 넣고 계속 저속으로 반죽기를 돌립니다.

3 야채가 골고루 섞이면 중속으로 속도를 올려 반죽합니다.

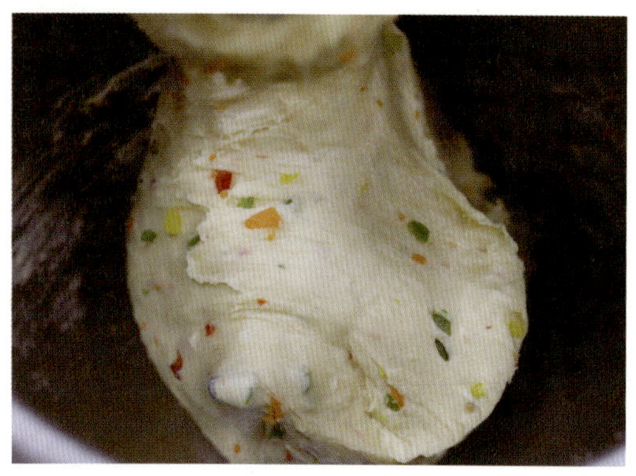

4 글루텐 80%로 반죽을 합니다. 반죽이 전체적으로 탄력이 있고 매끈해지면 반죽기를 멈춥니다.

반죽을 조금 떼어내 늘렸을 때 매끈하고 탄력 있게 늘어 납니다.

반죽의 질기는 기본식빵 반죽과 비슷합니다.

5 동글리기 하여 표면을 매끈하게 정리합니다.

6 볼(용기)에 덧가루를 뿌리고 반죽을 넣은 후 다시 윗면에도 덧가루를 뿌려 들러붙지 않게 합니다. 그런 다음 표면이 마르지 않도록 비닐을 씌워 직사광선이 없는 실온에 둡니다(1차 발효).

7 반죽이 처음 부피의 3~3.5배로 부풀면 1차 발효가 완료된 것입니다. 발효 전후를 비교해 보세요.

8 작업대에 덧가루를 뿌리고 반죽의 매끈한 면이 위로 가도록 놓은 후 스크래퍼로 40g씩 분할합니다.

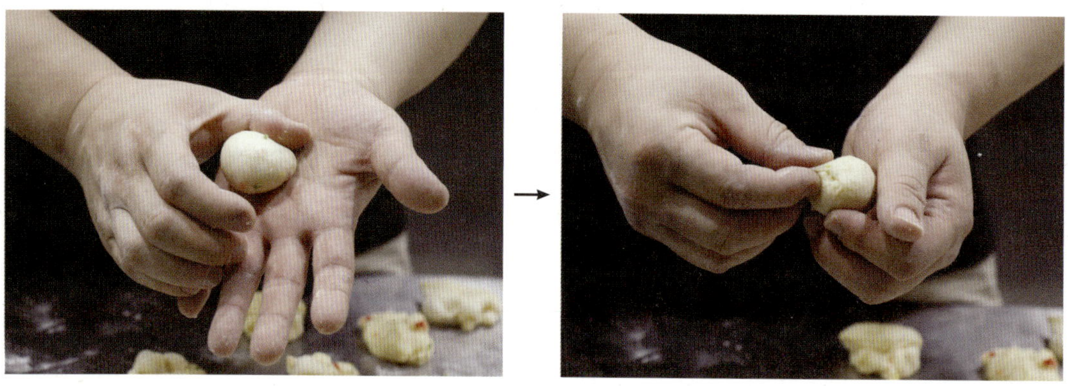

9 야채 모닝빵은 동글리기가 곧 성형입니다. 꼼꼼하게 동글리기를 한 뒤 이음매를 꼬집어 잘 여밉니다.

IO 성형한 반죽을 오븐팬에 일정한 간격으로 올리고 이 상태로 반죽이 마르지 않도록 밀폐된 공간에서 2차 발효합니다. 발효 중간에 표면이 마르면 분무기로 가볍게 물을 뿌려 촉촉함을 유지합니다.

II 반죽이 처음 부피의 3배로 부풀면 2차 발효가 완료된 것입니다.

12 190도 예열한 오븐에서 8~10분 정도 굽습니다.

13 구워낸 빵은 팬째로 20~30cm 높이에서 아래로 떨어뜨려 가스를 뺀 후 완전히 식으면 밀봉 포장하세요.

먹물치즈빵

환상의

어울림

진한 먹물로 와닿는 강렬한 이미지만큼
스토리도 풍부한 빵입니다.
오징어먹물 특유의 감칠맛은 살리고
비린 맛은 크림치즈를 넣어 잡았습니다.
또 크림치즈의 텁텁함은 슬라이스 치즈를 넣어 해소하고,
슬라이스 치즈의 짠맛은 토핑으로 뿌리는
모차렐라치즈로 완화해 결과적으로
재료의 단점을 장점으로 승화시킨 빵입니다.

Ingredients

분량

먹물치즈빵 5개

반죽

강력분 500g

설탕 50g

버터 25g

소금 4g

인스턴트 드라이이스트 7g

물 220g

오징어먹물 20g

달걀 2개

부재료

슬라이스 치즈 10장

크림치즈 350g

모차렐라치즈 150g

소도구

저울

스크래퍼

볼이나 뚜껑이 있는 용기

오븐팬

밀대

짜는 주머니

칼

비닐

온도계

분무기

- 달걀은 반죽 시 냉장고에서 꺼낸 차가운 것을 사용합니다.
- 물은 여름에는 약 27도, 겨울에는 약 37~40도가 적당합니다.
- 토핑용 모차렐라치즈는 취향에 따라 다른 치즈로 대체 가능합니다.

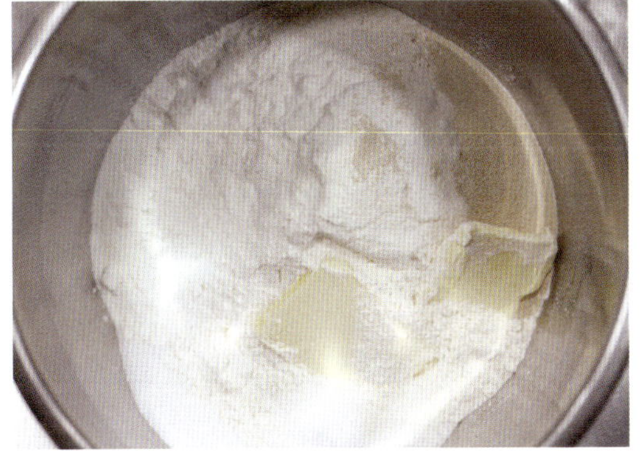

1 믹싱볼에 분량의 강력분, 설탕, 버터, 소금, 인스턴트 드라이이스트를 넣습니다.

2 다른 볼에 분량의 물, 오징어먹물, 달걀을 넣고 ①의 믹싱볼에 부어 저속으로 반죽기를 돌립니다. 날가루가 보이지 않으면 중속으로 속도를 올려 반죽합니다.

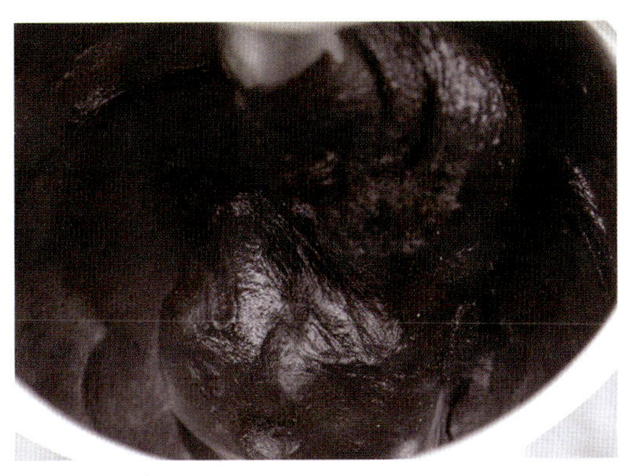

3 글루텐 80%로 반죽을 합니다. 반죽이 전체적으로 매끈하고 윤기가 나면 반죽기를 멈춥니다.

반죽을 조금 떼어내 늘렸을 때 매끈하게 늘어납니다.

반죽의 질기는 기본식빵 반죽과 비슷합니다.

4 둥글리기 하여 표면을 매끈하게 정리합니다.

5 볼(용기)에 덧가루를 뿌리고 반죽을 넣은 후 다시 윗면에도 덧가루를 뿌려 들러붙지 않게 합니다. 그런 다음 표면이 마르지 않도록 비닐을 씌워 직사광선이 없는 실온에 둡니다(1차 발효).

6 반죽이 처음 부피의 3~3.5배로 부풀면 1차 발효가 완료된 것입니다.

발효 전후를 비교해 보세요.

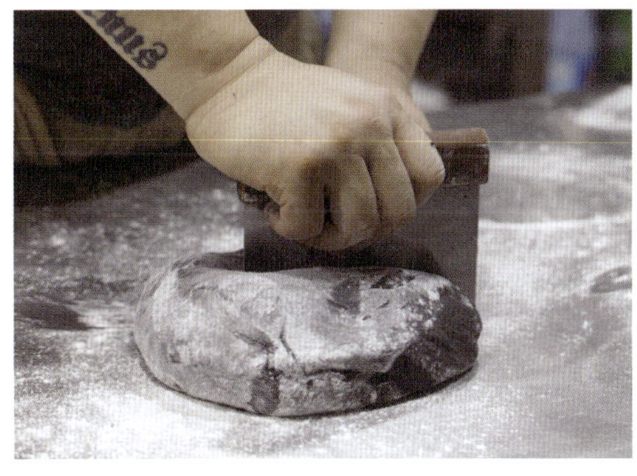

7 작업대에 덧가루를 뿌리고 반죽의 매끈한 면이 위로 가도록 놓은 후 스크래퍼로 180g씩 분할합니다.

8 동글리기를 합니다.

9 반죽이 마르지 않도록 비닐을 씌워 5~15분 중간 휴지합니다.

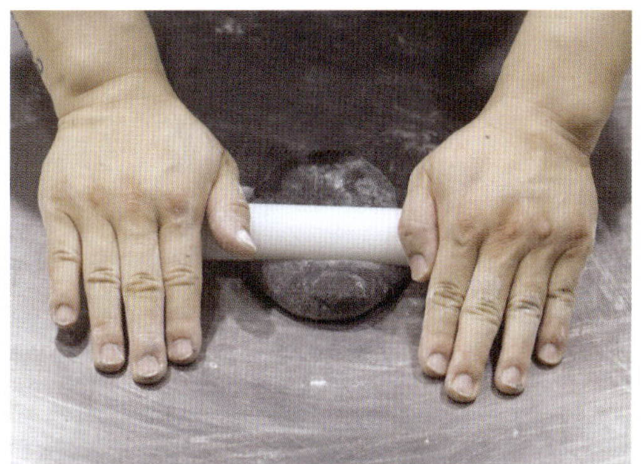

IO 중간 휴지한 반죽은 윗면에 덧가루를 살짝 뿌리고 밀대를 이용하여 35cm 정도로 길게 밀어줍니다.

II 슬라이스 치즈를 반으로 썰어 반죽마다 4조각씩 올립니다.

I2 짜는 주머니에 크림치즈를 넣고 가위로 잘라 2cm 정도의 구멍을 낸 다음 반죽 위에 짜 올립니다.

I3 반죽의 양 끝을 잘 여밉니다.

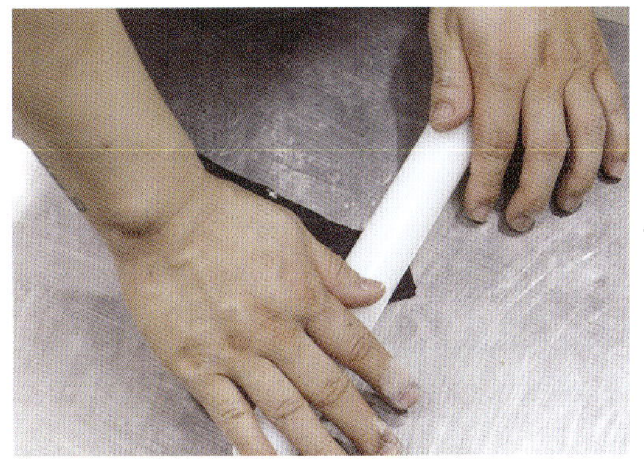

14 끝부분을 밀대로 밀어 납작하게 만든 후 링 모양으로 반죽을 붙이면 완성!

15 스크래퍼를 이용하여 칼집을 6군데 냅니다.

16 성형한 반죽을 오븐팬에 일정한 간격으로 올리고, 이 상태로 종이상자나 스티로폼 박스 같은 밀폐된 공간에서 2차 발효합니다. 발효 중간에 표면이 마르면 분무기로 가볍게 물을 뿌려 촉촉함을 유지합니다.

17 반죽이 처음 부피의 2~2.5배로 부풀면 2차 발효
가 완료된 것입니다.

18 분무기를 이용해 표면에 물을 뿌리고 피자치즈
나 그 밖의 좋아하는 치즈를 듬뿍 올립니다.

19 190도 예열한 오븐에서 15분 정도 굽습니다. 올린 치즈에 색이 나면 적당합니다.
구운 빵은 팬째로 식혀 차가워지면 밀봉 포장하세요.

BAKINGPAPA
크랙번

촉촉하고 부드러운 식감이 입안에서 오래오래

달콤하고 부드러운 이탈리아 빵 파네토네(Panettone)를
한국식으로 변형했습니다.
칼로리를 낮추고 버터의 느끼함도 걷어내고
전체적으로 보다 가볍게 만드는 '크랙번'입니다.
반죽을 글루텐 90%로 단단히 잡아도
충전물 속 수분이 빵으로 전달돼
오랫동안 촉촉하고 부드러운 식감을 유지할 수 있습니다.

Ingredients

분량

크랙번 10개

반죽

강력분 350g

설탕 56g

버터 40g

크림치즈 40g

소금 4g

인스턴트 드라이이스트 6g

물 115g

달걀 1개

건포도&건과일 100g

럼주(또는 물) 적당량

토핑

강력분 6g

아몬드 가루 90g

설탕 115g

달걀흰자 100g

마무리

슈거파우더 적당량

- 건과일과 건포도의 비율은 취향에 따라 조절하되 둘 중 하나만 넣어도 됩니다.
- 토핑용 밀가루는 중력분이나 박력분을 사용해도 무방합니다.
- 버터는 실온에 두어 부드러운 상태로 사용합니다.
- 달걀은 반죽 시 냉장고에서 꺼낸 차가운 것을 사용합니다.
- 물은 여름에는 약 25도, 겨울에는 약 33~35도가 적당합니다.

소도구

저울

스크래퍼

볼이나 뚜껑이 있는 용기

짜는 주머니

가위

오븐팬

체

손거품기

비닐

온도계

1 건과일과 건포도는 럼주나 물에 넣고 불립니다. 재료가 잠길 정도로 술(또는 물)을 붓고 30분 정도 절이면 됩니다.

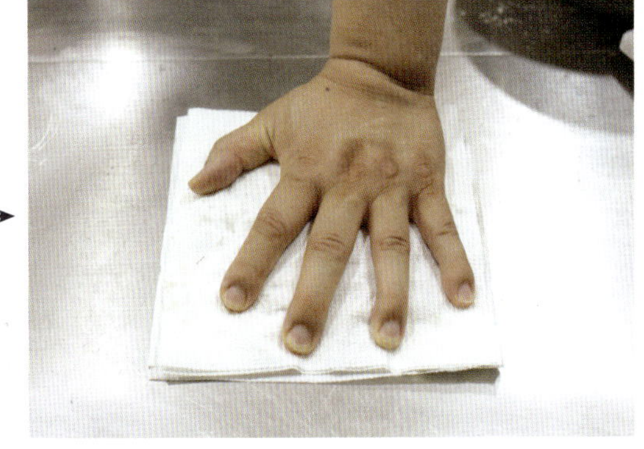

키친타월을 이용하여 절인 건과일의 물기를 가볍게 제거합니다.

2 믹싱볼에 분량의 강력분, 설탕, 버터, 크림치즈, 소금, 인스턴트 드라이이스트를 넣습니다.

3 다른 볼에 분량의 물, 달걀을 넣고 ②의 믹싱볼에 부어 저속으로 반죽기를 돌립니다. 날가루가 보이지 않으면 반죽기를 멈추고 중속으로 속도를 올려 다시 반죽합니다.

 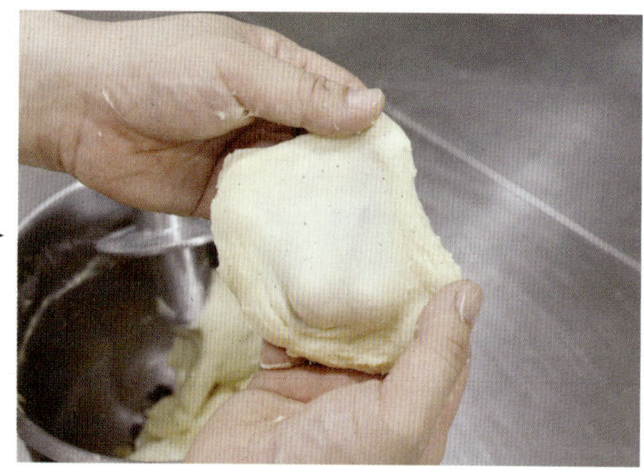

4 글루텐 90%로 반죽합니다. 반죽이 전체적으로 매끈하고 윤기가 나기 시작할 때 반죽기를 멈추면 됩니다.

반죽을 조금 떼어내 늘렸을 때 얇고 탄력 있게 늘어납니다.

5 물기를 제거한 건과일을 넣고 저속으로 10~15초 정도 섞습니다.

믹싱을 해도 잘 섞이지 않고 부재료가 겉도는 경우가 있습니다.

6 이럴 때는 반죽을 꺼내어 작업대에 놓고 스크래퍼로 전체를 조각조각 자릅니다.

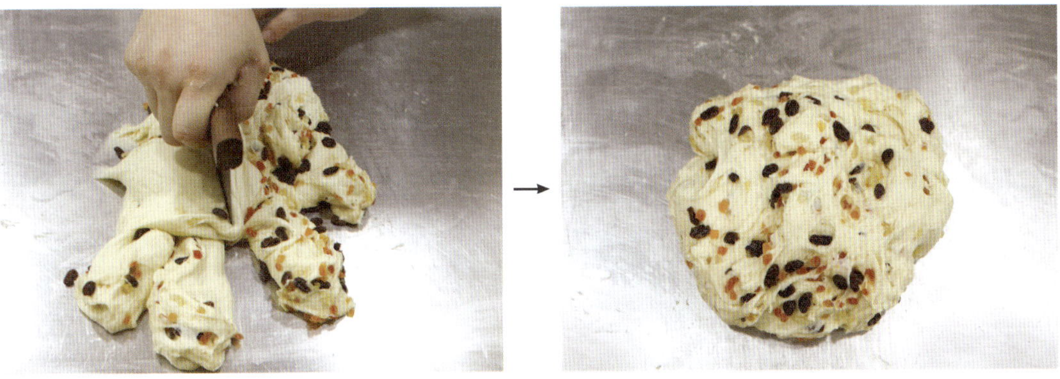

7 다시 한 덩이로 뭉칩니다.

부재료와 반죽이 골고루 섞였습니다. 반죽의 질기는 기본 식빵 반죽과 비슷합니다.

8 작업대의 덧가루를 걷어내고 동글리기를 하여 표면을 매끈하게 정리합니다.

반죽을 완성했습니다.

9 볼(용기)에 덧가루를 뿌리고 반죽을 넣은 후 다시 윗면에도 덧가루를 뿌려 들러붙지 않게 합니다. 그런 다음 표면이 마르지 않도록 비닐을 씌워 직사광선이 없는 실온에 둡니다(1차 발효).

IO 반죽이 처음 부피의 3~3.5배로 부풀면 1차 발효가 완료된 것입니다. 발효 전후를 비교해 보세요.

II 작업대에 덧가루를 뿌리고 반죽의 매끈한 면이 위로 가도록 놓은 후 스크래퍼로 70g씩 분할합니다.

I2 크랙번은 동글리기가 성형입니다. 꼼꼼하게 동글리기 한 뒤 이음매를 꼬집어 잘 여밉니다.

13 성형을 마친 반죽을 오븐팬에 일정한 간격으로 놓습니다.

14 오븐팬 그대로 밀폐 공간에 두어 2차 발효를 합니다. 발효 중간 표면이 마르면 분무기로 가볍게 뿌려 표면의 촉촉함을 유지합니다.

15 토핑을 만듭니다. 볼에 달걀흰자, 설탕, 아몬드 파우더를 넣고 손거품기로 잘 섞습니다. 가루 재료는 습기를 먹는 성질이 있어 덩어리지지 않은 이상 체에 치지 않아도 됩니다.

골고루 섞이면 토핑 완성! 이때의 질기를 확인하세요.

16 반죽이 처음 부피의 2배 정도로 부풀면 2차 발효가 완료된 것입니다.

17 짜는 주머니에 토핑을 붓고 가위로 잘라 5mm 정도 구멍을 냅니다. 토핑의 질기가 질어 주르륵 흘러내리는 것이 정상입니다.

• 실리콘 붓을 이용해서 발라도 됩니다. 단, 2차 발효된 반죽은 붓질을 강하게 하면 반죽이 주저앉으니 살짝 발라주세요.

18 토핑 위에 슈거파우더를 듬뿍 뿌립니다.

19 180도 예열한 오븐에서 12분 정도 굽습니다. 빵 표면이 황금갈색이 되면 적당합니다.
크랙번

20 구워낸 빵은 팬째로 20~30cm 높이에서 떨어뜨려 가스를 뺀 후 그 상태로 식혀주세요. 쿠키 토핑이 올라간 빵은 이렇게 팬째로 식혀야 토핑의 파삭함이 오래갑니다.

파네토네

발효종이나 전 반죽 없이

쉽게 만들어서 더 가까이

이탈리아 대표 과자빵 '파네토네(Panettone)'입니다.

이태리어로 풀이하면 '파네(pane)'는 '빵'이고, '토네(ttone)'는 '달다'는 뜻이라고 합니다.

'토니'라는 제빵사가 만들었다고 하여 이름 붙였다는 말도 있고,

조그마한 빵이라는 뜻에서 지어진 이름이라는 말도 있고 설이 다양합니다.

본래 크리스마스와 명절 시즌에 만들어 먹는 기념 빵이었으나 현대에 와서는

식후 디저트 빵으로 더 각광받고 있습니다.

겉은 단단하고 속은 부드러우며 버터 향 그윽한 속살에는 과일이 박혀 있는 것이 특징입니다.

버터가 많이 들어가니 온도 조절이 중요합니다.

반죽 온도나 발효 온도가 높으면 녹아내리고 반대로 온도가 낮으면 반죽이 퍼지는 속도가

발효되는 속도보다 빨라 반죽이 처지게 되지요.

발효종이나 전 반죽 없이 간편하게 만들 수 있는 방법을 소개하겠습니다.

Ingredients

분량

파네토네 6개

반죽

강력분 500g

설탕 150g

버터 200g

소금 6g

인스턴트 드라이이스트 9g

달걀 4개

달걀노른자 1개

건포도 150g

오렌지 필&레몬 필 100g

럼주(절임용) 적당량

토핑

아몬드 가루 90g

설탕 115g

달걀흰자 100g

마무리

슈거파우더 적당량

- 건과일과 건포도 비율은 취향에 따라 조절하세요. 둘 중 하나만 넣어도 됩니다.
- 버터는 실온에 두어 부드러운 상태로 사용합니다.
- 달걀은 반죽 시 냉장고에서 꺼낸 차가운 것을 사용합니다.

소도구

저울

스크래퍼

볼이나 뚜껑이 있는 용기

짜는 주머니

체

파네토네 틀(지름 11cm) 6개

오븐팬

손거품기

비닐

온도계

I 오렌지 필, 레몬 필, 건포도를 불립니다. 그릇에 재료가 잠길 정도로 럼주나 물을 붓고 30분 정도 지나면 건져내 키친타월로 가볍게 물기를 제거하면 됩니다.

2 믹싱볼에 분량의 강력분, 설탕, 소금, 인스턴트 드라이이스트, 1/3 분량의 버터를 넣습니다.

3 다른 볼에 분량의 달걀, 달걀노른자를 넣고 ②의 믹싱볼에 부어 저속으로 반죽기를 돌립니다.

4 날가루가 보이지 않으면 반죽기를 멈추고, 1/3 분량의 버터를 넣고 중속으로 속도를 올려 반죽합니다.

5 버터와 반죽이 고루 섞이면 다시 반죽기를 멈추고, 나머지 1/3 분량의 버터를 넣고 반죽기를 돌립니다.

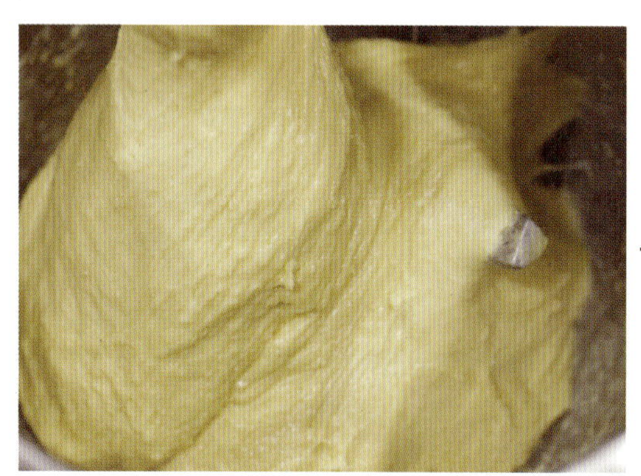

6 글루텐 80%로 반죽을 합니다. 반죽이 전체적으로 매끈해지면 반죽기를 멈춥니다.

반죽을 조금 떼어내 늘렸을 때 탄력 있고 매끈합니다.

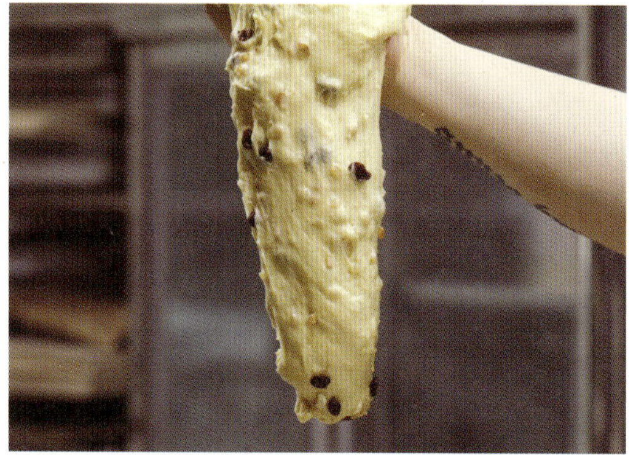

7 ⑥에 물기를 제거한 건과일을 넣고 저속으로 10~15초 정도 돌려 섞습니다.

반죽의 질기는 기본식빵 반죽보다 진 상태입니다.

• 반죽 온도는 24~25도가 적당합니다. 온도가 높으면 버터가 녹고 온도가 낮으면 발효가 더딥니다.

8 둥글리기 하여 표면을 매끈하게 정리합니다.

9 볼(용기)에 덧가루를 뿌리고 반죽을 넣은 후 다시 윗면에도 덧가루를 뿌려 들러붙지 않게 합니다. 그런 다음 표면이 마르지 않도록 비닐을 씌워 직사광선이 없는 실온에 둡니다(1차 발효).

10 반죽이 처음 부피의 3~3.5배로 부풀면 1차 발효가 완료된 것입니다.

발효 전후를 비교해 보세요.

11 작업대에 덧가루를 뿌리고 반죽의 매끈한 면이 위로 가도록 놓은 후 스크래퍼로 220g씩 분할합니다. 그런 다음 동글리기를 합니다.

12 파네토네는 동글리기가 곧 성형입니다. 꼼꼼히 동글리기를 한 뒤 이음매를 꼬집어 잘 여밉니다.

13 성형한 반죽을 파네토네 틀에 넣고 오븐팬에 올려 팬째로 종이상자나 스티로폼 박스 같은 밀폐된 공간에서 2차 발효합니다. 발효 중간에 표면이 마르면 분무기로 가볍게 물을 뿌려 촉촉함을 유지합니다.

14 토핑을 만듭니다. 볼에 분량의 아몬드 가루, 설탕, 달걀흰자를 넣고 손거품기로 잘 섞습니다.

• 가루류는 습기를 먹어 덩어리 지지 않은 이상 체에 칠 필요 없습니다.

15 반죽이 틀 높이의 80% 정도가 되면 2차 발효가 완료된 것입니다.

16 짜는 주머니에 만들어놓은 토핑을 붓고 가위로 2mm 정도로 자른 후 반죽 위에 골고루 올립니다.

• 짜는 주머니 대신 붓을 이용해서 발라도 됩니다. 단, 2차 발효된 상태의 반죽은 붓질을 세게 하면 반죽이 주저앉으니 살짝만 발라주세요.

17 슈거파우더를 듬뿍 뿌립니다.

18 180도 예열한 오븐에서 20~25분 굽습니다. 갈라진 표면이 황금갈색이 나면 적당합니다. 구워낸 빵은 팬째로 20~30cm 높이에서 아래로 떨어뜨려 가스를 뺍니다.

BAKINGPAPA
치즈팡

추억의 치즈팡

이제는

직접 만들어 드세요

한때 인기가 얼마나 좋던지, 매일 몇 백 개씩 만들어도
이른 시간 동이 나 다시 만들어야 했던 '치즈팡'.
이제는 옛날 스타일의 윈도 베이커리가 많이 사라져
마트에서나 볼 수 있는 제품이 되었습니다.
크루아상의 3절 접기 기법을 응용해 새롭게 만들었습니다.
간혹 크루아상은 버터가 많아 부담스럽다는 사람도 있는데,
이 말에 착안하여 만든 레시피입니다.
달달한 단과자 반죽에 치즈 시트를 끼워 넣었지요.
치즈 층이 많기를 원한다면 3절 접기를
1회 더 늘리면 됩니다.

Ingredients

분량

치즈팡 24개

반죽

강력분 400g

중력분(또는 박력분) 100g

설탕 100g

버터 75g

소금 7g

인스턴트 드라이이스트 8g

달걀 2개

우유 200g

치즈롤링시트(밀어 펴기용) 500g

코팅용 달걀물

달걀 1개

찬물 60~70g

- 중력분이나 박력분 대신 강력분만 사용할 경우 글루텐은 70%로 잡습니다.
- 버터는 실온에 두어 부드러운 상태로 사용합니다.
- 달걀은 특란을 준비하고 반죽 시 냉장고에서 꺼낸 차가운 것을 사용합니다. 왕란은 반죽이 질어집니다.
- 우유는 여름철에는 반죽 시 냉장고에서 꺼낸 차가운 것을 사용하고, 겨울철에는 약 25~30도로 데워서 사용합니다.

소도구

저울

볼

스크래퍼

붓

파이 커터

자

밀대

실리콘 붓

오븐팬

비닐

온도계

- 붓은 덧가루를 털어낼 때 사용하고, 실리콘 붓은 달걀물을 바를 때 사용합니다.

1 믹싱볼에 분량의 강력분, 중력분, 설탕, 버터, 소금, 인스턴트 드라이이스트를 넣습니다. 치즈롤링시트는 제외합니다.

2 다른 볼에 분량의 달걀과 우유를 넣고 ①의 믹싱볼에 부어 저속으로 반죽기를 돌립니다. 날가루가 보이지 않으면 반죽기를 멈추고 중속으로 속도를 올려 다시 반죽합니다.

3 글루텐 70~80%로 반죽을 합니다. 반죽에 탄력이 있고 전체적으로 매끈한 느낌이 들면 반죽기를 멈춥니다.

• 본래 단과자류는 글루텐을 많이 잡지 않습니다. 좀 부족하다 싶을 때 반죽기를 멈추면 됩니다. 반죽 온도는 27도 이상이 적당합니다. 들어가는 설탕과 버터 양이 많아 온도가 낮으면 반죽이 퍼지게 되거든요.

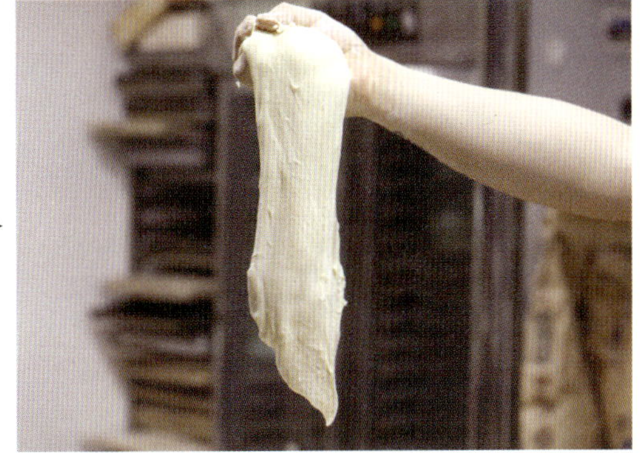

반죽을 조금 떼어내 늘렸을 때 두껍게 늘어나고 표면은 다소 거칩니다.

반죽의 질기는 기본식빵 반죽과 비슷합니다. 밀가루 보관 상태에 따라 물을 흡수하는 정도에 차이가 있습니다. 레시피를 기준으로 하되 상황에 따라 조절이 필요할 수 있습니다.

4 작업대의 덧가루를 걷어내고 동글리기 하여 표면을 매끈하게 정리합니다.

5 볼(용기)에 덧가루를 뿌리고 반죽을 넣은 후 다시 윗면에도 덧가루를 뿌려 들러붙지 않게 합니다. 그런 다음 표면이 마르지 않도록 비닐을 씌워 직사광선이 없는 실온에 둡니다(1차 발효).

6 반죽이 처음 부피의 3~3.5배로 부풀면 1차 발효가 완료된 것입니다. 발효 전후를 비교해 보세요.

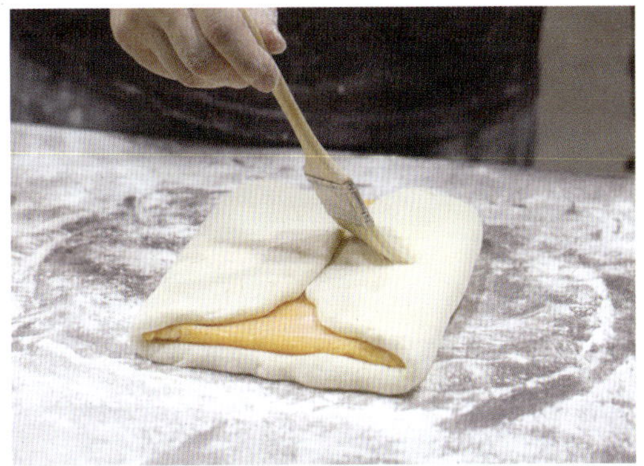

7 작업대에 덧가루를 뿌리고 반죽의 매끈한 면이 위로 가도록 놓은 후 밀대를 이용하여 폭 25cm, 높이 35cm 타원형으로 밀어주세요. 그런 다음 비닐을 씌워 5도 이하의 냉장고에서 30분, 냉동실에서 15분 (얼지 않고 반죽이 차가워질 정도) 둡니다.

• 밀어 펴기를 하기 전 반죽에 냉기를 먹여 고르고 반듯하게 밀기 위해서 하는 과정입니다.

8 작업대에 덧가루를 뿌리고 냉장 휴지한 반죽을 올린 후 그 위에 롤링시트를 올립니다. 그런 다음 반죽으로 롤링시트를 잘 감쌉니다. 중간중간 붓으로 반죽에 묻은 덧가루를 잘 털어가며 여미세요.

• 롤링시트는 제과제빵 쇼핑몰에서 구입할 수 있습니다. 1kg 단위로 판매하며 반을 뚝 잘라 사용하면 됩니다.

9 밀대로 반죽 위를 꾹꾹 눌러 롤링시트와 반죽이 고루 분포할 수 있도록 합니다. 그런 다음 가로 20cm, 세로 50cm로 밀어주세요.

10 반죽을 눈대중으로 3등분 하여 접습니다. 중간중간 반죽에 묻은 덧가루를 잘 털어내면서 접어주세요.

11 3절 접기 한 반죽을 냉장고에 넣어 30분 중간 휴지합니다.

• 중간 휴지를 하지 않으면 재단 과정 반죽의 표면이 찢어질 수 있습니다. 또 냉장고가 아닌 실온에서 휴지하면 발효가 너무 빨리 진행됩니다.

12 냉장 휴지한 반죽을 꺼내어 다시 밀어 펴기를 합니다. 가로 38cm, 세로 26cm로 밀어주세요.

13 자와 커터를 이용하여 가로 36cm, 세로 24cm 직사각형으로 재단 후 자릅니다.

14 반죽 위에 비닐을 씌우고 실온에서 20분 중간 휴지합니다. 밀어 펴기를 하고 바로 반죽을 자르면 크기가 줄어듭니다.

15 반죽을 가로 6cm, 세로 6cm 정사각형으로 재단합니다. 두께는 1cm가 적당합니다.

16 재단한 반죽을 오븐팬에 4~5cm 간격으로 놓습니다.

17 달걀 1개와 차가운 물 60~70g을 섞어 달걀물을 만들고, 반죽의 윗면에 바릅니다. 달걀물이 빵 색을 고르게 하고 표면이 마르는 것을 막아줍니다.

18 반죽이 마르지 않도록 팬째로 종이상자나 스티로폼 박스 같은 밀폐된 공간에 두어 2차 발효합니다. 발효 중간에 표면이 마르면 분무기로 가볍게 물을 뿌려 촉촉함을 유지합니다. 성형한 두께의 2배로 부풀면 발효가 완료된 것입니다.

- 발효가 과하면 반죽이 너무 부풀어 빵이 옆으로 쓰러질 수 있습니다.

I9 반죽이 손상되지 않도록 조심하면서 한 번 더 달걀물을 바릅니다.

20 170도 예열한 오븐에서 10~12분 정도 굽습니다. 윗면에 갈색이 나면 적당합니다. 구워낸 빵은 팬 위에서 완전히 식으면 밀봉 포장을 하세요. 그래야 촉촉한 맛을 오래 즐길 수 있습니다.

• 오븐 상태에 따라 온도 조절이 필요하나 굽는 시간은 꼭 지켜주세요.

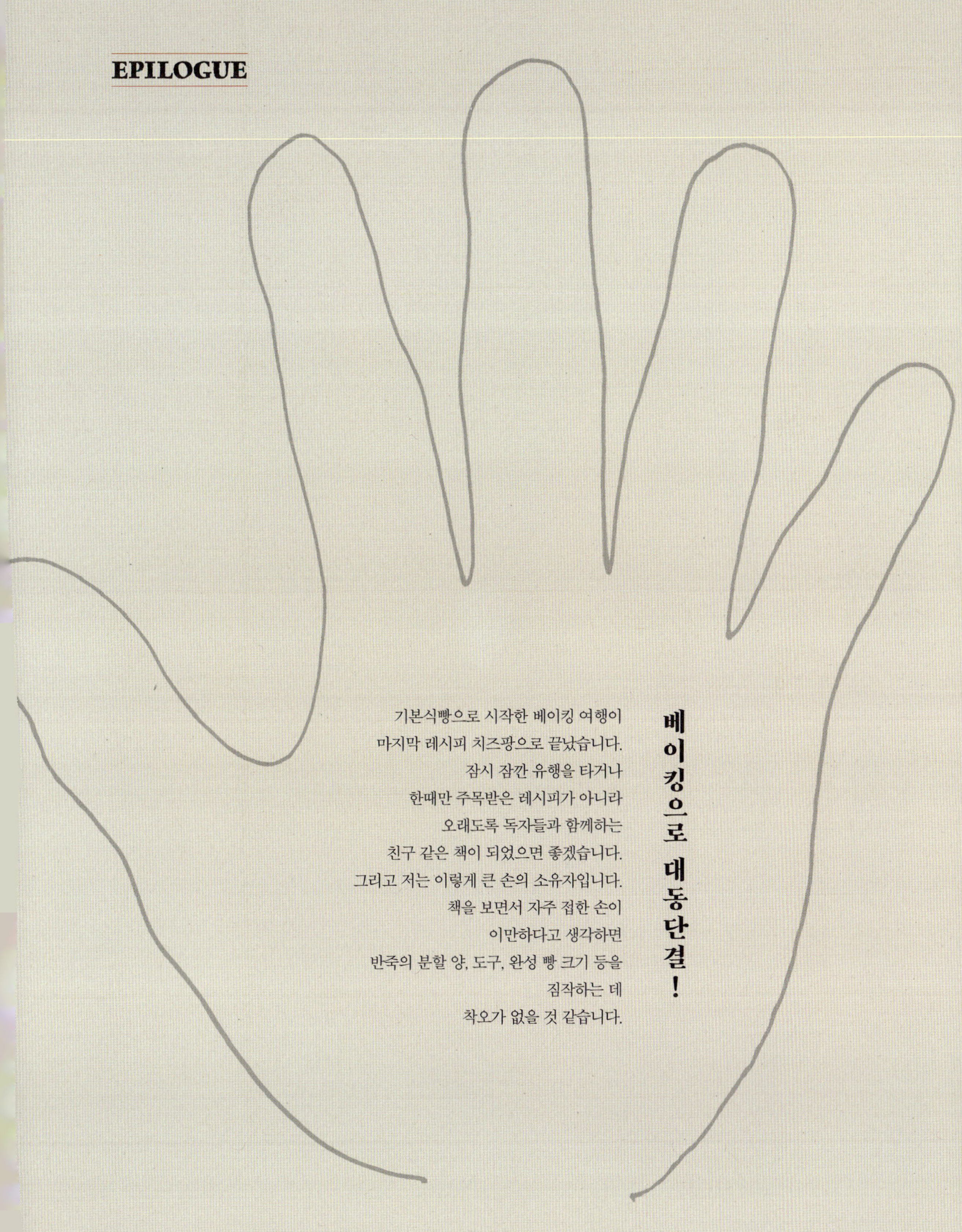

기본식빵으로 시작한 베이킹 여행이
마지막 레시피 치즈팡으로 끝났습니다.
잠시 잠깐 유행을 타거나
한때만 주목받은 레시피가 아니라
오래도록 독자들과 함께하는
친구 같은 책이 되었으면 좋겠습니다.
그리고 저는 이렇게 큰 손의 소유자입니다.
책을 보면서 자주 접한 손이
이만하다고 생각하면
반죽의 분할 양, 도구, 완성 빵 크기 등을
짐작하는 데
착오가 없을 것 같습니다.

베이킹으로 대동단결!

베이킹파파의
세상의 모든 빵

1판 1쇄 발행	2018년 12월 12일
1판 2쇄 발행	2019년 5월 10일

지은이　　베이킹파파
펴낸이　　홍성희

사진　　비너스
편집　　송기자
디자인　　ALL design group(02-776-9862)

펴낸곳　　빛날;희
등록　　2015년 10월 26일, 제 2016-000082호
문의　　전자우편 youcoffee@gmail.com
　　　　전화 031-716-0403
　　　　팩스 02-6008-3178

편집저작권 © 2018 빛날희
이 책은 저작권법에 따라 한국 내에서 보호를 받는 저작물이므로 무단 전재와 무단 복제를 금합니다. 책의 내용 일부 또는 전부를 재사용하려면 반드시 저작권자와 빛날;희의 서면 동의를 얻어야 합니다.

ISBN 979-11-956555-6-4   13590
* 책값은 뒤표지에 있습니다.